工程院校电气工程及其自动化类专业辅助教材

常用电子元器件简明手册

第2版

主编　沈任元　吴　勇
参编　唐俊英　田培成　郑英兰
主审　梁　森

机 械 工 业 出 版 社

本手册着重从应用角度介绍中外各种电子元器件的分类、主要参数、封装形式等。元器件包括半导体二极管、三极管、场效应晶体管、晶闸管、线性集成电路、TTL 和 CMOS 系列电路、数/模转换器、模/数转换器、电阻器、电位器、电容器、保护元件、继电器、开关、专用集成电路、片状元器件等。还包括常用元器件的简易检测和常用电子元器件资料查询方法等内容。

本手册的编写特点是内容简明、面广，所选的元器件注重实用、新颖和先进性，教学针对性强，适合在校的大中专学校学生使用，可与《模拟电子技术基础》、《数字电子技术基础》教材配套作为手册使用。本手册对在校大学生的学习和综合应用知识会有很大的帮助，亦可供在职从事电子技术、计算机和自动化等专业的工程技术人员阅读和参考。

图书在版编目（CIP）数据

常用电子元器件简明手册/沈任元，吴勇主编．—2 版．—北京：机械工业出版社，2010.7（2023.1 重印）
工程院校电气工程及其自动化类专业辅助教材
ISBN 978－7－111－30728－0

Ⅰ.①常…　Ⅱ.①沈…　②吴…　Ⅲ.①电子元件－高等学校－教学参考资料　Ⅳ.①TN6

中国版本图书馆 CIP 数据核字（2010）第 091932 号

机械工业出版社（北京市百万庄大街 22 号　邮政编码 100037）
策划编辑：贡克勤　责任编辑：贡克勤
责任校对：樊钟英　封面设计：赵颖喆
责任印制：单爱军
北京虎彩文化传播有限公司印刷
2023 年 1 月第 2 版第 12 次印刷
184mm×260mm・10.75 印张・261 千字
标准书号：ISBN 978－7－111－30728－0
定价：29.80 元

电话服务
客服电话：010－88361066
010－88379833
010－68326294

网络服务
机　工　官　网：www.cmpbook.com
机　工　官　博：weibo.com/cmp1952
金　书　网：www.golden-book.com
机工教育服务网：www.cmpedu.com

第 2 版前言

本书是与“模拟电子技术基础”和“数字电子技术基础”等课程配套使用的手册。适合工程院校电气工程及其自动化类专业教学使用。编写特色：贴切理论课教学，内容丰富，简明实用。本手册修订内容约占原手册的 25%，删除一些陈旧的、已不常用的元器件，增补目前常用、新型的元器件，兼顾教学性、实用性和资料性，而且对一些元器件的参数有更深入的介绍。通过手册来拓展学习和应用电子元器件基础知识，学以致用是帮助学生从理论认识到能实际应用的有效途径，来达到真正认识电子元器件，并将理论知识转化为实际工作能力的目的。本次修订还为初学者介绍常用元器件的简易检测和常用电子元器件资料查询途径，使手册更能满足电子技术理论教学、课程设计、毕业设计、电子竞赛等需要，力争成为相关专业的学生、教师、实验室老师和工程技术人员、电子技术爱好者喜爱的常备实用书。

在本手册编写过程中参考了许多网站、公司和其他手册中的资料，在此表示衷心感谢。

编　者

2010 年 5 月

第 1 版前言

本书是与《模拟电子技术基础》、《数字电子技术基础》教材配套使用的手册，紧密配合理论教学、实践、实验和课程设计。手册共分为半导体分立器件、半导体集成电路、专用集成电路、电子元件 4 个部分。内容力求系统、全面、简明，列出了部分器件的测试条件，便于查阅，所选元器件注重实用、新颖和先进性。本手册适合大中专院校学生在校期间使用，亦可供有关工程技术人员在工作中参考。

在编写过程中，参考选录了近期国内外电子元器件手册和报刊的文献资料以及有关生产公司的产品资料、数据，在此对文献及产品资料的原作者以及提供者深表感谢。本手册由沈任元、吴勇、唐俊英、田培成、郑英兰编写，上海电机学院梁森审阅了全稿，参加审稿的还有上海交通大学许鸿量教授、上海理工大学周良权副教授、上海发电设备成套设计研究所刘春林高级工程师、上海江森电视机厂王坦高级工程师、上海电机学院成叶琴副教授等专家。编者对以上参加审稿同志的热心帮助表示深切的谢意。由于编者的水平有限，加之本元器件手册涉及面较广，不妥之处在所难免，还由于时间仓促有许多新的元器件未能收入本手册，诚请广大读者批评指正。请您把对本书的意见和建议告诉我们。E-mail：renyuan@citiz.net

编　者

2000 年 1 月

目　　录

1 半导体分立器件

1.1 半导体器件型号命名方法

半导体分立器件型号命名方法如表 1-1 所示。

表 1-1 半导体分立器件型号命名方法（GB/T 249—1989）

第一部分		第二部分		第三部分				第四部分	第五部分
用阿拉伯数字表示器件的电极数目		用汉语拼音字母表示器件的材料和极性		用汉语拼音字母表示器件的类别				用阿拉伯数字表示序号	用汉语拼音字母表示规格号
符号	意义	符号	意义	符号	意义	符号	意义		
2	二极管	A	N 型，锗材料	P	小信号管	D	低频大功率晶体管		
		B	P 型，锗材料	V	混频检波管		($f_\alpha<3MHz, P_c\geqslant 1W$)		
		C	N 型，硅材料	W	电压稳压管	A	高频大功率晶体管		
		D	P 型，硅材料	C	变容管		($f_\alpha\geqslant 3MHz, P_c\geqslant 1W$)		
3	三极管	A	PNP 型，锗材料	Z	整流管	T	闸流管		
		B	NPN 型，锗材料	L	整流堆	Y	体效应管		
		C	PNP 型，硅材料	S	隧道管	B	雪崩管		
		D	NPN 型，硅材料	K	开关管	J	阶跃恢复管		
		E	化合物材料	X	低频小功率晶体管	CS	场效应晶体管		
					($f_\alpha<3MHz, P_c<1W$)	BT	特殊晶体管		
				G	高频小功率晶体管	FH	复合管		
					($f_\alpha\geqslant 3MHz, P_c<1W$)	PIN	PIN 管		
						JG	激光二极管		

国际电子联合会半导体（分立）器件型号命名法如表 1-2 所示。

表 1-2 国际电子联合会半导体（分立）器件型号命名法

第一部分		第二部分				第三部分		第四部分	
用字母表示使用的材料		用字母表示类型及其主要特性				用数字或字母加数字表示登记号		用字母对同型号者分挡	
符号	意义	符号	意义	符号	意义	符号	意义	符号	意义
A	锗材料	A	检波、开关和混频二极管	M	封闭磁路中的霍尔元件	三位数字	通用半导体器件的登记序号（同一类型器件使用同一登记号）	A B C D ⋮	同一型号器件按某一参数进行分挡的标志
		B	变容二极管	P	光敏器件				
B	硅材料	C	低频小功率三极管	Q	发光器件				
		D	低频大功率三极管	R	小功率晶闸管				
C	砷化镓	E	隧道二极管	S	小功率开关管				
		F	高频小功率三极管	T	大功率晶闸管	一个字母加两位数字	专用半导体器件的登记号（同一类型器件使用同一登记号）		
D	锑化铟	G	复合器件及其他器件	U	大功率开关管				
		H	磁敏二极管	X	倍增二极管				
R	复合材料	K	开放磁路中的霍尔元件	Y	整流二极管				
		L	高频大功率三极管	Z	稳压二极管即齐纳二极管				

美国电子工业协会半导体（分立）器件型号命名法如表 1-3 所示。

表 1-3　美国电子工业协会半导体（分立）器件型号命名法

第一部分		第二部分		第三部分		第四部分		第五部分	
用符号表示用途的类别		用数字表示PN结的数目		美国电子工业协会（EIA）注册标志		美国电子工业协会（EIA）登记顺序号		用字母表示器件分挡	
符号	意义	符号	意义	符号	意义	符号	意义	符号	意义
JAN 或 J	军用品	1	二极管	N	该器件已在美国电子工业协会注册登记	多位数字	该器件已在美国电子工业协会登记的顺序号	A B C D ⋮	同一型号的不同挡别
		2	三极管						
无	非军用品	3	三个 PN 结器件						
		n	n 个 PN 结器件						

日本半导体（分立）器件型号命名法如表 1-4 所示。

表 1-4　日本半导体（分立）器件型号命名法

第一部分		第二部分		第三部分		第四部分		第五部分	
用数字表示类型或有效电极数		S 表示日本电子工业协会(EIAJ)注册产品		用字母表示器件的极性及类型		用数字表示在日本电子工业协会登记的顺序号		用字母表示对原来型号的改进产品	
符号	意义	符号	意义	符号	意义	符号	意义	符号	意义
0	光电（即光敏二极管、晶体管及其组合管）	S	表示已在日本电子工业协会（EIAJ）注册登记的半导体分立器件	A	PNP 型高频管	两位以上的整数	从 11 开始，表示在日本电子工业协会注册登记的顺序号，不同公司性能相同器件可以使用同一顺序号，其数字越大越是近期产品	A	用字母表示对原来型号的改进产品
				B	PNP 型低频管			B	
				C	NPN 型高频管			C	
				D	NPN 型低频管			D	
1	二极管			F	P 控制极晶闸管			E	
				G	N 控制极晶闸管			F	
2	三极管、具有两个 PN 结的其他晶体管			H	N 基极单结晶体管			⋮	
				J	P 沟道场效应晶体管				
				K	N 沟道场效应晶体管				
				M	双向晶闸管				
3 ⋮	具有 4 个有效电极或具有 3 个 PN 结的晶体管								
$n-1$	具有 n 个有效电极或具有 $n-1$ 个 PN 结的晶体管								

1.2　半导体二极管

1.2.1　硅整流二极管

硅整流二极管除主要应用于电源电路作整流元件外，还可用作限幅、保护、钳位等。1N、2CZ 系列常用整流二极管的主要参数如表 1-5 所示。

表 1-5　1N、2CZ 系列常用整流二极管的主要参数

型　　号	反向工作峰值电压	额定正向整流电流	正向不重复浪涌峰值电流	正向压降	反向电流	工作频率	外　形
	U_{RM}/V	I_F/A	I_{FSM}/A	U_F/V	I_R/μA	f/kHz	
1N4000	25	1	30	≤1	<5	3	DO-41
1N4001	50						
1N4002	100						
1N4003	200						
1N4004	400						
1N4005	600						
1N4006	800						
1N4007	1000						
1N5100	50	1.5	75	≤1	<5	3	DO-15
1N5101	100						
1N5102	200						
1N5103	300						
1N5104	400						
1N5105	500						
1N5106	600						
1N5107	800						
1N5108	1000						
1N5200	50	2	100	≤1	<10	3	
1N5201	100						
1N5202	200						
1N5203	300						
1N5204	400						
1N5205	500						
1N5206	600						
1N5207	800						
1N5208	1000						
1N5400	50	3	150	≤0.8	<10	3	DO-27
1N5401	100						
1N5402	200						
1N5403	300						
1N5404	400						
1N5405	500						
1N5406	600						
1N5407	800						
1N5408	1000						
2CZ53A	25	0.3	6	≤1	5	3	ED-2
2CZ53B	50						
2CZ53C	100						
2CZ53D	200						
2CZ53E	300						
2CZ53F	400						
2CZ53G	500						
2CZ53H	600						
2CZ53J	700						
2CZ53K	800						
2CZ53L	900						
2CZ53M	1000						

（续）

型　号	反向工作峰值电压	额定正向整流电流	正向不重复浪涌峰值电流	正向压降	反向电流	工作频率	外　形
	U_{RM}/V	I_F/A	I_{FSM}/A	U_F/V	I_R/μA	f/kHz	
2CZ54A	25	0.5	10	≤1.0	<10	3	EE
2CZ54B	50						
2CZ54C	100						
2CZ54D	200						
2CZ54E	300						
2CZ54F	400						
2CZ54G	500						
2CZ54H	600						
2CZ54J	700						
2CZ54K	800						
2CZ54L	900						
2CZ54M	1000						
2CZ58C	100	10	210	≤1.3	<40	3	EG-1
2CZ58D	200						
2CZ58F	400						
2CZ58G	500						
2CZ58H	600						
2CZ58K	800						
2CZ58M	1000						
2CZ58N	1200						
2CZ58P	1400						
2CZ58Q	1600						
2CZ100-1～16	100～1600	100	2200	≤0.7	<200	3	D30-12
2CZ200-1～16	100～1600	200	4080	≤0.7	<200	3	D30-14

1.2.2 检波二极管

检波二极管的结电容小、工作频率高、正向压降小，但允许流过的最大正向电流小、内阻大。多用于小信号、高频率的电路，用作检波、鉴频、限幅。2AP 型检波二极管的主要参数如表 1-6 所示。

表 1-6　2AP 型检波二极管的主要参数

型　号	反向击穿电压	反向电流	反向工作峰值电压	正向电流	检波损耗	截止频率	势垒电容	外　形
	U_{BR}/V	I_R/μA	U_{RM}/V	I_F/mA	L_{rd}/dB	f/MHz	C_B/pF	
2AP9	20	≤200	15	≥8	≥20	100	≤0.5	EA-3
2AP10	40	≤200*	30					EA-1
测试条件	—	U_R=10V *U_R=20V	—	U_F=1V f=40MHz	交流电压 0.2～0.5V f=465kHz	—	交流电压 1～2V U_R=6V f=10kHz	

1.2.3 稳压二极管

利用稳压二极管的反向击穿特性，用作稳压基准电压、保护、限幅、电平转换等。其中 2DW230～2DW232 稳压管内部具有温度补偿、电压温度系数低等优点，可用于精密稳压电路。1N 系列、2CW、2DW 型稳压二极管的主要参数如表 1-7 所示。

表 1-7　1N 系列、2CW、2DW 型稳压二极管的主要参数

型　号	稳定电压 U_Z/V	动态电阻 R_Z/Ω	温度系数 C_{TV}/ (10^{-4}/℃)	工作电流[①] I_Z/mA	最大电流 I_{ZM}/mA	额定功耗 P_Z/W	外　形
1N748	3.8～4.0	100		20		0.5	DO-35E
1N752	5.2～5.7	35					
1N753	5.88～6.12	8					
1N754	6.3～7.3	15					
1N754	6.66～7.01	15					
1N755	7.07～7.25	6					
1N757	8.9～9.3	20					
1N962	9.5～11.9	25		10			
1N962	10.9～11.4	12					
1N963	11.9～12.4	35					
1N964	13.5～14.0	35					
1N964	12.4～14.1	10					
1N969	20.8～23.3	35		5.5			
2CW50	1.0～2.8	50	≥−9	10	83	0.25	ED-1 EA DO-41
2CW51	2.5～3.5	60	≥−9		71		
2CW52	3.2～4.5	70	≥−8		55		
2CW53	4.0～5.8	50	−6～4		41		
2CW54	5.5～6.5	30	−3～5		38		
2CW55	6.2～7.5	15	≤6		33		
2CW56	7.0～8.8	15	≤7	5	27		
2CW57	8.5～9.5	20	≤8		26		
2CW58	9.2～10.5	25	≤8		23		
2CW59	10～11.8	30	≤9		20		
2CW60	11.5～12.5	40	≤9		19		
2CW61	12.4～14	50	≤9.5	3	16		
2CW62	13.5～17	60	≤9.5		14		
2CW63	16～19	70	≤9.5		13		
2CW64	18～21	75	≤10		11		
2CW65	20～24	80	≤10		10		
2CW66	23～26	85	≤10		9		
2CW67	25～28	90	≤10		9		
2CW68	27～30	95	≤10		8		
2CW69	29～33	95	≤10		7		
2CW70	32～36	100	≤10		7		
2CW71	35～40	100	≤10		6		

（续）

型　号	稳定电压 U_Z/V	动态电阻 R_Z/Ω	温度系数 C_{TV}/（10^{-4}/℃）	工作电流① I_Z/mA	最大电流 I_{ZM}/mA	额定功耗 P_Z/W	外　形
2DW230 (2DW7A)	5.8～6.6	≤25	≤|0.05|	10	30	0.2	B4
2DW231 (2DW7B)		≤15					
2DW232 (2DW7C)	6.0～6.5	≤10	≤|0.05|				
测试条件	$I=I_Z$	$I=I_Z$					

① 最大电流可根据公式 $I_{ZM}=\frac{P_Z}{U_Z}$ 计算得出。工作电流一般取最大电流的 1/5～1/2 稳压效果较好。

1.2.4　光敏二极管

利用光敏二极管在光的照射下，反向电流与光照成正比的特性，应用于光电转换及光控、测光等自动控制电路中。2CU 型硅光敏二极管的主要参数如表 1-8 所示。

表 1-8　2CU 型硅光敏二极管的主要参数

型　号	最高反向工作电压 U_{RM}/V	暗电流 I_D/μA	光电流 I_L/μA	峰值波长 λ_P/A	响应时间 t_r/ns	外　形
2CU1A	10	≤0.2	≥80	8800	≤5	ET
2CU1B	20					
2CU1C	30					
2CU1D	40					
2CU1E	50					
2CU2A	10	≤0.1	≥30			
2CU2B	20					
2CU2C	30					
2CU2D	40					
2CU2E	50					
测试条件	$I_R=I_D$	无光照 $U=U_{RM}$	照度 H=1000lx $U=U_{RM}$		$R_L=50\Omega$ $U=10V$ $f=300Hz$	

1.2.5　变容二极管

变容二极管的结电容可以随外加偏压的不同而变化，主要应用于 LC 调谐、自动频率控制、稳频等场合。2CC 系列变容二极管的主要参数如表 1-9 所示，1N 系列变容二极管的主要参数如表 1-10 所示。

1.2.6　发光二极管

（1）普通发光二极管

发光二极管能把电能直接快速地转换成光能，在电子仪器、仪表中用作显示器件、状态信息指示、光电开关和光辐射源等。2EF 系列发光二极管特性如表 1-11 所示。

表 1-9　2CC 系列变容二极管的主要参数

型　号	反向工作峰值电压	最大结电容	最小结电容	反向电流
	U_{RM}/V	C_{max}/pF	C_{min}/pF	I_R/μA
2CC12A	10	10	2.5	≤20
2CC12B		20±6	3	
2CC12C		30±6	3.5	
2CC12D	12	40±6	4	
2CC12E	15	45	5	
2CC12F	10		15	
测试条件	I_R=0.5μA	U_R=0	U_R=U_{RM}	U_R=U_{RM}

表 1-10　1N 系列变容二极管的主要参数

型　号	反向工作峰值电压	结电容	最大变容比	反向电流
	U_{RM}/V	C/pF	C_{max}/C_{min}	I_R/μA
1N5439	≥30	3.3	2.3～3.1	≤20
1N5443		10.0	2.6～3.1	
1N5447		20.0	2.6～3.1	
1N5443		56.0	2.6～3.3	
1N5456		100.0	2.7～3.3	
测试条件		4V 1MHz	2V～30V	U_R=U_{RM}

表 1-11　2EF 系列发光二极管特性

型　号	工作电流	正向电压	发光强度	最大工作电流	反向耐压	发光颜色	外形/mm
	I_F/mA	U_F/V	I_O/mcd	I_{FM}/mA	U_{BR}/V		
2EF401 2EF402	10	1.7	0.6	50	≥7	红	ϕ5.0
2EF411 2EF412	10	1.7	0.5 0.8	30	≥7	红	ϕ3.0
2EF441	10	1.7	0.2	40	≥7	红	5×1.9
2EF501 2EF502	10	1.7	0.2	40	≥7	红	ϕ5.0
2EF551	10	2	1.0	50	≥7	黄绿	ϕ5.0
2EF601 2EF602	10	2	0.2	40	≥7	黄绿	5×1.9
2EF641	10	2	1.5	50	≥7	红	ϕ5.0
2EF811 2EF812	10	2	0.4	40	≥7	红	5×1.9
2EF841	10	2	0.8	30	≥7	黄	ϕ3.0

注：我国用汉语拼音 FG 为型号前缀的是部标型号，用 BT、LED 为型号前缀的分别是北京光电器件厂、佛山光电器件厂、苏州半导体厂和上海半导体器件六厂厂标。

(2) 超高亮度发光二极管

超高亮度发光二极管由铝铟镓磷半导体复合材料制成。在室外广告或警示标志等场合得到应用。常用 BT 系列超高亮度发光二极管的主要参数如表 1-12 所示。

表 1-12 常用 BT 系列超高亮度发光二极管的主要参数

型号	材料	发光颜色	最大功耗 P_m/mW	最大电流 I_F/mA	反向电压 V_R/V	电参数		光电参数（I_F=20mA）		
						正向电压 V_F/V（I_F=20mA）	反向电流 I_R/μA（V_R=5V）	发光强度 I_V/mcd	发光波长 λ_P/nm	光谱半宽度 $\Delta\lambda$/nm
BT1142	AlGaInP	亮红	100	20	5	2.4	100	500～650	645	<100
BT1143		亮绿							565	
BT1144		亮黄							595	
BT1147		亮橙							620	

(3) 变色发光二极管

由于封装了能发红绿光的两个管芯，利用变色原理，可发出多色光。外形和电路符号如图 1-1 所示。常用变色发光二极管的主要特性参数及外形结构如表 1-13 所示。

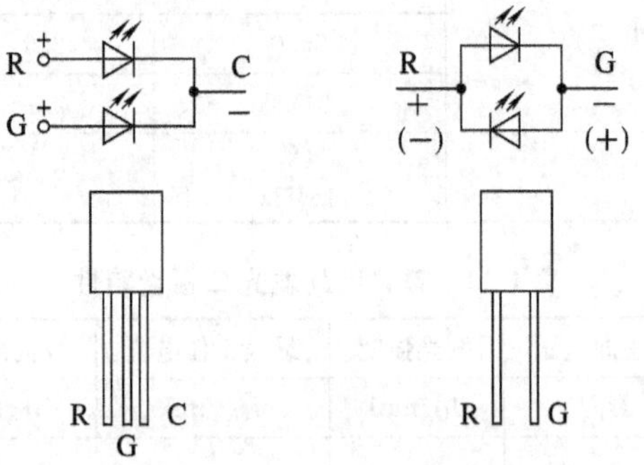

图 1-1 变色发光二极管的结构

(4) 闪烁式发光二极管

闪烁式发光二极管是由 CMOS 集成芯片和发光二极管结合制成的，如图 1-2 所示。常用闪烁式发光二极管的主要特性参数如表 1-14 所示。

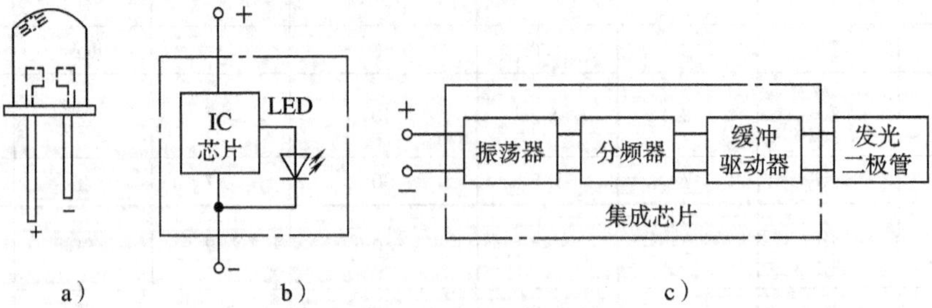

图 1-2 闪烁式发光二极管

a) 外形 b) 等效电路 c) 内部组成框图

表 1-13　常用变色发光二极管的主要特性参数及外形结构

型号	材料	发光颜色	正向电压 V_F/V	发光强度 I_V/mcd	发散角 $2\theta\frac{1}{2}$/(°)	发光波长 λ_P/nm	封装形式	外形结构
BT-603W	GaP	绿	2.1	10	50	568	白色散射	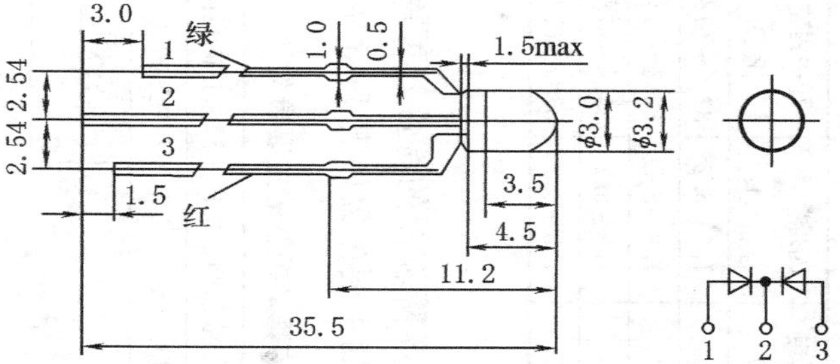
	GaP	红		2		700		
BT-H603W	GaP	绿		10	50	568		
	GaAsP/GaP	红	2.0	8		630		
BT-605W	GaP	绿	2.1	15	45	568		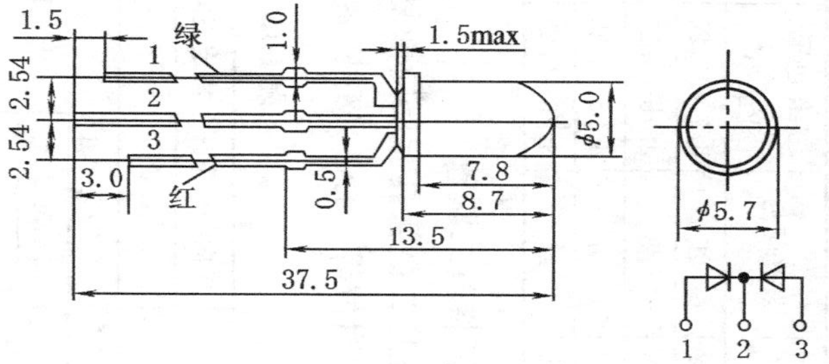
	GaP	红		4		700		
BT-H605K	GaP	绿		30	25	568	透明	
	GaAsP/GaP	红	2.0	30		630		

表 1-14　常用闪烁式发光二极管的主要特性参数

型　号	发光颜色	工作电压 V_{DD}/V	工作电流 I_F/mA	反向漏电 I_R/μA	闪烁频率 f_{BL}/Hz	开关占空比 D	发光强度 I_V/mcd	峰值波长 λ_P/nm
BTS314058	红	4.75～5.25	7～40	≤50	1.3～5.2	33%～67%	≥0.5	700
BTS324058	橙	4.75～5.25	7～40	≤50	1.3～5.2	33%～67%	≥1	630
BTS334058	黄	4.75～5.25	7～40	≤50	1.3～5.2	33%～67%	≥1	585
BTS344058	绿	4.75～5.25	7～40	≤50	1.3～5.2	33%～67%	≥1	565

1.2.7　肖特基二极管

肖特基二极管具有反向恢复时间很短、正向压降较低的特性，可用于高频整流、检波、高速脉冲钳位等。1N、MBR 系列肖特基二极管的主要参数如表 1-15 所示。

表 1-15　1N、MBR 系列肖特基二极管的主要参数

型　号	反向峰值电压 U_{RM}/V	额定正向整流电流 I_F/A	正向不重复浪涌峰值电压 I_{FSM}/A	最大正向压降 U_{FM}/V	反向恢复时间 t_{rr}/ns	外　形
1N5817	20	1.0	25	0.45	10	DO-41
1N5818	30			0.55		
1N5819	40			0.60		
1N5820	20	3.0	80	0.475		
1N5821	30			0.500		
1N5822	40			0.525		
1N5823	20	5.0	500	0.38		
1N5824	30					
1N5825	40					
MBR030	30	0.05	5	0.65		
MBR040	40					
MBR1100	100					
MBR150	50	1.0	25	0.60		
MBR160	60					
MBR180	80					
MBR3100	100					
MBR350	50	3.0	80	0.525		
MBR360	60					
MBR380	80					
MBR735	35	7.5	150	0.57		
MBR745	45					
MBR1035	35	10.0	150	0.72		
MBR1045	45					
MBR1060	60					
MBR1080	80					
MBR10100	100					

1.2.8 快速恢复二极管

快速恢复二极管的正向压降与普通硅整流二极管相似，但反向恢复时间小，耐压比肖特基二极管高得多，用作中频整流元件。

1.2.9 开关二极管

开关二极管的反向恢复时间很小，主要用于开关、脉冲、超高频电路和逻辑控制电路中。1N、MR 系列快速恢复二极管的主要参数如表 1-16 所示，2AK、2CK、1N 系列开关二极管的主要参数如表 1-17 所示。

表 1-16 1N、MR 系列快速恢复二极管的主要参数

型 号	反向峰值电压	额定正向整流电流	正向不重复浪涌电流	反向恢复时间
	U_{RRM}/V	I_F/A	I_{FSM}/A	t_{rr}/μs
1N4933	50	1.0	30	0.2
1N4934	100			
1N4935	200			
1N4936	400			
1N4937	600			
MR910	50	3.0	100	0.75
MR911	100			
MR912	200			
MR914	400			
MR916	600			
MR917	800			
MR918	1000			
MR820	50	5.0	300	0.2
MR821	100			
MR822	200			
MR824	400			
MR826	600			
MUR805	50	8.0	100	0.06
MUR810	100			
MUR815	150			
MUR820	200			
MUR840	400			
MUR850	500			
MUR860	600			

表 1-17　2AK、2CK、1N 系列开关二极管的主要参数

型　号	反向峰值工作电压	正向重复峰值电流	正向压降	额定功率	反向恢复时间	外　形
	U_{RM}/V	I_{FRM}/mA	U_F/V	P/mW	t_{rr}/ns	
1N4148	60	450	≤1	500	4	DO-35B
1N4149						
2AK1	10	150	≤1		≤200	
2AK2	20					
2AK3	30		≤0.9		≤150	
2AK5	40					
2AK6	50					
2CK74（A~E）	A≥30 B≥45 C≥60 D≥75 E≥90	100 150 200 250	≤1	100	≤5	
2CK75（A~E）				150		
2CK76（A~E）				200	≤10	
2CK77（A~E）				250		

1.2.10　恒流二极管

恒流二极管的伏安特性曲线及封装形式如图 1-3 所示，常用恒流二极管的主要特性参数如表 1-18 所示。

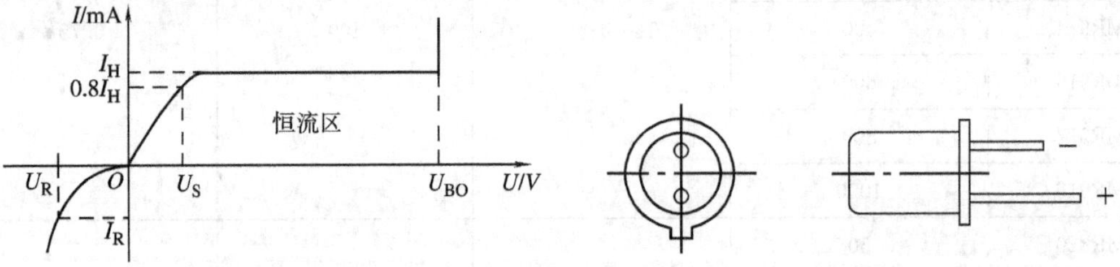

恒流二极管的伏安特性曲线　　恒流二极管的封装形式

图 1-3　恒流二极管的伏安特性曲线及封装形式

表 1-18　常用恒流二极管的主要特性参数

型　号	恒定电流 I_H/mA	起始电压 U_S/V	正向击穿电压 U_{BO}/V	动态电阻 Z_H/MΩ	电流温度系数 α_T (1/℃)
2DH07	0.7	≤3.0	≥50	≥1.5	1×10^{-3}
2DH08	0.8				3×10^{-3}
2DH09	0.9			≥1.0	
2DH2	2			≥0.5	
2DH3	3	≤3.5		≥0.4	
2DH4	4			≥0.3	
2DH5	5	≤4.5		≥0.25	
2DH6	6			≥0.15	
2DH7	7	≤5			

1.2.11 硅整流桥

单相硅整流桥用以代替 4 个整流二极管，在小功率电源整流中应用广泛。3N、QL 系列硅整流桥的主要参数如表 1-19 所示。

表 1-19 3N、QL 系列硅整流桥的主要参数

型 号	反向峰值电压	额定整流电流	正向平均压降	反向电流	外 形
	U_{RM}/V	I_O/A	U_F/V	I_R/A	
3N246	50				
3N247	100				
3N248	200				
3N249	400	1.0	≤1.15	≤10	
3N250	600				
3N251	800				
3N252	1000				
3N253	50				
3N254	100				
3N255	200				
3N256	400	2.0	≤1.0	≤10	
3N257	600				
3N258	800				
3N259	1000				
QL1		0.05			
QL2		0.1			
QL3	25～1000	0.2	≤1.2	≤10	QL
QL4		0.3			
QL5		0.5			
QL6		1.0			

1.2.12 LED 数码管

LED 数码管的笔划由发光二极管组成，故其特性与发光二极管相同，它适用于各种电子装置作数字显示。KSS 系列数码管的主要光电参数如表 1-20 所示。KSS 系列的两种数码管外形和管脚如图 1-4 所示。

表 1-20 KSS 系列数码管的主要光电参数

型 号		工作电流 I_F=20mA		峰值/nm	材料	字体尺寸/mm
共阴	共阳	正向电压 U_F/V	光强 I_V/mcd			
KSS—05123 R	KSS—05223 R	2.1	0.5	660	Gap	
G	G	2.1	2	570	Gap	12.7×7.3
B	BL	3.6	1	470	GaN/SiC	
KSS—06123 R	KSS—06223 R	2.1	0.5	660	Gap	15.0×9.0
G	G		2	570		
KSS—05127 R	KSS—05227 R	2.1	0.5	660	Gap	14.2×8.1
G	G		2	570		

注：型号最后字母为 R 时，表示发光颜色为红色，G 表示绿色，B 表示蓝色。

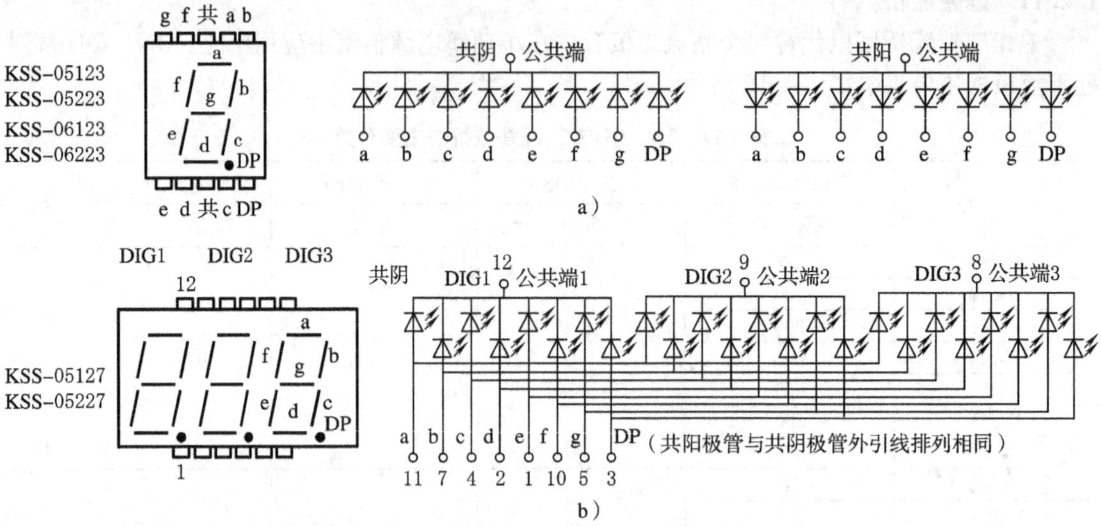

图 1-4　KSS 系列的两种数码管外形和管脚

a）单位 LED 数码管　b）多位 LED 数码管

1.2.13　高压硅堆

高压硅堆是由多个硅二极管串联后封装的，在电子设备中用作高压整流。2CL 系列高压硅堆的主要参数如表 1-21 所示。

表 1-21　2CL 系列高压硅堆的主要参数

型　号	正向额定电流	反向不重复峰值电压	正向压降	反向电流	反向恢复时间	外　形
	I_F/mA	U_{RRM}/kV	U_F/V	I_R/μA	t_{rr}/μs	
2CL12	1	12	35	1	0.3	EL
2CL15	1	15	40	1	0.3	
2CL18	1	18	45	1	0.3	
2CL20	1	20	50	1	0.3	
2CL29	5	20	62.5	2	0.1	2CL
2CL42	2	24	70	2	0.4	EL
2CL68	3	25	80	2		2CL
测试条件		$I_R \leqslant 2\mu A$	$I_F = 1mA$	25℃		

1.2.14　双向触发二极管

双向触发二极管是两端交流器件，有两个对称的正反转折电压 U_{BO}，可用作双向交流开关，可向双向晶闸管提供控制极触发电流。2CTS、PDA 型双向触发二极管的主要参数如表 1-22 所示。

表 1-22　2CTS、PDA 型双向触发二极管的主要参数

型　号	峰值电流	转折电压	转折电压偏差	弹回电压	转折电流	外　形
	I_p/A	U_{BO}/V	ΔU_{BO}/V	ΔU/V	I_{BO}/μA	
2CTS2	2	26～40	3	5	50	DO-15
PDA30	2	28～36	3	5	100	DO-35A
PDA40	2	35～45	3	5	100	
PDA60	1.6	50～70	4	10	100	

1.2.15 双基极二极管

双基极二极管又称单结晶体管，它具有稳定的触发电压和触发电流，可控制基极间的电压以取得较大的脉冲电流，适用作弛张振荡器，定时电路及晶闸管的触发电路。BT31-BT37 型双基极二极管的主要参数如表 1-23 所示。

表 1-23 BT31-BY37 型双基极二极管的主要参数

型号	分压比 η	基极间电阻 R_{bb}/kΩ	调制电流 I_{B2}/mA	峰点电流 I_P/mA	谷点电流 I_V/mA	谷点电压 U_V/V	耗散功率 P_{B2M}/mV	外形
BT31 A	0.3～0.55	3～6	5～30	≤2	≥1.5	≤3.5	100	ET
BT31 B	0.3～0.55	5～12	≤30					
BT31 C	0.45～0.75	3～6						
BT31 D	0.45～0.75	5～12						
BT31 E	0.65～0.9	3～6						
BT31 F	0.65～0.9	5～12						
BT32 A	0.3～0.55	3～6	8～35	≤2	≥1.5	≤3.5	250	B
BT32 B		5～12	≤35					
BT32 C	0.45～0.75	3～6						
BT32 D		5～12						
BT32 E	0.65～0.90	3～6						
BT32 F		5～12						
BT33 A	0.3～0.55	3～6	8～40	≤2	≥1.5	≤3.5	400	
BT33 B		5～12	≤40					
BT33 C	0.45～0.75	3～6						
BT33 D		5～12						
BT33 E	0.65～0.9	3～6						
BT33 F		5～12						
BT37 A	0.3～0.55	3～6	3～40	≤2	≥1.5	≤3.5	700	
BT37 B		5～12	≤40					
BT37 C	0.45～0.75	3～6						
BT37 D		5～12						
BT37 E	0.65～0.9	3～6						
BT37 F		5～12						
测试条件	U_{BB}=20V	U_{BB}=20V I_E=0	U_{BB}=10V	U_{BB}=20V	U_{BB}=20V	U_{BB}=20V		

1.2.16 常用半导体二极管的外形及管脚排列

DO 型外形尺寸如表 1-24 所示，EH 型外形尺寸如表 1-25 所示。常用半导体二极管外形及管脚排列如图 1-5 所示。ED、EA 型外形尺寸分别如表 1-26、表 1-27 所示。

表 1-24 DO 型外形尺寸 （单位：mm）

型号	D_{max}	H_{max}	L_{min}	d	型号	D_{max}	H_{max}	L_{min}	d
DO-15	ϕ3.35	6.4	28	ϕ0.78	DO-35B	ϕ2	4	28	ϕ0.5
DO-15A	ϕ3.5	6.1	28	ϕ0.78	DO-35C	ϕ2.2	4.2	25.4	ϕ0.5
DO-15B	ϕ4	7.2	26	ϕ0.8	DO-35D	ϕ1.91	4.57	25.4	ϕ0.5
DO-15C	ϕ4	7.5	25	ϕ0.8	DO-35E	ϕ2.7	5.2	28	ϕ0.78
DO-27	ϕ1.98	4.5	25	ϕ0.4	DO-41A	ϕ2.7	4.3	28	ϕ0.8
DO-35A	ϕ1.78	4	28	ϕ0.5	DO-41B	ϕ5.13	9	26.5	ϕ1.3

表 1-25　EH 型外形尺寸　　　　（单位：mm）

型　号	D_{max}	L_{max}	d	L'
EH1	2	6	0.45	60
EH2	3.5	10	0.6	60
EH3	5	12	0.8	60
EH4	6.5	13.5	1	60

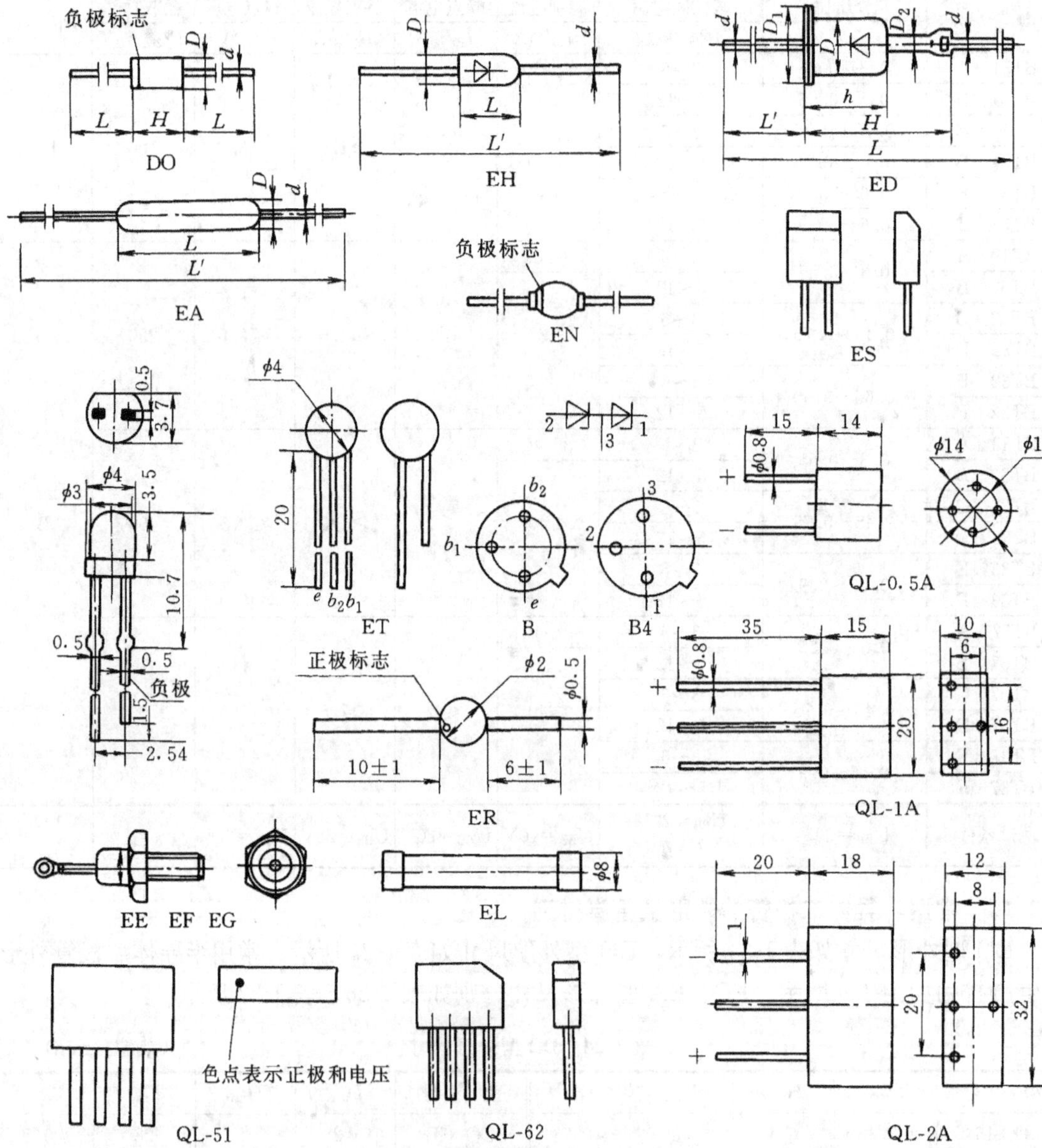

图 1-5　常用半导体二极管外形及其管脚排列

表 1-26　ED 型外形尺寸　　　　（单位：mm）

型　号	D	D_1	D_2	d	h	H	l	L
ED-1	4.5	7	1.5 或 1	0.7	7.2	13	30	73±2
ED-2	6.2	9.6	1.5 或 2	0.8	7.4	14.5	30	76±2

表 1-27 EA 型外形尺寸 （单位：mm）

型 号	D	d	L'	L	型 号	D	d	L'	L
EA-1	2.2	0.4～0.5	60	6	EA-3	3	0.4～0.5	60	10
EA-2	2.5	0.4～0.5	60	8	EA-4	4	0.4～0.5	60	10

1.3 晶体管、场效应晶体管、晶闸管

1.3.1 硅小功率晶体管

硅小功率双极型晶体管具有工作频率高、工作稳定等特点，在交直流电压放大电路及振荡电路中被广泛应用。通用 9011～9018、8050、8550 晶体管的主要参数如表 1-28 所示，常用 3DG、3CG 高频小功率晶体管的主要参数如表 1-29 所示，常用 3DK 开关小功率晶体管的主要参数如表 1-30 所示。

表 1-28 通用 9011～9018、8050、8550 晶体管的主要参数

型 号	极限参数			直流参数			交流参数		类型	外 形
	P_{CM}/mW	I_{CM}/mA	$U_{(BR)CEO}$/V	I_{CEO}/mA	$U_{CE(sat)}$/V	h_{fE}	f_T/MHz	C_{ob}/pF		
9011	300	100	18	0.05	0.3	28	150	3.5	NPN	TO-92
E						39				
F						54				
G						72				
H						97				
I						132				
9012	600	500	25	0.5	0.6	64	150		PNP	
E						78				
F						96				
G						118				
H						144				
9013	400	500	25	0.5	0.6	64	150		NPN	
E						78				
F						96				
G						118				
H						144				
9014	300	100	18	0.05	0.3	60	150		NPN	
A						60				
B						100				
C						200				
D						400				
9015	310 600	100	18	0.05	0.5	60	50	6	PNP	
A						60	100			
B						100				
C						200				
D						400				
9016	310	25	20	0.05	0.3	28～97	500		NPN	
9017		100	12		0.5	28～72	600	2		
9018		100	12		0.5	28～72	700			
8050	1000	1500	25			85～300	100		NPN	
8550									PNP	

表 1-29　常用 3DG、3CG 高频小功率晶体管的主要参数

型　号	极限参数			直流参数		交流参数		类　型	外　形
	P_{CM}/mW	I_{CM}/mA	$U_{(BR)CEO}$/V	I_{CEO}/μA	h_{FE}①	f_T/MHz	G_{ob}/pF		
3DG100　A	100	20	20	≤0.01	≥30	≥150	≤4	NPN	TO-92 A3-01C B-1
B			30						
C			20			≥300			
D			30						
3DG120　A	500	100	30	≤0.01	≥30*	≥150	≤6	NPN	TO-92 A3-02B B-4
B			45						
C			30			≥300			
D			45						
3DG130　A	700	300	30	≤1	≥25**	≥150	≤10	NPN	TO-92 A3-02B B-4
B			45						
C			30			≥300			
D			45						
测试条件			I_C=0.1mA	U_{CE}=10V	U_{CE}=10V I_C=3mA * I_C=30mA ** I_C=50mA				
3CG100　A	100	30	15	≤0.1	≥25	≥100	≤4.5	PNP	TO-92 A3-01C B-1
B			25						
C			40						
3CG120　A	500	100	15	≤0.2	≥25	≥200		PNP	TO-92 A3-02B B-4
B			30						
C			45						
3CG130　A	700	300	15	≤1	≥25	≥80		PNP	TO-92 A3-02B B-4
B			30						
C			45						

①　h_{FE}分挡：橙 25～40　黄 40～55　绿 55～80　蓝 80～120　紫 120～180　灰 180～270。

表 1-30　常用 3DK 开关小功率晶体管的主要参数

型　号	极限参数			直流参数		开通时间	下降时间	交流参数		类型	外形
	P_{CM}/mW	I_{CM}/mA	$V_{(BR)CEO}$/V	I_{CEO}/μA	h_{FE}	t_{on}/ns	t_{off}/ns	f_T/MHz	C_{ob}/pF		
3DK2A	200	30	≥20	≤0.1	≥30	≤30	≤60	≥150	≤4	NPN	TO-92 B-1
3DK2B						≤20	≤40	≥200			
3DK2C			≥15			≤15	≤30	≥150			

（续）

<table>
<tr><th rowspan="2">型 号</th><th colspan="3">极 限 参 数</th><th colspan="2">直 流 参 数</th><th>开通时间</th><th>下降时间</th><th colspan="2">交 流 参 数</th><th rowspan="2">类型</th><th rowspan="2">外形</th></tr>
<tr><th>P_{CM}/mW</th><th>I_{CM}/mA</th><th>$V_{(BR)CEO}$/V</th><th>I_{CEO}/μA</th><th>h_{FE}</th><th>t_{on}/ns</th><th>t_{off}/ns</th><th>f_T/MHz</th><th>C_{ob}/pF</th></tr>
<tr><td>3DK4</td><td rowspan="4">200</td><td rowspan="4">800</td><td>≥15</td><td rowspan="4">≤10</td><td rowspan="4">≥20</td><td rowspan="4">≤30</td><td rowspan="4">≤30</td><td rowspan="4">≥100</td><td rowspan="4">≤15</td><td rowspan="4">NPN</td><td rowspan="4">TO-92
B-4</td></tr>
<tr><td>3DK4A</td><td>≥30</td></tr>
<tr><td>3DK4B</td><td>≥45</td></tr>
<tr><td>3DK4C</td><td>≥30</td></tr>
<tr><td>3DK7A</td><td rowspan="6">300</td><td rowspan="6">50</td><td rowspan="6">≥15</td><td rowspan="6">≤1</td><td rowspan="6">≥20</td><td rowspan="6">≤45</td><td>≤180</td><td rowspan="6">≥120</td><td rowspan="6">≤35</td><td rowspan="6">NPN</td><td rowspan="6">TO-92
B-1</td></tr>
<tr><td>3DK7B</td><td>≤130</td></tr>
<tr><td>3DK7C</td><td rowspan="2">≤90</td></tr>
<tr><td>3DK7D</td></tr>
<tr><td>3DK7E</td><td>≤60</td></tr>
<tr><td>3DK7F</td><td>≤40</td></tr>
<tr><td>3DK2A</td><td rowspan="5">300</td><td rowspan="5">50</td><td>≥15</td><td rowspan="5">≤0.2</td><td rowspan="5">≥20</td><td rowspan="5">≤50</td><td rowspan="5">≤30</td><td rowspan="5">≥150</td><td rowspan="5">≤5</td><td rowspan="5">PNP</td><td rowspan="5">TO-92
B-1</td></tr>
<tr><td>3DK2B</td><td rowspan="2">≥30</td></tr>
<tr><td>3DK2C</td></tr>
<tr><td>3DK2D</td><td>≥15</td></tr>
<tr><td>3DK2E</td><td>≥30</td></tr>
</table>

1.3.2 锗小功率晶体管

锗小功率晶体管具有正向压降较硅小功率晶体管低的特点，但有穿透电流较大的缺点。常用3AG高频小功率晶体管的主要参数如表1-31所示。

表1-31 常用3AG高频小功率晶体管的主要参数

<table>
<tr><th rowspan="2">型 号</th><th colspan="3">极 限 参 数</th><th colspan="2">直 流 参 数</th><th>交流参数</th><th>最大允许结温</th><th rowspan="2">类 型</th><th rowspan="2">外 形</th></tr>
<tr><th>P_{CM}/mW</th><th>I_{CM}/mA</th><th>$U_{(BR)CEO}$/V</th><th>I_{CEO}/mA</th><th>h_{FE}</th><th>f_T/MHz</th><th>T_M/℃</th></tr>
<tr><td>3AG1</td><td>50</td><td>10</td><td rowspan="4">≥10</td><td rowspan="5">≤100</td><td>≥20</td><td>≥20</td><td>75</td><td rowspan="5">PNP</td><td rowspan="5">TO-1</td></tr>
<tr><td>3AG3</td><td>50</td><td>10</td><td>≥30</td><td>≥60</td><td>75</td></tr>
<tr><td>3AG9</td><td>60</td><td>10</td><td>≥30</td><td>≥20</td><td>75</td></tr>
<tr><td>3AG12</td><td>30</td><td>10</td><td></td><td></td><td>85</td></tr>
<tr><td>3AG29</td><td>150</td><td>50</td><td>≥15</td><td>>30</td><td>≥150</td><td>75</td></tr>
</table>

1.3.3 硅大功率晶体管

硅大功率晶体管具有输出功率大、反向耐压高、最高结温高、工作稳定等特点。主要用在功率放大、电源变换、低速开关等电路中。3DD、3CD型低频大功率晶体管的主要参数如表1-32所示。

表1-32 3DD、3CD型低频大功率晶体管的主要参数

<table>
<tr><th rowspan="2">型 号</th><th colspan="3">极 限 参 数</th><th colspan="3">直 流 参 数</th><th>交流参数</th><th rowspan="2">最大允许结温/℃</th><th rowspan="2">类型</th><th rowspan="2">外形</th></tr>
<tr><th>P_{CM}/W</th><th>I_{CM}/A</th><th>$U_{(BR)CEO}$/V</th><th>I_{CEO}/mA</th><th>h_{FE}</th><th>U_{CES}/V</th><th>f_T/MHz</th></tr>
<tr><td>3DD12 A</td><td rowspan="5">50</td><td rowspan="5">5</td><td>100</td><td rowspan="5">≤1</td><td rowspan="5">≥20</td><td rowspan="5">≤1.5</td><td rowspan="5">≥1</td><td rowspan="5">125</td><td rowspan="5">NPN</td><td rowspan="5">F-2
TO-220</td></tr>
<tr><td>B</td><td>200</td></tr>
<tr><td>C</td><td>300</td></tr>
<tr><td>D</td><td>400</td></tr>
<tr><td>E</td><td>500</td></tr>
<tr><td>3DD21 A</td><td rowspan="4">100</td><td rowspan="4">15</td><td>80*</td><td rowspan="4">≤1</td><td rowspan="4">≥20*</td><td>≤1.5</td><td rowspan="4">≥2</td><td rowspan="4">125</td><td rowspan="4">NPN</td><td rowspan="4">F-4</td></tr>
<tr><td>B</td><td>100*</td><td rowspan="3">≤2</td></tr>
<tr><td>C</td><td>150*</td></tr>
<tr><td>D</td><td>200*</td></tr>
</table>

（续）

型号	极限参数			直流参数			交流参数	最大允许结温/℃	类型	外形
	P_{CM}/W	I_{CM}/A	$U_{(BR)CEO}$/V	I_{CEO}/mA	h_{FE}	U_{CES}/V	f_T/MHz			
3CD030 A			30							
B		3	50							
C			80							
D			100							
E	30	1.5	120	≤1.5	7～180	≤1.5	≥3	150	PNP	F-1
F			150							
G			200							
H		0.75	300							
I			400							
3CD050 A			30							
B		5	50							
C			80							
D			100							
E	50	2.5	120		7～180	≤1.5	≥3	150	PNP	F-2
F			150							
G			200							
H		1.2	300							
I			400							
测试条件			I_C=5mA * I_C=10mA	U_{CE}=50V	U_{CE}=5V I_C=2A * I_C=5A					

1.3.4 锗大功率晶体管

常用3AD型锗低频大功率晶体管的主要参数如表1-33所示，通用硅大功率晶体管的主要参数如表1-34所示。

表1-33 常用3AD型锗低频大功率晶体管的主要参数

型号	极限参数			直流参数		交流参数	最大允许结温	类型	外形
	P_{CM}/W	I_{CM}/A	$U_{(BR)CEO}$/V	I_{CEO}/mA	h_{FE}	f_β/kHz	T_{jM}/℃		
3AD50 A (3AD6) B C	10①	3	18 24 30	≤2.5	≥12	4	90	PNP	F-1
3AD53 A (3AD30) B C	20②	6	12* 18* 24*	≤12 ≤10	≥20*	2	90	PNP	F-2 TO-3
3AD56 A (3AD18) B C D	50③	15	40** 20** 60** 60**	≤15	≥20**	3	90	PNP	见图1-9

（续）

型　号	极 限 参 数			直 流 参 数		交流参数	最大允许结温	类型	外　形
	P_{CM}/W	I_{CM}/A	$U_{(BR)CEO}$/V	I_{CEO}/mA	h_{FE}	f_{β}/kHz	T_{jM}/℃		
测试条件			I_C=10mA * I_C=20mA ** I_C=100mA	U_{CE}=−10V	U_{CE}=−2V I_C=2A * I_C=4A ** I_C=5A				

① 加 120mm×120mm×4mm 散热板。
② 加 200mm×200mm×4mm 散热板。
③ 加散热板。

表 1-34　通用硅大功率晶体管的主要参数

型　号		极 限 参 数			直 流 参 数	交流参数	外　形
NPN	PNP	P_{CM}/W	I_{CM}/A	$U_{(BR)CEO}$/V	h_{FE}	f_T/MHz	
2N5758	2N6226	150	6	100	25～100	1	TO-204
2N5759	2N6227			120	20～80		
2N5760	2N6228			140	15～60		
2N6058	2N8053	100	8	60	≥1k	4	
2N8058	2N8054			80			
2N3713	2N3789	150	10	60	≥15	4	
2N3714	2N3790			80	≥15		
2N5832	2N6228			100	25～100	1	
2N5633	2N6230			120	20～80		
2N5634	2N6231			140	15～60		
2N6282	2N6285	60	20	60	750～18k	4	
2N5303	2N5745	140		80	15～60	200	
2N6284	2N6287	160		100	750～18k	4	
2N5301	2N4398	200	30	40	15～60	2	
2N5302	2N4399			60	15～60		
2N6327	2N6330			80	6～30	3	
2N6328	2N6331			100	6～30		

1.3.5　达林顿管

达林顿管又称复合晶体管。它是由两个晶体管连接而形成的，这种连接可以获得很大的电流增益，很高的输入电阻。达林顿大功率晶体管的主要参数如表 1-35 所示。

表 1-35　达林顿大功率晶体管的主要参数

型　号		极 限 参 数			直 流 参 数	交流参数	外　形
NPN	PNP	P_{CM}/W	I_{CM}/A	$U_{(BR)CEO}$/V	h_{FE}	f_T/MHz	
2N6027	2N6034	40	4	40	75～1k	25	

（续）

型号		极限参数			直流参数	交流参数	外形
NPN	PNP	P_{CM}/W	I_{CM}/A	$U_{(BR)CEO}$/V	h_{FE}	f_T/MHz	
2N6028	2N6035	40	4	60	750～18k	25	
2N6039	2N6036			80	750～18k		
2N6043	2N6040	75	8	60	1k～10k	4	
2N6044	2N6041			80	1k～10k		
2N6045	2N6042			100	1k～20k		
2N6057	2N6050	150	12	60	750～18k	4	
2N6058	2N6051			80			
2N6059	2N6052			100			
2N6282	2N6285	160	20	60	750～18k	4	
2N6283	2N6286			80			
2N6284	2N6287			100			
DDL150	CDL150	150	16	60	500～1000	1	
DDL20	CDL70	70	5	60	500		F-2
DDL40	CDL40	40	4	60	500		
DDL10	CDL10	10	2	80	500		F-1
DDL05	CDL05	5	1	25	500		
3DD30LA～E		30	5	100～600	500～10k	1	F-2 F-1
3DD50LA～E		50	10	100～600	500～10k	1	F-2

1.3.6 场效应晶体管

通用场效应晶体管具有输入电阻极高、驱动电流小、低噪声等特点，常应用于前置电压放大、阻抗变换电路、振荡电路、高速开关电路中。3DJ、3DO、3CO系列场效应晶体管的主要参数如表1-36所示。

表 1-36 3DJ、3DO、3CO 系列场效应晶体管的主要参数

型号		类型	饱和漏源电压	夹断电压	开启电压	共源低频跨导	栅源绝缘电阻	最大漏源电压	外形
			I_{DSS}/mA	$U_{GS(off)}$/V	$U_{GS(th)}$/V	g_m/μs	R_{GS}/Ω	$U_{(BR)DS}$/V	
3DJ6	D	结型场效应晶体管	＜0.35	＜|−9|		300	≥10^8	＞20	TO-72
	E		0.3～1.2			500			
	F		1～3.5			1000			
	G		3～6.5						
	H		6～10						
3DO1	D	MOS场效应晶体管N沟道耗尽型	＜0.35	＜|−4|		＞1000	≥10^9	＞20	TO-92
	E		0.3～1.2						
	F		1～3.5						
	G		3～6.5	＜|−9|					
	H		6～10						

（续）

型号	类型	饱和漏源电压	夹断电压	开启电压	共源低频跨导	栅源绝缘电阻	最大漏源电压	外形
		I_{DSS}/mA	$U_{GS(off)}$/V	$U_{GS(th)}$/V	g_m/μs	R_{GS}/Ω	$U_{(BR)DS}$/V	
3DO6 A	MOS场效应晶体管N沟道增强型	≤10		2.5～5	>2000	≥10^9	>20	TO-92
3DO6 B				<3				
3CO1	MOS场效应晶体管P沟道增强型	≤10		|−2|～|−6|	>500	10^8～10^{11}	>15	TO-72 A3-01

1.3.7 功率VMOS场效应晶体管

VMOS属于电压控制型功率器件，它具有开关速度快、导通电阻很小、高输入阻抗、耐压高、低驱动。较宽的安全工作区、较强的过载能力、温度系数为负值、热稳定性好等优点，所以在功放、电动机调速、开关电源等各种领域有越来越广泛的应用。MT系列功率VMOS场效应晶体管的主要参数如表1-37所示。

表1-37 MT系列功率VMOS场效应晶体管的主要参数

型号	类型	漏源极击穿电压	漏源极导通电阻最大值		漏极最大电流	漏极耗散功率	外形
		$U_{(BR)DSS}$/V	$R_{DS(on)max}$/Ω	I_D/A	I_{Dmax}/A	P_D（25℃）/W	
MTM10N05	N沟道	50	0.28	5.0	10	75	TO-3
MTM25N05			0.055	17.5	25	150	
MTM10N10		100	0.33	5.0	10	40	
MTM25N10			0.055	12.5	25	150	
MTM5N20		200	1.0	2.5	5.0	75	
MTM40N20			0.08	20	40	250	
MTM3N40		400	3.3	1.0	3.0	75	
MTM15N40			0.30	7.5	15	150	
MTM1N100		1000	10	0.5	1.0	75	TO-220
MTP10N05		50	0.28	5.0	10	75	
MTP5N40		400	1.5	2.0	5.0	75	
MTP1N100		1000	10	0.5	1.0	75	
MTP8P10	P沟道	100	0.4	4.0	8.0	75	
MTP2P50		500	6.0	1.0	2.0	75	
VN05M60	N沟道	50	0.028		60	200	TO-3
VN06M60		60	0.028		60	200	

1.3.8 光耦合器

光耦合器是利用电—光—电耦合原理来传递信号的，输入输出电路在电气上是相互隔离的，它能有效地抑制系统噪声，消除接地回路的干扰，响应速度较快。应用在强—弱电接口和微机系统的输入和输出电路中。各种类型光耦合器的构成如表 1-38 所示。图 1-6 是通用单光耦合器 DIP、同轴型封装外形，图 1-7 是各种类型的光耦合器结构。常用通用光耦合器的主要参数如表 1-39 所示，双向晶闸管输出单光耦合器的主要参数如表 1-40 所示。

表 1-38　各种类型光耦合器的构成

分类	发光器件	受光器件	结构
1	红外发光二极管	硅光敏晶体管	见图 1-7a
2	红外发光二极管	达林顿型光敏晶体管	见图 1-7b
3	红外发光二极管	有基极的光敏晶体管	见图 1-7c
4	红外发光二极管	有基极的达林顿光敏晶体管	见图 1-7d
5	红外发光二极管	有基极的达林顿光敏晶体管	见图 1-7e
6	红外发光二极管	光敏双向晶闸管	见图 1-7f
7	红外发光二极管	具有零交电路的光敏双向晶闸管	见图 1-7g
8	红外发光二极管	含光敏器件的施密特触发器	见图 1-7h
9	对接红外发光二极管	有基极的光敏晶体管	见图 1-7i
10	对接红外发光二极管	有基极电阻的达林顿光敏晶体管	见图 1-7j
11	双红外发光二极管	双硅光敏晶体管	见图 1-7k
12	串接红外发光二极管	双硅光敏晶体管	见图 1-7l

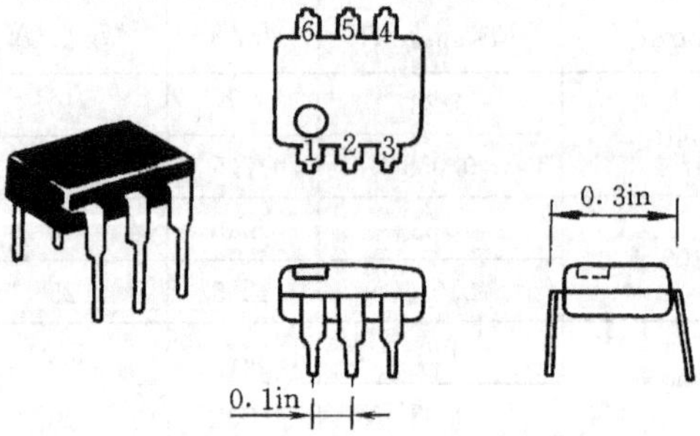

a)

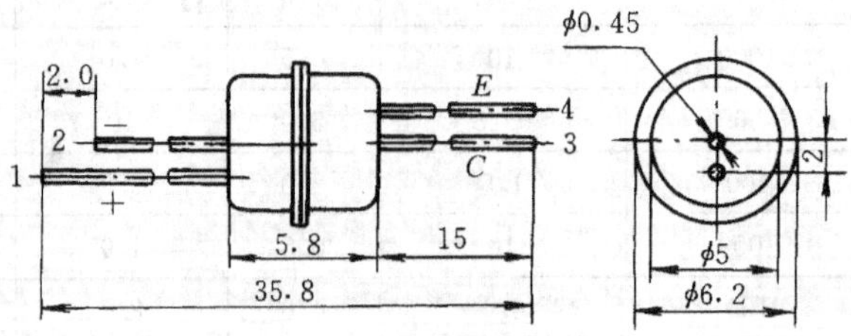

b)

图 1-6　通用单光耦合器外形

a) DIP 封装　b) 同轴型封装

注：1in=25.4mm

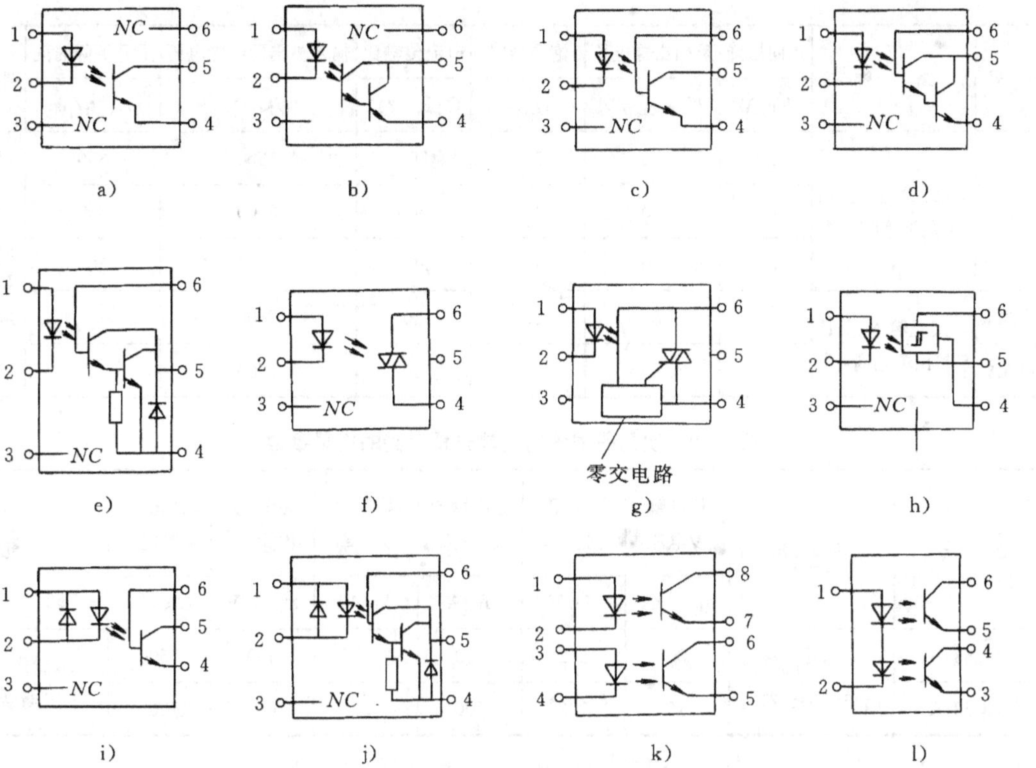

图 1-7　各种类型的光耦合器

表 1-39　常用通用光耦合器的主要参数

型　号	结　　构	正向压降 U_F/V	反向击穿电压 $U_{(BR)CEO}$/V	饱和压降 $U_{CE(Sat)}$/V	电流传输比 CTR（%）	输入输出间绝缘电压 U_{ISO}/V	上升下降时间 t_r、t_f/μs	外形
TIL112	晶体管输出单光耦合器	1.5	20	0.5	2.0	1500	2.0	6管脚DIP封装
TIL114		1.4	30	0.4	8.0	2500	5.0	
TIL124		1.4	30	0.4	10	5000	2.0	
TIL116		1.5	30	0.4	20	2500	5.0	
TIL117		1.4	30	0.4	50	2500	5.0	
4N27		1.5	30	0.5	10	1500	2.0	
4N26		1.5	30	0.5	20	1500	0.8	
4N35		1.5	30	0.3	100	3500	4.0	
TIL118	晶体管输出（无基极管脚）	1.5	20	0.5	10	1500	2.0	
TIL113	复合管输出	1.5	30	1.0	300	1500	300	
TIL127		1.5	30	1.0	300	5000	300	
TIL156		1.5	30	1.0	300	3535	300	
4N31		1.5	30	1.0	50	1500	2.0	
4N30		1.5	30	1.0	100	1500	2.0	
4N33		1.5	30	1.0	500	1500	2.0	

（续）

型　号	结　　构	正向压降	反向击穿电压	饱和压降	电流传输比	输入输出面绝缘电压	上升下降时间	外形
		U_F/V	$U_{(BR)CEO}$/V	$U_{CE(Sat)}$/V	CTR（%）	U_{ISO}/V	t_r、t_f/μs	
TIL119	复合管输出（无基极管脚）	1.5	30	1.0	300	1500	300	6管脚DIP封装
TIL128		1.5	30	1.0	300	5000	300	
TIL157		1.5	30	1.0	300	3535	300	
H11AA1	交流输入、晶体管输出单光耦合器	1.5	30	0.4	20	2500	—	
H11AA2		1.5	30	0.4	10	2500	—	

表 1-40　双向晶闸管输出单光耦合器的主要参数

型　　号	结　　构	IED触发电流	LED正向压降	晶闸管通态电流	晶闸管功　率	断态输出端电压	输出输入绝缘电压	外　　形
		I_{FT}/mA	U_F/V	I_F/A	P_D/W	U_{DRM}/V	U_{ISO}/V	
MOC633A	双向晶闸管输出单光耦合器	30	1.2	100	0.3	400	7500	6管脚DIP封装
MOC634A		15	1.2	100	0.3	400	7500	

1.3.9　晶闸管

晶闸管一般用作功率开关元件，在电动机控制、电磁阀控制、灯光控制、稳压控制、逆变电源等中有十分普遍的应用。常用3CT、MCR、2N系列晶闸管的主要参数如表1-41所示，3CTS、MAC、2N系列双向晶闸管的主要参数如表1-42所示。

表 1-41　常用 3CT、MCR、2N 系列晶闸管的主要参数

型　　号	重复峰值电压	额定正向平均电流	维持电流	通态平均电压	控制触发电压	控制触发电流	外形
	U_{DRM}、U_{RRM}/V	I_F/A	I_H/mA	U_F/V	U_G/V	I_G/mA	
3CT021～3CT024	20～1000	0.1	0.4～20	≤1.5	≤1.5	0.01～10	TO-72
3CT031～3CT034		0.2	0.4～30			0.01～15	
3CT041～3CT044		0.3		≤1.2		0.01～20	
3CT051～3CT054		0.5	0.5～30		≤2	0.05～20	
3CT061～3CT064		1	0.8～30			0.01～30	
3CT101	50～1400	1		≤1	≤2.5	3～30	TO-92
3CT103		5	<50		≤3.5	5～70	TO-48
3CT104		10					TO-48
3CT105		20	<100				TO-48
3CT107		50	<200			8～150	TO-48

（续）

型号	重复峰值电压 U_{DRM}、U_{RRM}/V	额定正向平均电流 I_F/A	维持电流 I_H/mA	通态平均电压 U_F/V	控制触发电压 U_G/V	控制触发电流 I_G/mA	外形
MCR102	25	0.8			0.8	0.2	TO-92
MCR103	50						
MCR100-3～MCR100-8	100～800						
2N1595	50	1.6			3.0	10	TO-39
2N1596	100						
2N1597	200						
2N1598	300						
2N1599	400						
2N4441	50	8			1.5	30	TO-220
2N4442	200						
2N4443	400						
2N4444	600						

表 1-42　3CTS、MAC、2N 系列双向晶闸管的主要参数

型号	重复峰值电压 U_{DRM}、U_{RRM}/V	额定正向平均电流 I_F/A	不重复浪涌电流 I_{FSM}/A	通态平均电压 U_F/V	控制触发电压 U_G/V	控制触发电流 I_G/mA	外形
3CTS1	400～1000	1	≥10	≤2.2	≤3	≤50	TO-92 TO-202
3CTS2		2	≥20				
3CTS3		3	≥30				
3CTS4		4	≥33.6				
3CTS5		5	≥42				
MAC97-2	50	0.6	8.0		2～2.5	10	TO-226
MAC97-3	100						
MAC97-4	200						
MAC97-5	300						
MAC97-6	400						
MAC97-7	500						
MAC97-8	600						
2N6069A	50	4.0	30		2.5	5.0～10	
2N6070A	100						
2N6071A	200						
2N6072A	300						
2N6073A	400						
2N6074A	500						
2N6075A	600						

（续）

型　号	重复峰值电压	额定正向平均电流	不重复浪涌电流	通态平均电压	控制触发电压	控制触发电流	外　形
	U_{DRM}、U_{RRM}/V	I_F/A	I_{FSM}/A	U_F/V	U_G/V	I_G/mA	
2N6342	200	8.0	100		2.0～2.5	50～75	TO-220
2N6343	400						
2N6344	600						
2N6345	800						

1.3.10　光敏晶体管

光敏晶体管是把光敏二极管和普通三极管合制在一起的器件。它自身具备放大作用，常用作光学测量、光电开关控制、光电交换放大器的器件。3DU 系列光敏晶体管的主要参数如表 1-43 所示。

表 1-43　3DU 系列光敏晶体管的主要参数

型　号	最大工作电流	最高工作电压	暗电流	光电流	上升时间	峰值波长	最大耗散功率
	I_{cm}/mA	$U_{(RM)CE}$/V	I_D/μA	I_L/μA	t_r/μs	λ_0/nm	P_{Cm}/mW
3DU55	5	45	0.5	2	10	850	30
3DU53	5	70	0.2	0.3	10	850	30
3DU100	20	6	0.05	0.5		850	50
3DU21		10	0.3	1	2	920	100
3DU31	50	20	0.3	2	10	900	150
3DUB13	20	70	0.1	0.5	0.5	850	200
3DUB23	20	70	0.1	1	1	850	200
3DU912A①	20	25	1	5	100	850	200
3DU912B①	20	25	1	10	100	850	200

①　达林顿光敏晶体管。

1.3.11　电力晶体管

电力晶体管（GTR）也称巨型晶体管，它是一种电流控制的双极性大功率高反压电力半导体功率器件。它具有饱和压降低、开关时间短和安全工作区域宽等优点，但它有驱动电流大、耐浪涌能力差、易受二次击穿而损坏的缺点。常用 GTR 的主要静态参数如表 1-44 所示。

表 1-44　常用 GTR 的主要静态参数

型　　号	最大连续集电极电流/A	最大脉冲集电极电流/A	最大连续基极电流/A	集—射极电压 BU_{CEX}/V	集—射极保持电压 U_{CEX}/V	最高结温 I_{jm}/℃
TCD30/*U*-800	50	70	10	800	500	150
TCD30/*U*-1000	12	20		1000	850	
DT34-300	175	200	50	300	250	
DT34-1050				1050	850	
DT74-250	600	800	100	250	200	175
DT74-300				300	250	
DT74-350				350	300	
DT/TF100-1000	200	300		1000	850	156
DT/TF100-1200				1200	1000	
DT800-300	200	300	250	300	200	175
DT800-400	1000	1200		400	300	

1.3.12　绝缘栅双极型晶体管

绝缘栅双极型晶体管（IGBT）综合了 VMOS 和 GTR 的优点，这种电压驱动式电力半导体器件具有输入阻抗高、工作速度快，通态电阻低、耐压和输出电流更大的特点。图 1-8 是它的外形结构示意图。常用单管 IGBT 的性能参数如表 1-45 所示。

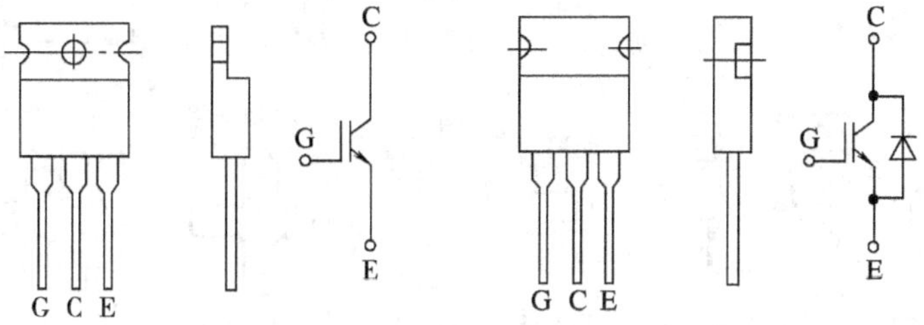

a)　　b)

图 1-8　常用 IGBT 的外形结构示意图

a）TO-220　b）TO-247

表 1-45　常用单管 IGBT 的性能参数

型　　号	集射电压 U_{CE}/V	导通压降 $U_{CE(on)}$/V	集电极电流 I_C/A		最大管耗 P_{CM}/W
			20℃	100℃	
IRGBF30F	900	4.3	9	5.3	60
IRGBPH40MD$_2$	1200	3.4	31	18	160
IRGBC40M	600	3.0	40	24	
IRGBC40K		3.2	42	25	
* IRGBC30K		2.9	26	16	100
* IRGBC50UD$_2$		3	55	27	200

* 内部 CE 极向接有反向二极管。

1.3.13 常用半导体三极管的外形及管脚排列

常用半导体三极管的外形及管脚排列如图 1-9 所示。

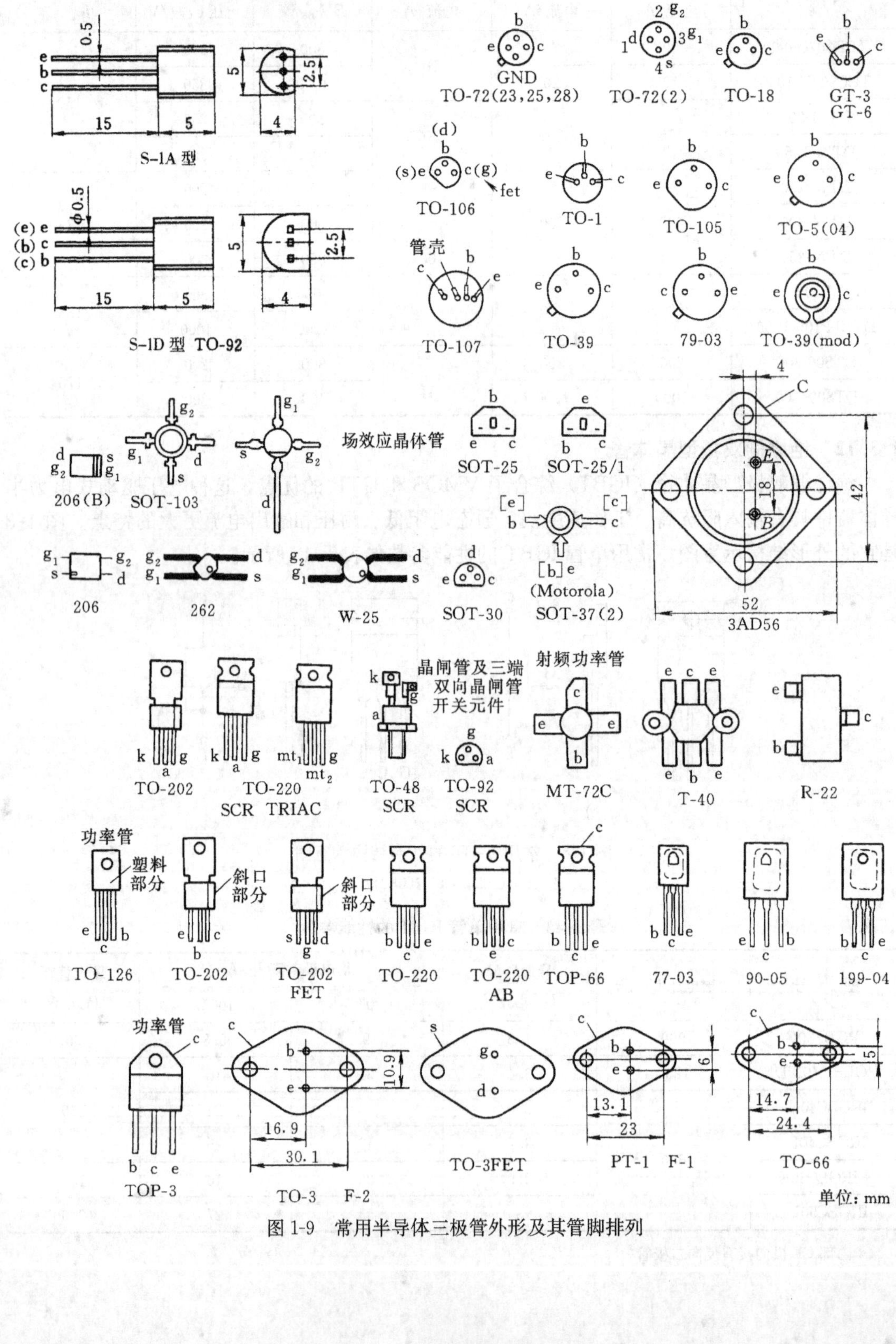

图 1-9 常用半导体三极管外形及其管脚排列

2　半导体集成电路

2.1　半导体集成电路型号和命名方法

2.1.1　集成电路型号和命名方法

现代国家标准规定的命名方法（GB 3430—1989）

C	×	××	×	×
中国国标产品	器件类型 T：TTL电路 H：HTL电路 E：ECL电路 C：COMS电路 M：存储器 μ：微型机电路 F：线性放大器 W：稳压器 D：音响、电视电路 B：非线性电路 J：接口电路 AD：A/D转换器 DA：D/A转换器 SC：通信专用电路 SS：敏感电路 SW：钟表电路 SJ：机电仪电路 SF：复印机电路 ⋮	用阿拉伯数字和字母表示器件系列品种 其中TTL分为： 54/74×××：国际通用系列 54/74H×××：高速系列 54/74L×××：低功耗系列 54/74S×××：肖特基系列 54/74LS×××：低功耗肖特基系列 54/74AS×××：先进肖特基系列 54/74ALS×××：先进低功耗肖特基系列 54/74F×××：高速系列 CMOS分为： 4000系列 54/74HC×××　高速CMOS，有缓冲输出级，输入输出CMOS电平 54/74HCT×××　高速CMOS，有缓冲输出级，输入TTL电平，输出CMOS电平 54/74HCU×××　高速CMOS，不带输出缓冲级 54/74 AC×××　改进型高速 CMOS 54/74 ACT×××　改进型高速CMOS，输入TTL电平，输出CMOS电平	工作温度范围 C：0～70℃ G：−25～70℃ L：−25～85℃ E：−40～85℃ R：−55～85℃ M：−55～125℃	封装 F：多层陶瓷扁平（国外为FP） B：塑料扁平 H：黑瓷扁平（CFP） D：多层陶瓷双列直插（DIP） J：黑瓷双列直插（CDIP） P：塑料双列直插（PDIP） S：塑料单列直插 T：金属圆壳 K：金属菱形 C：陶瓷芯片载体（CCC） E：塑料芯片载体（PLCC） G：网格针栅阵列（PGA） SOIC：小引线封装 PCC：塑料芯片载体封装 LCC：陶瓷芯片载体封装

2.1.2 国外集成电路型号和命名方法

美国仙童公司

缩写字符：FSC　　商标符号：FAIRCHILD

器件型号举例说明

μA　741　T　C

FSC 首标
F：仙童（快捷）电路
SH：混合电路
μA：线性电路

器件编号

封装形式
D：密封陶瓷双列封装（多层陶瓷双列）
E：塑料圆壳
F：密封扁平封装（陶瓷扁平）
H：金属圆壳封装
J：铜焊双列封装（TO-66）
K：金属功率封装（TO-3）（金属菱形）
P：塑料双列直插封装
R：密封陶瓷 8 线双列封装
S：混合电路金属封装（陶瓷双列，F6800 系列）
T：塑封 8 线双列直插封装
U：塑封功率封装（TO-220）
U_1：塑封功率封装
W：塑封（TO -92）

温度范围
C：商用温度：0～70/75℃（CMOS：－40～85℃）
M：军用温度：－55～125℃
L：MOS 电路：－55～85℃
混合电路：－20～85℃
V：工业用温度：－20～85℃
－40～85℃

日本日立公司

缩写字符：HITJ　　商标符号：Hitachi

器件型号举例说明

HA　17741　P

首标
HA：模拟电路
HD：数字电路（含 RAM）
HM：RAM
HN：ROM

系列/器件编号

封装
C（或不标的）：陶瓷双列直插封装
G：陶瓷浸渍双列
P：塑封双列
CP：塑料芯片载体
F（FP）：扁平塑料封装
SO（SOP）：小引线封装
CG：陶瓷芯片载体（8Bit 微机电路）
Y（PG）：PGA（16Bit 微机电路）
Z：陶瓷芯片载体（16Bit 微机电路）
S：收缩型塑料双列
* PGA：PIN GRID ARRAY

日本松下电气公司

缩写字符：MATJ　　商标符号：

器件型号举例说明

DN	74LS00
首标表示系列 AN：模拟 IC DN：双极数字 IC MJ：开发型 IC MN：MOS IC	器件编号

美国摩托罗拉公司

缩写字符：MOTA　　商标符号：

器件型号举例说明

MC	1458	P
首标 MC：有封装的 IC MCC：IC 芯片 MFC：低价塑封功能电路 MCBC：梁式引线的 IC 芯片 MCB：扁平封装的梁式引线 IC MOCF：倒装的线性电路 MLM：与 NSC 线性电路引线一致的电路 MCH：密封的混合电路 MHP：塑封的混合电路 MCM：集成存储器 MMS：存储器系统	器件编号 1500～1599： －55～125℃ 军用线性电路 1400～1499， 3400～3499： 0～70℃线性电路 1300～1399， 3300～3399： 消费工业线性电路	封装 L：陶瓷双列直插（14 或 16 线） U：陶瓷封装 G：金属壳 TO-5 型 R：金属功率型封装 TO-66 型 K：金属功率型 TO-3 封装 F：陶瓷扁平封装 T：塑封 TO-220 型 P：塑封双列 P_1：8 线塑封双列直插 P_2：14 线塑封双列直插 PQ：参差引线塑封双列（仅消费类器件）封装 SOIC：小引线双列封装

同时采用别的厂家的型号出厂产品。

与封装标志一起的尚有：

C：表示温度或性能的符号

A：表示改进型的符号

美国微功耗公司

缩写字符：MPS　　商标符号：MICRO POWER SYSTEM

器件型号举例说明

MP	4136	C	Y
MPS 首标	器件编号 （用文字和数字表示）	分挡和温度范围 J，K，L：商用/工业用温度 S，T，U：军用温度	封装 D：陶瓷及陶瓷浸渍双列 N：塑封双列及 TO-92 Y：14 线陶瓷双列 Z：8 线陶瓷双列 J：TO -99 封装 T：TO -52 封装 P：8 线塑封小型双列 K，H，M：TO -100 型封装

同时生产其它厂家相同型号的产品。

日本电气公司
日本电气公司美国电子公司

缩写字符：NECJ NECE　　商标符号：NEC

器件型号举例说明

μP	D	7220	D
NEC 首标	系列 A：混合元件 B：双极数字电路 C：双极模拟电路 D：单极型数字电路（MOS）	器件 编号	封装 A：金属壳类似 TO-5 型封装 B：陶瓷扁平封装 C：塑封双列 D：陶瓷双列 G：塑封扁平 H：塑封单列直插 J：塑封类似 TO-92 型 M：芯片载体 V：立式的双列直插封装 L：塑料芯片载体 K：陶瓷芯片载体 E：陶瓷背的双列直插

美国国家半导体公司

缩写字符：NSC　　商标符号：

器件型号举例说明

LM　　101A　　F

系列
AD：模拟对数字
AH：模拟混合
AM：模拟单片
CD：CMOS 数字
DA：数字对模拟
DM：数字单片
LF：线性 FET
LH：线性混合
LM：线性单片
LX：传感器
MM：MOS 单片
TBA：线性单片
NMC：MOS 存储器

器件编号
（用 3、4 或 5 位数字符号表示）
A：表示改进规范的
C：表示商业用的温度范围

封装
D：玻璃/金属双列直插
F：玻璃/金属扁平
H：TO-5（TO-99，TO-100，TO-46）
J：低温玻璃双列直插（黑陶瓷）
K：TO-3（钢的）
KC：TO-3（铝的）
N：塑封双列直插
P：TO-202（D-40，耐热的）
S：“SGS”型功率双列直插
T：TO-220 型
W：低温玻璃扁平封装（黑瓷扁平）
Z：TO-92 型

荷兰飞利浦公司

缩写字符：PHIN　　商标符号：

器件型号举例说明

MA　　B　　8400　　A　　DP

系列
用两位符号表示：
1. 数字电路用两符号区别系列
2. 单片电路用两符号表示
第一符号：S：数字电路
T：模拟电路
U：模拟/数字混合电路
第二符号：
除“H”表示混合电路外，其它无规定
3. 微机电路用两位符号表示
MA：微型计算机和 CPU
MB：位片式处理器
MD：存储器有关电路
ME：其它有关电路（接口，时钟，外围控制，传感器等）

温度范围
A：没规定范围
B：0～70℃
C：－55～125℃
D：－25～70℃
E：－25～85℃
F：－40～85℃
G：－55～85℃
如果器件是在别的温度范围，可不标，亦可标“A”

器件编号

表示两层意义
第一层表示改进型
第二层表示封装
C：圆壳
D：陶瓷双列
F：扁平封装
P：塑料双列
Q：四列封装
U：芯片

封装（用两位符号表示）
第一位表示封装形式：
C：圆壳封装
D：双列直插
E：功率双列（带散热片）
F：扁平（两边引线）
G：扁平（四边引线）
K：菱形（TO-3 系列）
M：多列引线（双、三、四列除外）
Q：四列直插
R：功率四列（外散热片）
S：单列直插
T：三列直插
第二位表示封装材料：
C：金属-陶瓷
G：玻璃-陶瓷（陶瓷浸渍）
M：金属
P：塑料

美国无线电公司（现为GE-RCA公司）

缩写字符：RCA　　商标符号：RCA

器件型号举例说明

CD　　4070A　　D

类型
CA：线性电路
CD：CMOS数字电路
COM：CMOS LSI
COP：CMOS LSI
CMM：CMOS LSI
MWS：CMOS LSI
LM：线性电路
PA：门阵

器件编号
A：改型，代替原型
B：改型，代替A或原型
C：改型
UB：不带缓冲

封装
D：陶瓷双列（多层陶瓷）
E：塑料双列
EM：变形的塑料双列（有散热板）
F：陶瓷双列，烧接密封
H：芯片
J：三层陶瓷芯片载体
K：陶瓷扁平封装
L：单层陶瓷芯片载体
M：TO-220封装（有散热板）
P：有散热板的塑料双列封装
Q：四列塑料封装
QM：变形的四列封装
S：TO-5封装（双列型）
T：TO-5封装（标准型）
V_1：TO-5封装（射线型引线）
W：参差四列塑料封装

美国硅通用公司

缩写字符：SGL　　商标符号：SiLiCON GENERAL

器件型号举例说明

SG　　108　　A　　T

SGL首标

器件编号

说明
A：改进性能
C：缩小温度范围

封装
F：扁平封装
J：陶瓷双列（14，16，18线）
K：菱形TO-3
L：芯片载体
M：8线小型塑封双列
N：塑封双列（14，16线）
P：TO-220封装
R：TO-66（2线，9线金属壳）
T：TO-型（5，39，96，99，100，101型）
W：16线带散热片的陶瓷双列
Y：8线陶瓷双列
S：大于15W的功率封装

意大利国家半导体公司

缩写字符：SGSI　　商标符号：

器件型号举例说明

（采用欧洲共同体，PRO，ELECTRON 的符号）

TDA	1200	××	(×/×)
首标	器件编号	封装及封装材料	质量等级

首标

首位字母表示

T：模拟电路

U：模拟/数字混合电路

第二位字母表示

没规定含义。

双字母表示

FA～FZ

GA～GZ：数字电路，系列有别

单字母表示

S：单片数字电路

另外的首标含义：

H：高电平逻辑

HB，HC：CMOSIC

L，LS：线性电路

M：MOS 电路

TAA、TBA、TCA、TDA：线性控制电路

第二位字母表示温度范围：

A：没规定范围，或非下列温度范围

B：0～70℃

C：－55～125℃

D：－25～70℃

E：－25～85℃

F：－40～85℃

G：－55～85℃

器件编号

封装及封装材料

封装：

单字母表示：

C：圆壳

D：双列直插

E：功率双列

F：扁平封装

两字母表示：

首位（表示封装）

C：圆壳

D：双列直插

E：功率双列（带散热板）

F：扁平封装

G：四边引线扁平封装

K：菱形（TO-3 型）

M：多列直插

Q：四列直插

R：功率四列（带散热板）

S：单列直插

T：三列直插

第二位（表示封装材料）

C：金属-陶瓷

G：玻璃-陶瓷（双列）

M：金属

P：塑料

质量等级

德国西门子公司

缩写字符：SIEG　　商标符号：SIEMENS

器件型号举例说明（与欧共体相一致）

TB　B　1458　A　GG

首标
第一字母表示：
S：单片数字电路
T：模拟电路
U：模拟/数字混合电路
第二字母，除“H”表示混合电路外，其它没明确含义，电路系列由两字母加以区分。

温度范围
A：没规定范围
B：0～70℃
C：－55～125℃
D：－25～70℃
E：－25～85℃
F：－40～85℃

器件编号

改进型

封装
首位字母表示封装形式：
C：圆壳
D：双列直插
E：功率双列（带散热片）
F：扁平（两边引线）
G：扁平（四边引线）
K：菱形（TO-3）
M：多列引线(双、三、四列除外)
Q：四列直插
R：功率四列（带散热片）
S：单列直插
T：三列直插
第二个字母表示封装材料：
C：金属-陶瓷
G：玻璃-陶瓷（陶瓷浸渍）
M：金属
P：塑料

日本三洋公司

缩写字符：SANYO（TSAJ）　　商标符号：SANYO

器件型号举例说明

LA　1230

首标
LA：双极线性电路
LB：双极数字电路
LC：CMOS电路
LE：MNMOS电路
LM：PMOS、NMOS电路
STK：厚膜电路
LD：薄膜电路

器件编号

法国汤姆逊公司

缩写字符：THEF　　商标符号：

THOMSON-CSF

器件型号举例说明（与欧共体一致）

TD	B	0155	A	DP	XX/XX
首标	温度范围	器件编号	改进型	封装	附加资料

首标

第一字母表示：

S：数字电路

T：模拟电路

U：模拟/数字混合电路

第二字母有 A,B,C 或 H

温度范围

A：没规定范围

B：0～70℃

C：－55～125℃

D：－25～70℃

E：－25～85℃

F：－40～85℃

封装

第一字母表示封装形式：

C：圆形

D：双列

E：功率双列

F：扁平（两边引线）

G：扁平（四边引线）

K：TO-3 型

M：多列引线（多于四排）

Q：四列引线

R：功率四列引线

S：单列引线

T：三列引线

第二字母表示封装材料：

B：氧化铍-陶瓷

C：陶瓷

G：玻璃-陶瓷（陶瓷浸渍）

M：金属

P：塑料

X：其他

日本东芝公司

缩写字符：TOSJ　　商标符号：TOSHIBA Toshiba

器件型号举例说明

TA　7173　P

首标
TA：双极线性电路
TC：CMOS 电路
TD：双极数字电路
TM：MOS 存储器及微处理机电路

器件编号

封装
P：塑封
M：金属封装
C：陶瓷封装
F：扁平封装
T：塑料芯片载体（PLCC）
J：SOJ
D：CERDIP（陶瓷浸渍）
Z：ZIP

美国齐洛格公司

缩写字符：ZIL　　商标符号：Zilog

器件型号举例说明

Z　8400　B　P　S

首标

器件编号

速度
空白：2.5MHz
A：4.0MHz
B：6.0MHz
H：8.0MHz
L：低功耗的

封装
C：陶瓷
D：陶瓷浸渍
P：塑料
Q：陶瓷四列
R：陶瓷背的

温度范围
E：−40～85℃
M：−55～125℃
S：0～70℃

2.1.3　集成电路引脚的识别

常用集成电路引脚排列图如图 2-1 所示。

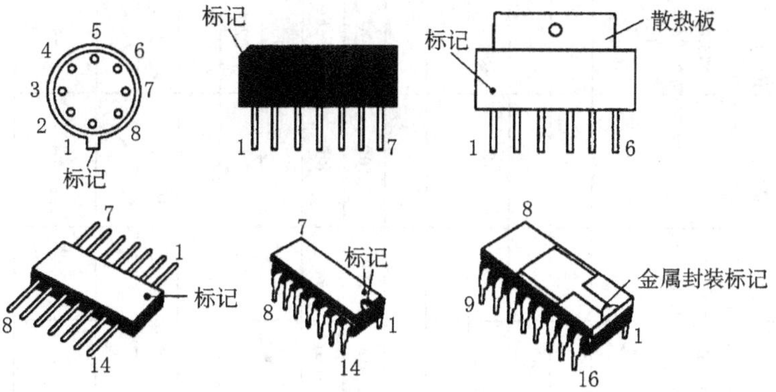

图 2-1　常用集成电路引脚排列图

2.2　线性集成电路（模拟集成电路）

2.2.1　运算放大器

集成运算放大器的类型很多，它们大多数都是一种高放大倍数的直接耦合放大器，在这种集成组件的输入与输出之间加上不同的反馈网络，可组成各种用途的电路。当前在工业自动控制、检测系统、家用电器中被普遍采用。

按照集成运算放大器的特定参数和构造来分类，常见的有以下几种：

通用型：
- 通用Ⅰ型（低增益）
- 通用Ⅱ型（中增益）
- 通用Ⅲ型（高增益）

特殊性：
- 低输入偏流型
- 低输入失调电压型
- 低漂移型
- 高速型
- 宽频带型
- 高精度型
- 高输出电流型
- 高电源电压型
- 低功耗型（微功耗型）
- 单电源型
- 低噪声型
- 可编程序型

其他特殊型：
- 测量用型
- 电压跟随型
- 转换自动调零型
- 隔离型

结构：

双极型运算放大器

结型场效应晶体管输入运算放大器

MOS 管输入运算放大器

CMOS 型运算放大器

(1) μA741 通用运算放大器

常用集成运算放大器的主要参数典型值如表 2-1 所示。

表 2-1 常用集成运算放大器的主要参数典型值

（$T_j=25℃$）

类别		通用型					特殊型						
		Ⅰ代	Ⅱ代			Ⅲ代	低漂移型	高速型	高阻型	高压型	低功耗	单电源	四重运放
		低增益	中增益			高增益							
国内外型号		F001 5G922 LM702 μA702 MC1430 CA3008	F003 LM709 μA709 MC1709	F004 5G23 BE809	5G305 8FC3	F007 5G24 LM741 μA741 MC1741 CA741	F031 LM308 μA725 OP-07	F055 8FC6 5G27 LM318 μA715 MC1439	F072 5G28 LM351 CA3140	F1536 LM343 MC1436	LM312 μPC253 OP-20 CA6078	LM358 MC3458	F124 5G6324 LM324 μA324 CA3401
输入失调电压	U_{IO}/mV	1～10	2～10	2～10	5～15	2～10	1～5	<12	10	5	2	2	±2～±7
输入失调电流	I_{IO}/nA	500～5000	100～500	100～500	50～300	50～100	≤20	<2000	0.04	50	≤30	5	±3～±50
输入偏置电流	I_{IB}/nA	2500～10^4	700～2000	200～1000	150～750	300～1000	<500	<5000	0.01		200	45	45～250
输入失调电压温漂	$\Delta U_{IO}/\Delta T$/μV/℃	10～30	10	10	5	10～30	<5		5		<10		
输入失调电流温漂	$\Delta I_{IO}/\Delta T$/nA/℃	5～30	3	3	5	1	<0.2				1		
开环差模增益	$20\lg A_{UD}$/dB	66～68	80～86	86～90	112	100～106	>100	>10	100	>100	100	100	100
共模抑制比	K_{CMR}/dB	70～80	65～80	76～86	90	80～86	>90	>70	80	100	≥80	85	65～80
最大共模输入电压	U_{ICM}/V	+0.7～−3.5	±10	±6	+7～−13	±12	±13	±10	±10	±32	±12		$V_{CC}-1.5$
最大差模输入电压	U_{IDM}/V	±6	±5		±14	±30	±7	±10	±30		±30	32	32
差模输入电阻	R_{id}/MΩ	0.008～0.02	0.05～0.25	0.05～0.2	0.1～2	>0.5	1		$>10^6$		1		
最大输出电压	U_{opp}/V	±4～±4.5	±9～±14	±10	±10～±13	±8～±12	±12	>20	±14	±32	±12	$V_{CC}-1.5$	$V_{CC}-1.5$
最大输出电流	I_{oM}/mA	±5	±5	±10	±5	±5	±2						>20
−3dB 带宽	f_H/Hz	300×10^3		3000		7	100				7		
单位增益带宽	f_C/MHz					1		20	3				
静态功耗	P_C/mW	150	150	200	120	120	≤120	<240	126		3		>20
开环输出电阻	R_o/Ω	200～500	200	<4000		≤200	<100				≤250		
转换速率	S_R/V/μs					0.5	2	>30	20	2.5	2		
最大电源电压	V_{CC}、V_{EE}/V	+12，−6	±15	±15	±15	±15				>±34	±15	32V 或±16V	±16 或±32

μA741 是通用型集成运放，内部具有频率补偿、输入、输出过载保护功能，并允许有较高的输入共模电压和差模电压，电源电压适应范围较宽，如图 2-2 所示。μA741 集成运算放大器的电参数值如表 2-2 所示。

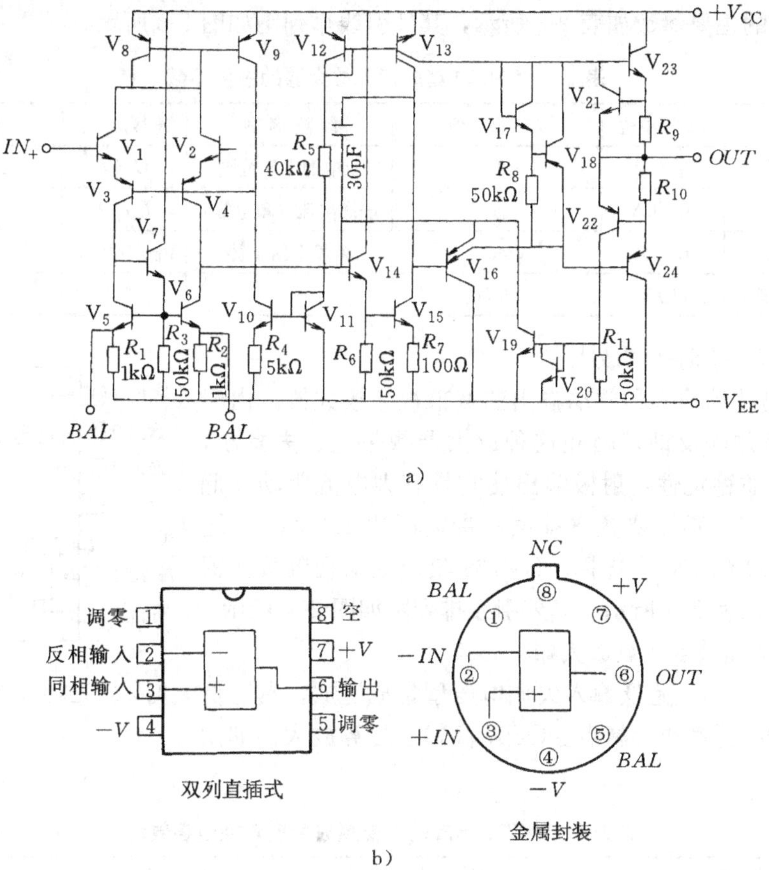

图 2-2　μA741 通用运算放大器

a）电原理图　b）封装形式和排列

表 2-2　μA741 集成运算放大器的电参数值　（T_j=25℃）

参数名称	符号/单位	测试条件	典型值
输入失调电压	U_{IO}/mV	$R_s \leqslant 10k\Omega$	1.0
输入失调电流	I_{IO}/nA		20
输入偏置电流	I_{IB}/nA		80
差模输入电阻	R_{id}/MΩ		2.0
输入电容	C_i/pF		1.4
输入失调电压调整范围	U_{IOR}/mV		±15
差模电压增益	A_{UD}/（V/V）	$R_L \geqslant 2k\Omega$，$U_0 \geqslant \pm 10V$	2×10^5
输出电阻	R_o/Ω		75
输出短路电流	I_{OS}/mA		25
电源电流	I_s/mA		1.7
功　耗	P_C/mW		50
转换速率	S_R/V·μs^{-1}	$R_L \geqslant 2k\Omega$	0.5

（2）LM324 低功耗四运算放大器

LM324 是由 4 个独立的高增益、内部频率补偿运放组成，不但能在双电源下工作，也可在宽电压范围的单电源下工作，它具有输出电压振幅大、电源功耗小等特点。LM324 集成运算放大器的主要参数如表 2-3 所示，其外引线排列图如图 2-3 所示。

表 2-3 LM324 集成运算放大器的主要参数 （T_j＝25℃）

参数名称	符号/单位	典型值	参数名称	符号/单位	典型值
输入失调电压	U_{IO}/mV	2	双电源电压范围	U_s/V	±1.5～±15
输入失调电流	I_{IO}/nA	5	静态电流（单电源）	I_Q/μA	500
输入偏置电流	I_{IB}/nA	45	差模电压增益	A_{UD}/（V/V）	10^5
单电源电压范围	U_s/V	3～30			

（3）LM733 差动视频放大器

LM733 是差动输入和差动输出的宽带视频放大器。由于使用了内部串并联反馈，因此这种放大器频带宽、失真小，而且有高的增益稳定性，射极输出使它具有大电流驱动和低输出阻抗的特点。不需要频率补偿的带宽可达 120MHz。增益可在 10、100 和 400 中选择。LM733 集成差动视频放大器常温电参数值如表 2-4 所示，其外引线排列图如图 2-4 所示。

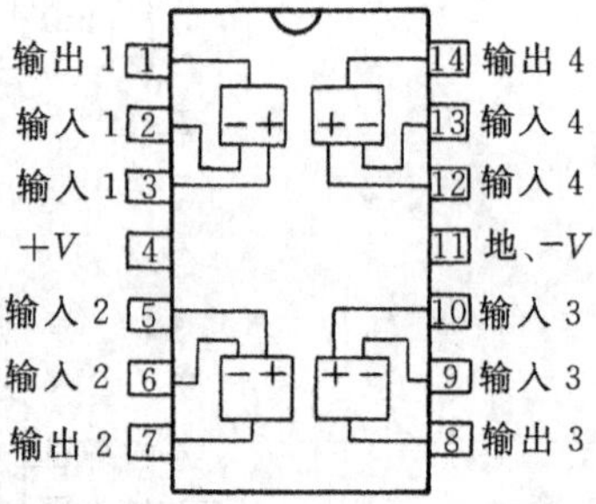

图 2-3 LM324 外引线排列图

（4）OP07 高精度运算放大器

OP07（LM714）是低输入失调电压型集成运放，具有低噪声、温漂和时漂都小等特点。OP07 高精度运算放大器如图 2-5 所示。

表 2-4 LM733 集成差动视频放大器常温电参数值 （T_j＝25℃）

参数名称	符号/单位	测试条件	典型值
输入失调电流	I_{IO}/μA		0.4
输入偏置电流	I_{IB}/μA		9.0
增益 1（G1A 与 G1B 连）	A		400
增益 2（G2A 与 G2B 连）	A		100
增益 3（增益选择开路）	A		10
最大差动输入电压	V_{IDmax}/V		±5
最大共模输入电压	V_{ICmax}/V		±6
共模抑制比	K_{CMR}/dB	V_{CM}＝±1V　f＝100kHz	86
输出失调电压	V_{oo}/V		0.6～2.9
输出电阻	R_o/Ω		20
输入电阻（增益 1）	R_i/kΩ		4.0
输入电阻（增益 2）	R_i/kΩ		30
输入电阻（增益 3）	R_i/kΩ		250
电源电流	I_s/mA	R_L＝∞	18
最大电源电压	U_{Smax}/V		±8
最大输出电流	I_{Omax}/mA		10

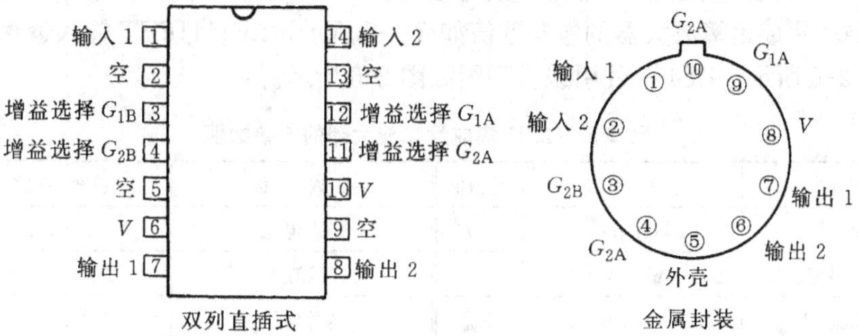

图 2-4　LM733 外引线排列图

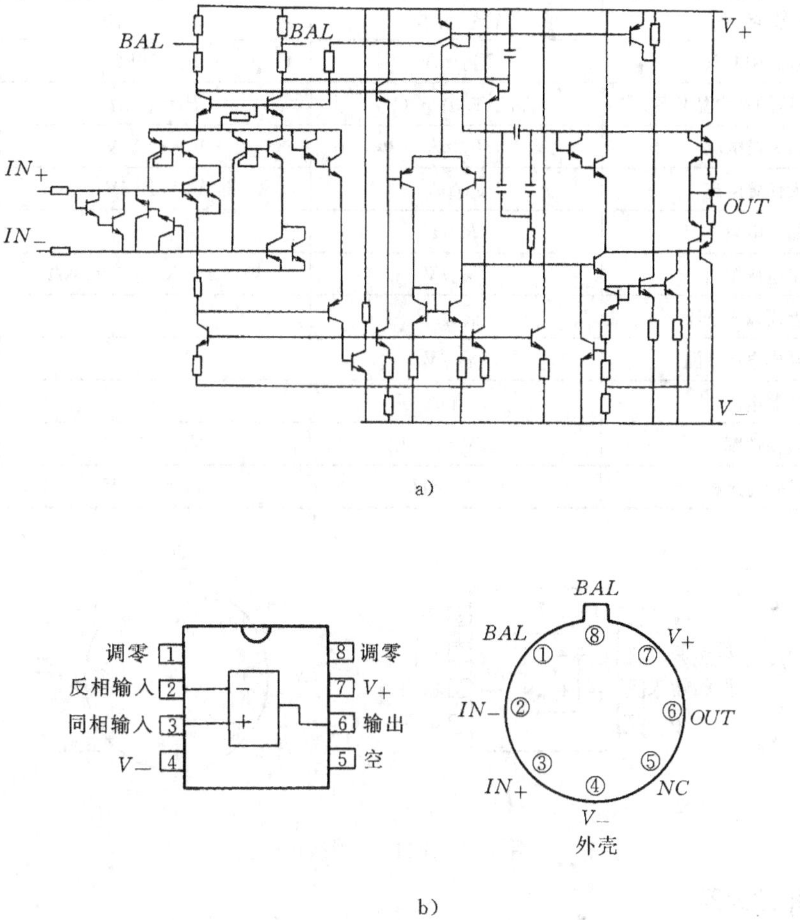

图 2-5　OP07 高精度运算放大器

a）电原理图　b）封装形式和排列

(5) LF411 低失调低温漂 JFET 输入运算放大器

LF411 是高速度的 JFET 输入运算放大器，它具有很小的输入失调电压和较小的输入失调电压的温度系数。匹配良好的高电压场效应管输入，还有输入阻抗高、很小的输入偏置电流和输入失调电流。LF411 可用于高速积分器、快速 D/A 转换器、采样保持电路和其他许多要求低输入失调电压及漂移、低输入偏置电流、高输入阻抗、高转换速率和宽带宽频的应用场合。OP07集成运算放大器的电参数值如表2-5所示，LF411JFET输入运算放大器的电参数值如表2-6所示。LF411外引线排列图如图2-6所示。

表2-5　OP07集成运算放大器的电参数值　($T_j=25℃$)

参数名称	符号/单位	典型值	参数名称	符号/单位	典型值
输入失调电压	$U_{IO}/\mu V$	10	静态电流	I_Q/mA	2.5
输入失调电压温度系数	$\Delta U_{IO}/\Delta T/\mu V \cdot ℃^{-1}$	0.2	转换速率	$S_R/V \cdot \mu s^{-1}$	0.3
偏置电流	I_{IB}/nA	0.7	电源电压	U_s/V	±22

表2-6　LF411JFET输入运算放大器电参数值　($T_j=25℃$)

参数名称	符号/单位	测试条件	典型值
输入失调电压	U_{IO}/mV	$R_s=10k\Omega$	0.8
输入失调电压的平均温度系数	$U_{IO}/\Delta T/\mu V \cdot ℃^{-1}$	$R_s=10k\Omega$	7
输入失调电流	I_{Io}/pA	$V_s=\pm15V$	25
输入偏置电流	I_B/pA	$V_s=\pm15V$	50
输入电阻	R_i/Ω		10^{12}
输出电压摆幅	V_{opp}/V	$V_s=\pm15V$；$R_L=10k\Omega$	±13.5
最大差模输入电压	V_{IDmax}/V		±30
输入共模电压范围	V_{CM}/V		±14.5
电源电流	I_s/mA		1.8
转换速率	$S_R/V \cdot \mu s^{-1}$	$V_s=\pm15V$	15
增益带宽乘积	GBW/MHz	$V_s=\pm15V$	4

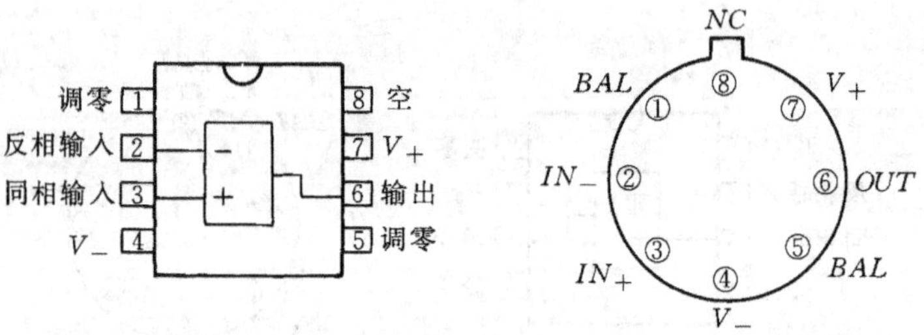

图2-6　LF411外引线排列图

2.2.2　功率放大器

功率放大器能提供上百mW，及至上百瓦的功率给负载。许多单片集成功率放大器不仅性能优良、功能齐全，而且都附有各种保护功能，外接元件少。在音响设备、自动控制设备中广泛应用。

(1) CD4100

CD4100～CD4102是采用6V电源供电、在负载电阻为4Ω时，是输出功率为1W的单片式功率放大电路，它采用带散热片的14引线塑料双列直插式封装。CD4100音频功率放大器的主要参数如表2-7所示。CD4100集成功率放大器如图2-7所示。

表 2-7　CD4100 音频功率放大器的主要参数　　　　（T_j＝25℃）

参数名称	符号/单位	测试条件	参数值	参数名称	符号/单位	测试条件	参数值
电源电压	V_{CC}/V		3～9	谐波失真	THD/%	R_L＝4Ω，P_O＝250mW	0.5
静态电流	I_{CC}/mA	V_{CC}＝6V，V_i＝0，R_L＝4Ω	15	开环电压增差	A_{Uo}/dB		70
输出功率	P_O/W	V_{CC}＝6V，THD＝10%，R_L＝4Ω	1	输入电阻	R_i/kΩ	f＝1kΩ	20

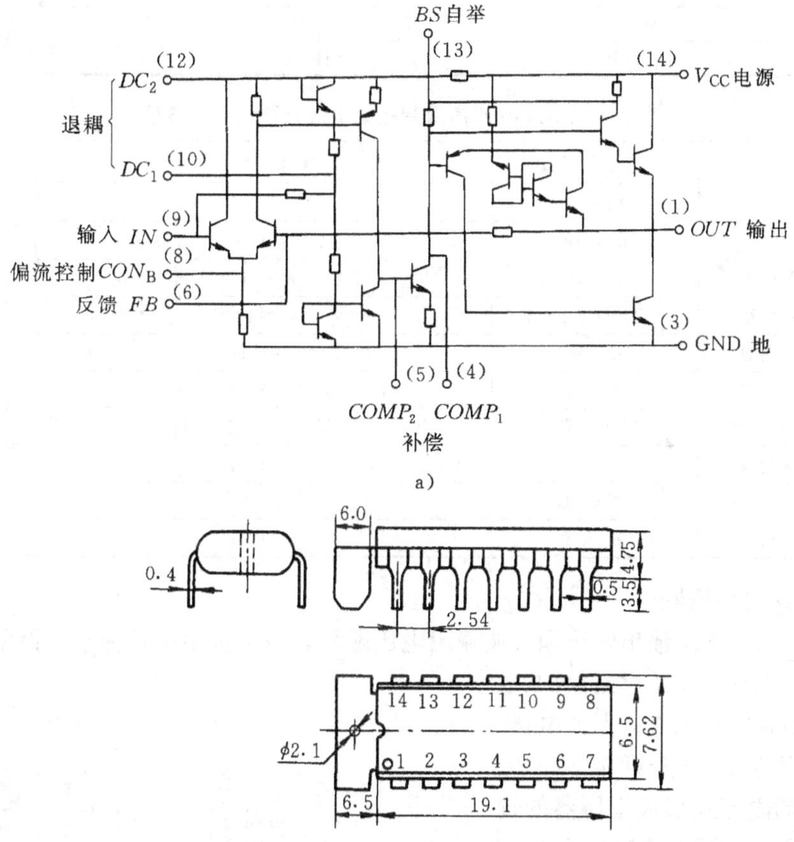

a）

b）

图 2-7　CD4100 集成功率放大器

a）电原理图　b）封装形式和排列

（2）TDA2030A

TDA2030A 集成功率放大器的电气性能稳定、可靠，内部具有过载保护和热切断保护电路，若输出过载或输出短路，均能起保护作用，不会损坏器件，其外形图如图 2-8 所示。TDA2030A 音频功率放大器的主要参数如表 2-8 所示。

（3）CD7240

CD7240 是双声道音频功率放大器，它具有高保真、高输出和低噪声等特点，内设有输出对地的保护及其他保护电路。它采用带散热片的塑料单列直插封装，其主要参数如表 2-9 所示，其封装形式和排列如图 2-9 所示。

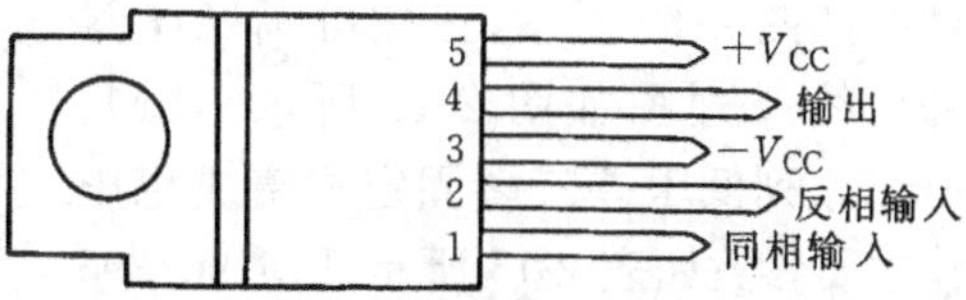

图 2-8　TDA2030A 外形图

表 2-8 TDA2030A 音频功率放大器的主要参数 （T_j=25℃）

参数名称	符号/单位	测试条件	参数值
电源电压	V_{CC}/V		±6～±18
静态电流	I_{CC}/mA	V_{CC}=±18V，R_L=4Ω	40
输出功率	P_O/W	R_L=4Ω，THD=0.5% R_L=8Ω，THD=0.5%	14 9
输入阻抗	R_i/MΩ	开环，f=1kHz	5
谐波失真	THD（%）	P_O=0.1～12W，R_L=4Ω	0.2
频　响	BW/Hz	P_0=12W，R_L=4Ω	10～140k
电压增益	A_U/dB	f=1kHz	30

表 2-9 CD7240 双声道音频功率放大器的主要参数 （T_j=25℃）

参数名称		符号/单位	测试条件	参数值
电源电压		V_{CC}/V		9～18
静态电流		I_{CC}/mA	V_{CC}=13.2V，V_i=0，R_L=4Ω	80
BTL连接	输出功率	P_O/W	V_{CC}=13.2V，R_L=4Ω，THD=10%	19
	谐波失真	THD（%）	P_O=4W，A_U=40dB，R_L=4Ω	0.03
	电压增益	A_U/dB	f=1kHz	40
双声道连接	输出功率	P_O/W	V_{CC}=13.2V，V_i=0，R_L=4Ω	6.8
	全谐波失真	THD（%）	V_{CC}=13.2V，R_L=4Ω，THD=10%	0.06
	电压增益	A_U/dB	f=1kHz	52
	通道分离度	CSR/dB	V_O=0dB	−57
	输入阻抗	R_i/kΩ	f=1kHz	33

2.2.3 三端集成稳压器

三端稳压器有固定输出电压和可调输出电压两种。可直接用于各种电子设备作电压稳压器。由于芯片内部设置了过流保护、过热保护及调整管安全工作区保护电路。所以电路使用方便、安全可靠。7800、7900 系列三端固定式集成稳压器的输出电压如表 2-10 所示，其输出电流如表 2-11 所示。LM7800C、LM7900C 系列集成稳压器的主要参数如表 2-12 所示，LM137/237/337、LM117/217/317 三端可调集成稳压器的主要参数如表 2-13 所示，LM117/217/317 三端正向可调集成稳压器的输出电流如表 2-14 所示。78××、79××稳压器外引线排列图如图 2-10 所示，三端可调稳压器外引线排列图如图 2-11 所示。LM、μPC 系列低压差三端固定式集成稳压器主要参数如表 2-15 所示，LM196/396 10A 可调式集成稳压器的主要参数如表

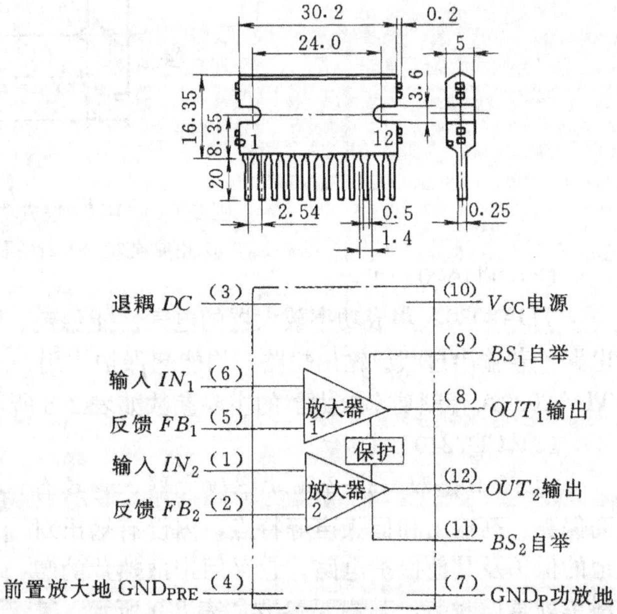

图 2-9 CD7240 的封装形式和排列

2-16 所示。低压差三端稳压器外引线排列图如图 2-12 所示，LM196/396 可调式集成稳压器外引线排列图如图2-13所示。CM4194 正负跟踪可调集成稳压器的主要参数如表 2-17 所示。

表 2-10　7800、7900 系列三端固定式集成稳压器的输出电压

器件型号	输出电压/V	器件型号	输出电压/V	器件型号	输出电压/V	器件型号	输出电压/V
7805	5	7812	12	7906	−6	7915	−15
7806	6	7815	15	7907	−7	7918	−18
7807	7	7818	18	7908	−8	7920	−20
7808	8	7820	20	7909	−9	7924	−24
7809	9	7824	24	7910	−10		
7810	10	7905	−5	7912	−12		

表 2-11　7800、7900 系列三端固定式集成稳压器的输出电流

器　件	7800 7900	78M00 79M00	78L00 79L00	78T00 79T00	78H00 79H00
输出电流/A	1.5	0.5	0.1	3	5

表 2-12　LM7800C、LM7900C 系列集成稳压器的主要参数　　($T_j=25℃$)

型　号	输出电压	输入输出电压差	电压调整率	最大输入电压	最小输入电压	静态电流	温度变化率	外　形
	U_O/V	U_I-U_O/V	$S_U(\Delta U_O)$/mV	U_{Imax}/V	U_{Imin}/V	I_B/mA	S_T/mV/℃	
LM7805	4.8～5.2	2.0	50	35	7.3	8	0.6	TO-3 TO-220
LM7812	11.5～12.5	2.0	120	35	14.6	8	1.5	
LM7815	14.4～15.6	2.0	150	35	17.7	8	1.2	
LM7905	−4.8～−5.2	1.1	15	−35		1	0.4	TO-3 TO-220
LM7912	−11.5～−12.5	1.1	5	−40		1.5	−0.8	
LM7915	−14.4～−15.6	1.1	5	−40		1.5	−1.0	
测试条件	5mA≤I_O≤1A	I_O=1.0A T_j=25℃	I_O≤1.0A		I_O≤1.0A 保证电压 调整率时			

**表 2-13　LM117/217/317
LM137/237/337 三端输出可调集成稳压器的主要参数**

型　号	最大输入输出电压之差	输出电压可调范围	电压调整率	电流调整率	调整端电流	最小负载电流	外形
	$U_{Imax}-U_O$/V	U_O/V	S_U (ΔU_O) /mV	S_I (ΔU_O) /mV	I_{ADJ}/μA	$I_O$min/mA	
LM117/217	40	1.25～37	0.01	0.3	100	3.5	TO-3 TO-220
LM317	40	1.25～37	0.01	0.5	100	3.5	
LM137/237	40	−1.25～−37	0.01	0.3	65	2.5	
LM337	40	−1.25～−37	0.01	0.3	65	2.5	
测试条件			3V≤|U_I-U_O|≤40V	10mA≤I_O≤I_{max} U_O>5V		U_I-U_O=40V	

表 2-14　LM117/217/317 三端正向可调集成稳压器的输出电流

型　号	LM117L LM217L LM317L	LM317M	LM117 LM217 LM317
输出电流/A	0.1	0.5	1.5

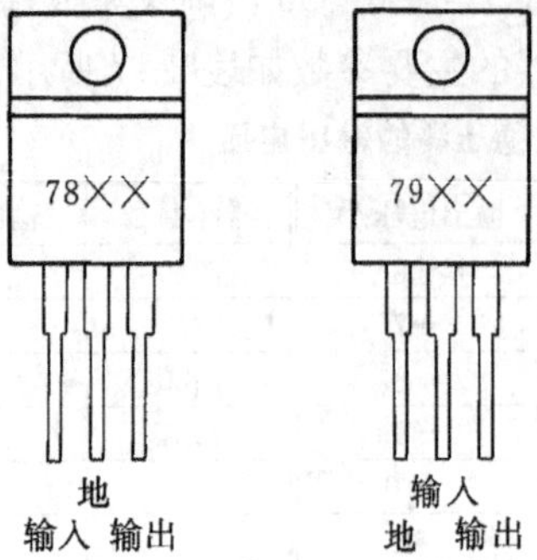

图 2-10 78××、79××稳压器外引线排列图

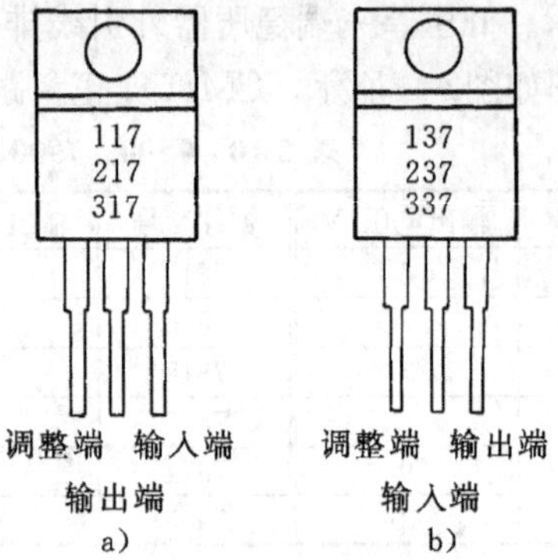

图 2-11 三端可调稳压器外引线排列图
a）三端正压可调 b）三端负压可调

表 2-15 LM、μPC 系列低压差三端固定式集成稳压器主要参数

型号	输出电压	最大输出电流	最大输入电压	最小输入输出压差	电压调整率	纹波抑制比
	U_O/V	I_{Omax}/mA	U_{Imax}/V	$U_{Imin}-U_O$/V	S_U（ΔU_O）/mV	S_R/dB
LM2930-5	5	150	26	0.6	7	52
LM2930-8	8	150	26	0.6		
LM2936	5	5	40	0.4		
μPC2405	5	1000	20	1.0	6	64
μPC2418	18		33		22	54

表 2-16 LM196/396 10A 可调式集成稳压器的主要参数

参数	符号/单位	测试条件	LM196	LM396
电压调整率	S_U（%）	$25V \leqslant U_I - U_O \leqslant 20V$	0.005	0.005
负载调整率	S_I（%）	$10mA \leqslant I_O \leqslant 10A$	0.15	0.15
输出电压	U_O/V		1.25～15V	1.25～15V
输入输出最小压差	$U_{Imin}-U_O$/V	$I_O=10A$	2.1	2.1
最小负载电流	I_{Imin}/mA	$2.5V \leqslant U_I - U_O \leqslant 20V$	10	10
纹波抑制波	S_R/dB	$f=120Hz$，$C_{ADJ}=25\mu F$	74	74
调整端电流	I_{AdJ}/μA		50	50
调出电压温度参数	S_T/（%/℃）	$T_{jmin} \leqslant T_j \leqslant T_{jmax}$	0.003	0.003
工作结温	T_j/℃		−55～+150	0～+125

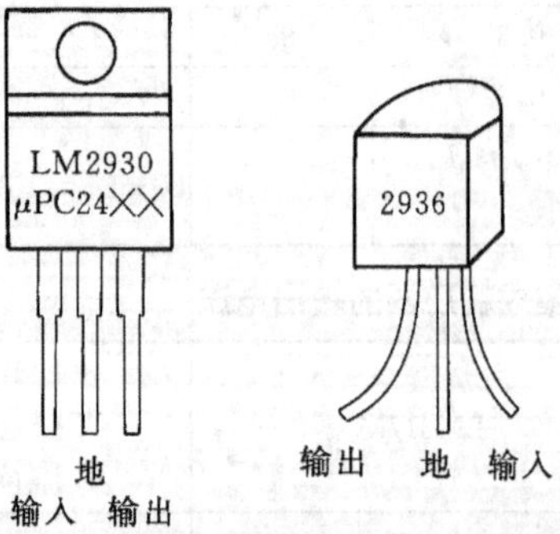

图 2-12 低压差三端稳压器外引线排列图

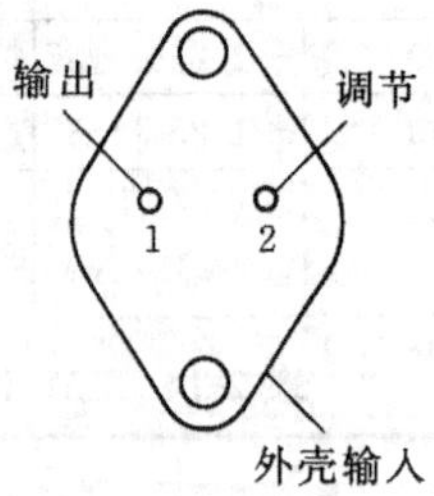

图 2-13 LM196/396 可调式集成稳压器外引线排列图

表 2-17　CW4194 正负跟踪可调集成稳压器的主要参数

参数名称	符号/单位	测试条件	参数值		
			最小值	典型值	最大值
线性调整率	S_U（%）	$\Delta U_s=0.1U_{IN}$		0.04	0.1
负载调整率	S_I（%）	$I_L\leqslant 200mA$，$\pm U_s=U_O+5V$		0.002	0.004
输入电源电压	$\pm U_s/V$		±9.5		±45
输出电压	U_O/V	$R_{SET}=71.5k\Omega$	±0.05		±42
纹波抑制比	S_R/dB	$f=100Hz$，$T_j=25℃$		70	
输入输出压差	U_I-U_O/V	$I_L=50mA$，$T_j=25℃$	3.0		
输出电压温度参数	S_T/（%/℃）		0.002		0.015
短路电流	I_{SC}/mA	$U_s=\pm 30V$，$T_j=25℃$		300	

2.2.4　基准电压源

（1）精密基准电压源 MC1403、MC1503、TL431

精密基准电压源可供 A/D 和 D/A 转换器等作参数基准，也可作为高稳定性电源的基准。MC1403、MC1503 精密低压基准电源的主要参数如表 2-18 所示，TL431 可调精密基准电源的主要参数如表 2-19 所示。CW4194 集成稳压器引脚排列图如图 2-14 所示，MC1403、MC1503 引脚排列图如图 2-15 所示，TL431 引脚排列图如图 2-16 所示。

表 2-18　MC1403、MC1503 精密低压基准电源的主要参数

参数	符号/单位	测试条件	MC1503	MC1403	MC1403A
输出电压	U_O/V	$I_O=0$	2.5±0.025		
输出电压变化（全温度范围内）	$\Delta U_O/mV$	−55～+125℃ 或 0～+70℃	25	7.0	4.4
输出电压对输入电压的变化	$\Delta U_O/mV$	$I_O=0$ $4.5V\leqslant U_I\leqslant 15V$	0.6		
输出电压对负载的变化	$\Delta U_O/mV$	$0mA\leqslant I_O\leqslant 10mA$	10		
静态电流	I_Q/mA	$I_O=0$	1.2		
工作环境温度	T_A/℃		−55～+125	0～+70	

表 2-19　TL431 可调精密基准电源的主要参数

参数	符号/单位	测试条件	TL431M	TL431I	TL431C
输出电压	U_O/V		2.5～36V		
基准输入电压	U_{ref}/V	$U_{Ak}=U_{ref}$ $I_K=10mA$　$T_A=25℃$	$2.495\pm^{0.055}_{0.045}$		
温度范围内基准输入电压的漂移	$\Delta U_{ref}/mV$	$U_{kA}=U_{ref}$　$I_K=10mA$	15	7.0	3.0
基准输入电压对阴阳极电压的相对变化率	$\frac{\Delta U_{ref}}{\Delta U_{kA}}$/（mV/V）	$I_K=10mA$ $\Delta U_{kA}=10V-U_{ref}$	−1.4		
基准输入电流	$I_{ref}/\mu A$	$I_K=10mA$ $R_f=10k\Omega$　$R_2=\infty$	1.8		
最小阴极电流	I_{min}/mA	$U_{KA}=36V$	0.5		
动态阻抗	R_o/Ω	$f\leqslant 1.0kHz$ $U_{KA}=U_{ref}$　$\Delta I_K=1.0\sim 100mA$	0.22		
工作温度	T_A/℃		−55～+125	−40～+85	0～+70

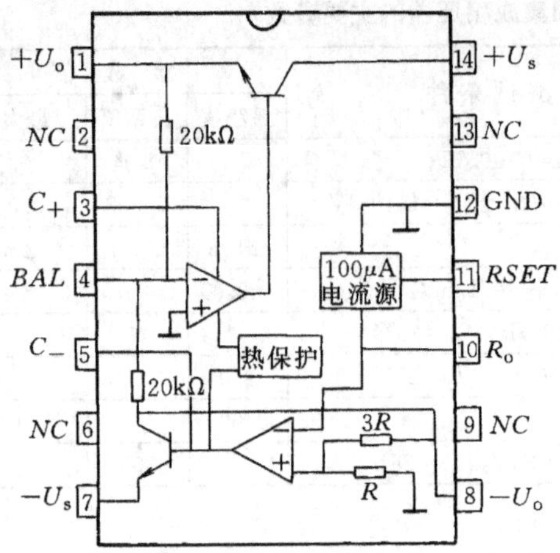

图 2-14　CW4194 集成稳压器引脚排列图

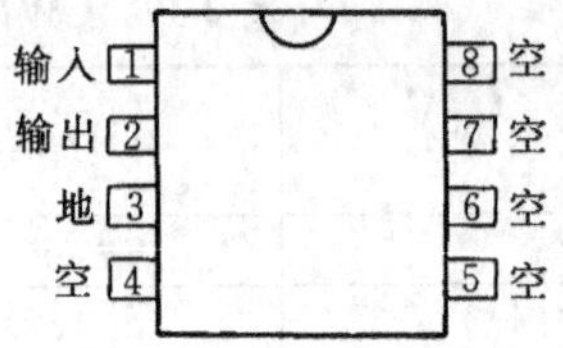

图 2-15　MC1403、MC1503 引脚排列图

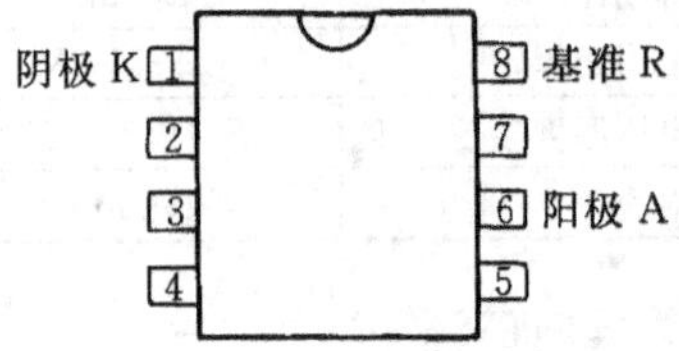

图 2-16　TL431 引脚排列图

(2) 微功耗基准电压二极管 LM285、LM385

微功耗基准稳压二极管的工作电流可以小至 10μA，温度系数十分小，适用于便携式仪表和其他电子装置中作基准电压源。LM285/385 系列基准电压二极管的主要参数如表 2-20 所示。LM285/385 引脚排列图如图 2-17 所示。

表 2-20　LM285/385 系列基准电压二极管的主要参数

型　号	反向击穿电压	最小工作电流	反向动态电阻	最大反向电流	工作器温度范围	平均温度系数
	U_{BR}/V	I_{Rmin}/μA	R_z/Ω	I_{Rmax}/mA	T/℃	$\frac{\Delta U_{BR}}{\Delta T}\Big/\frac{10^{-6}}{℃}$
LM285Z-1.2	1.235	2.5	0.2		−40～+85	
LM285Z-2.5	2.500	5.0	0.2		−40～+85	
LM385BZ-1.2	1.235	2.5	0.4	30	0～+70	20
LM385BZ-2.5	2.500	5.0	0.4		0～+70	
LM385Z-2.5	2.500	5.0	0.4		0～+70	

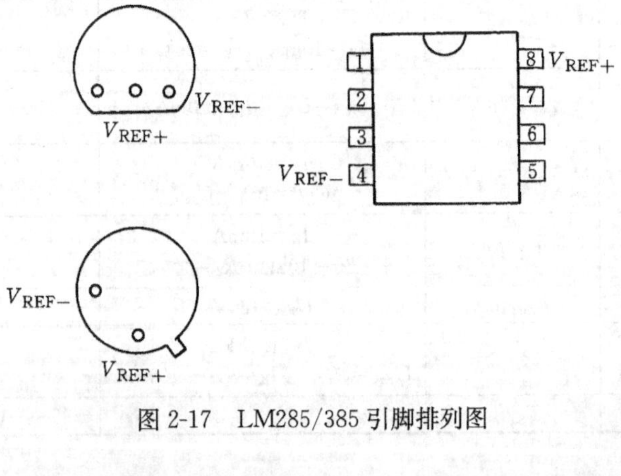

图 2-17　LM285/385 引脚排列图

2.2.5 MC3842 开关集成稳压器

由 MC3842 开关集成稳压器组成的开关电源外接元件较少，成本较低，在小功率开关电源中应用较广泛。MC3842 功能框图和外引线排列图如图 2-18 所示。MC3842 脉宽调制器的主要参数如表 2-21 所示。

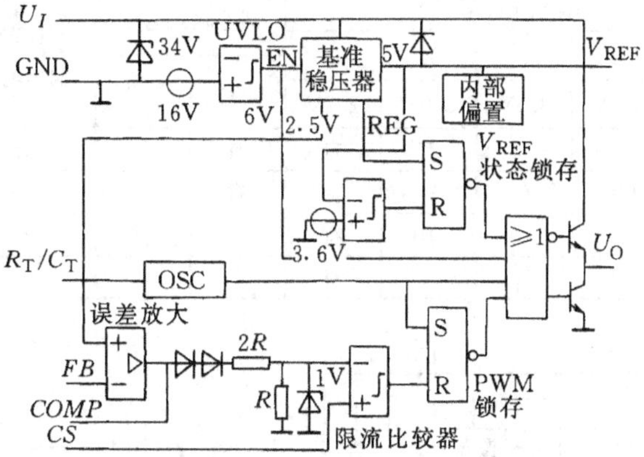

a)

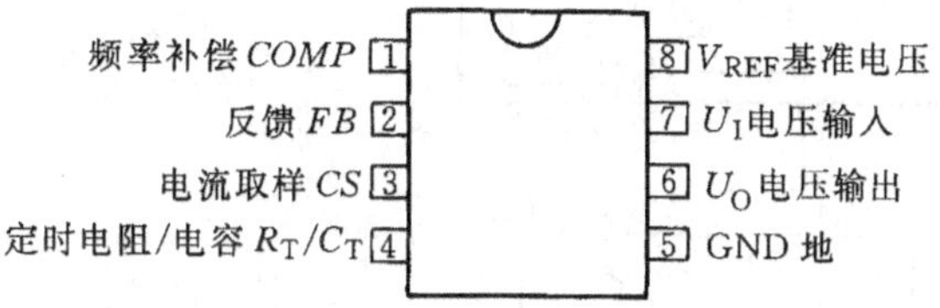

b)

图 2-18　MC3842 功能框图和外引线排列图
a) MC3842 功能框图　b) 外引线排列

表 2-21　MC3842 脉宽调制器的主要参数

(U_I=15V，f=52kHz，R_T=10kΩ，C_T=3300pF，T_j=25℃)

参数名称	符号/单位	测试条件	典型值
基准输出电压	V_{REF}/V	I_{REF}=1mA	5.00
振荡器频率	f_{ost}/kHz		47～57
振荡器输出幅度	U_{opp}/V		17
电流采样最大输入电压	U_I (max) /V	V_{comp}=4.6V，V_{FB}=0V (频率补偿)　(反馈电压)	0.9～1.1
起动电流	I_S/mA		0.3～0.5
工作电源电流	I_I/mA	V_{FB}=0V，V_{SC}=0V	11～15
输入电压	U_I/V	I_I=25mA	30～40
输出电流	I_O/mA		0～200

2.2.6 直流—直流变换器

MM112×系列集成电路功能简介如表 2-22 所示，其电路功能框图如图 2-19 所示。MM112×系列集成电路的主要参数如表 2-23 所示。

表 2-22 MM112×系列集成电路功能简介

型号	输出电压					最小输入电压		LCD输出电压	封装形式	
	A	B	C	D	G					
	5.0V	3.2V	3.5V	3.0V	2.2V	0.9V	0.8V		MMP4	SDP8
MM1126	有			有	有	有		有	有	
MM1127	有	有	有	有	有	有			有	
MM1128	有			有	有		有	有		有
MM1129	有	有		有	有		有			有

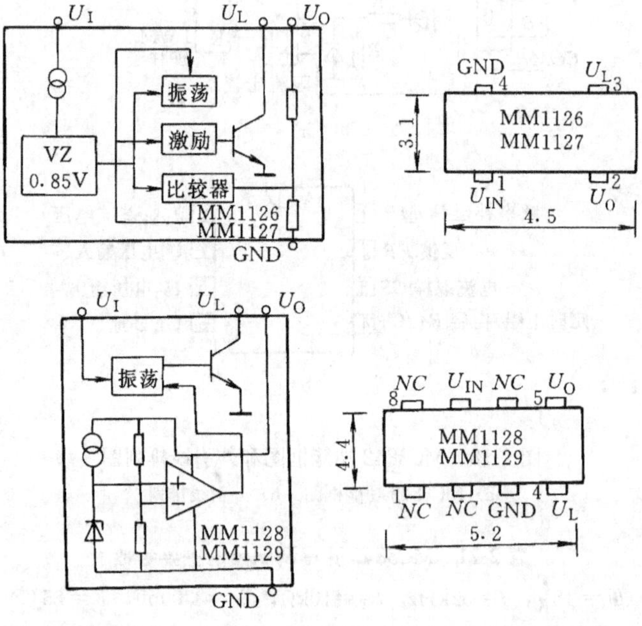

图 2-19 MM112×电路功能框图和外引线排列

表 2-23 MM112×系列集成电路的主要参数

参　数	符号/单位	测试条件	MM1126/1127	MM1128/1129
电源电流	I_s/μA	$R_L=\infty$	14	3
电压调整率	S_U/（%/V）	$U_{IN}=1.1\sim1.7V$，$I_O=1mA$	3	
电流调整率	S_I/（%/V）	$U_{IN}=1.5V$，$I_O=0\sim7mA$	1	
电压输出温度系数	S_T/（mV/℃）	−20～+75℃	−5	±0.01
输出纹波	U_r/mV	$I_O=1mA$	70	30
振荡占空比	δ（%）		50	
振荡频率	f_0/kHz	$I_O=1mA$	55	80
功　耗	P_D/mW		200	300
工作温度	T_A/℃		−20～+70	

2.2.7 固态继电器

固态继电器是现代微电子技术与电力电子技术发展起来的一种新型无触点电子开关器件。它可以实现用微弱的控制信号对几十安甚至几百安电流的负载进行无触点的接通和断开。HS、GTJ 系列固态继电器的型号和主要参数如表 2-24 所示，JGWX、KW 无源固态继电器的型号和主要参数如表 2-25 所示。

表 2-24　HS、GTJ 系列固态继电器的型号和主要参数

名　称	型　号	输入参数		输出参数	
		工作电压 U_{IN}/V	输入电流 I_{IN}/mA	输出电流 I_O/A	负载电压 U_R/V
HS 系列固态继电器	HS316Z	DC 4～8	>10	16	AC 160～430
	HS330Z			30	
	HS350Z			50	
	HS360Z			60	
GTJ 系列固态继电器	GTJ3-2.5AP	DC 3～30	1	2.5	AC　30～220
	GTJ3-15AS			15	
	GTJ4-40AM			40	
	GTJ5-5AM			5	AC　30～380
	GTJ5-10AM			10	
	GTJ5-15AM			15	

注：使用温度范围−40～+80℃。

表 2-25　JGWX、KW 无源固态继电器的型号和主要参数

名　称	型　号	输入参数		输出参数		
		输入阻抗范围 R_{IN}/kΩ	切换电阻 R_O/kΩ	输出电流 I_O/A	负载电压 U_R/V	输出工作状　态
JGW 系列阻抗型	JGWX-1W2K 1A220VB	1.0～6	2	1	AC220	常闭
	JGWX-1W3K 5A220VB		3	5	AC220	常闭
	JGWX-1W5K 1A220VK		5	1	AC220	常开
	JGWX-2W5K 5A220VK		5	5	AC220	常开
KW 型温度型	KW-210				AC220	
	KW-240				AC220	
	KW-310				AC380	
	KW-340				AC380	

2.2.8 电压/频率转换器和频率/电压转换器

V/F 和 F/V 转换器可以把电压信号线性地转换成频率信号或将频率信号转换成线性电压信号。常用 V/F 转换器和 F/V 转换器集成电路的主要参数如表 2-26 所示。

表 2-26 常用 V/F 转换器和 F/V 转换器集成电路的主要特性参数

型号	功能	电源电压/V	满量程非线性	温度系数($\times10^{-6}$/℃)	输入失调电压/mV	响应时间或工作频率	温度范围/℃	引脚数
AD537JH	F/V	+5～+36 或 ±5～±18	0.15%	±150	±5	10kHz	0～70	圆形封装 10 引脚或 双列 14 引脚
AD537KH			0.07%	±50	±2			
AD537SH				±150			−55～125	
AD537JD			0.15%		±5		0～70	
AD537KD			0.07%	±50	±2			
AD537SD				±150			−55～125	
AD654JN	V/F	+5～+36 或±5～±18	—	—	±1	500kHz	0～70	双列 8 引脚
LM331		40max	±0.024%	±30	±3	100kHz	—	

2.2.9 集成电路封装类型和引出端编号识别标志

（1）封装类型

插入式（Through Hole）
- 相线两侧垂直引出
  - 陶瓷双列
  - 陶瓷熔封双列
  - 塑料双列
  - 金属双列
  - 塑料缩小型双列
  - 塑料缩体型双列
- 引线两面平伸引出
  - 陶瓷扁平
  - 陶瓷熔封扁平
  - 塑料扁平
  - 金属扁平
- 引线底面垂直引出
  - 塑料单列
  - 塑料"Z"形引线
  - 金属四列
  - 金属圆形
  - 金属菱形
  - 金属四边引线圆形
  - 陶瓷针栅阵列
  - 塑料针栅阵列
- 引线单面垂直引出
  - 金属引线单面引出扁平
  - 塑料弯引线单列

- 表面安装式（Surface Mount）
  - 引线侧面翼形引出
    - 塑料小外形
    - 塑料翼形引线片式载体
    - 陶瓷翼形引线片式载体
  - 引线侧面“J”形引出
    - 塑料小外形
    - 塑料“J”形引线片式载体
    - 陶瓷“J”形引线片式载体
    - 塑料反“J”形引线片式载体
    - 陶瓷反“J”形引线片式载体
  - 引线四面平伸引出
    - 塑料四面引线扁平
    - 陶瓷四面引线扁平
  - 陶瓷无引线片式载体
- 直接粘结式（Direct Bonding）
  - 倒装芯片封装
  - 芯片板式封装
  - 载带自动封装

（2）集成电路封装图（见图 2-20）

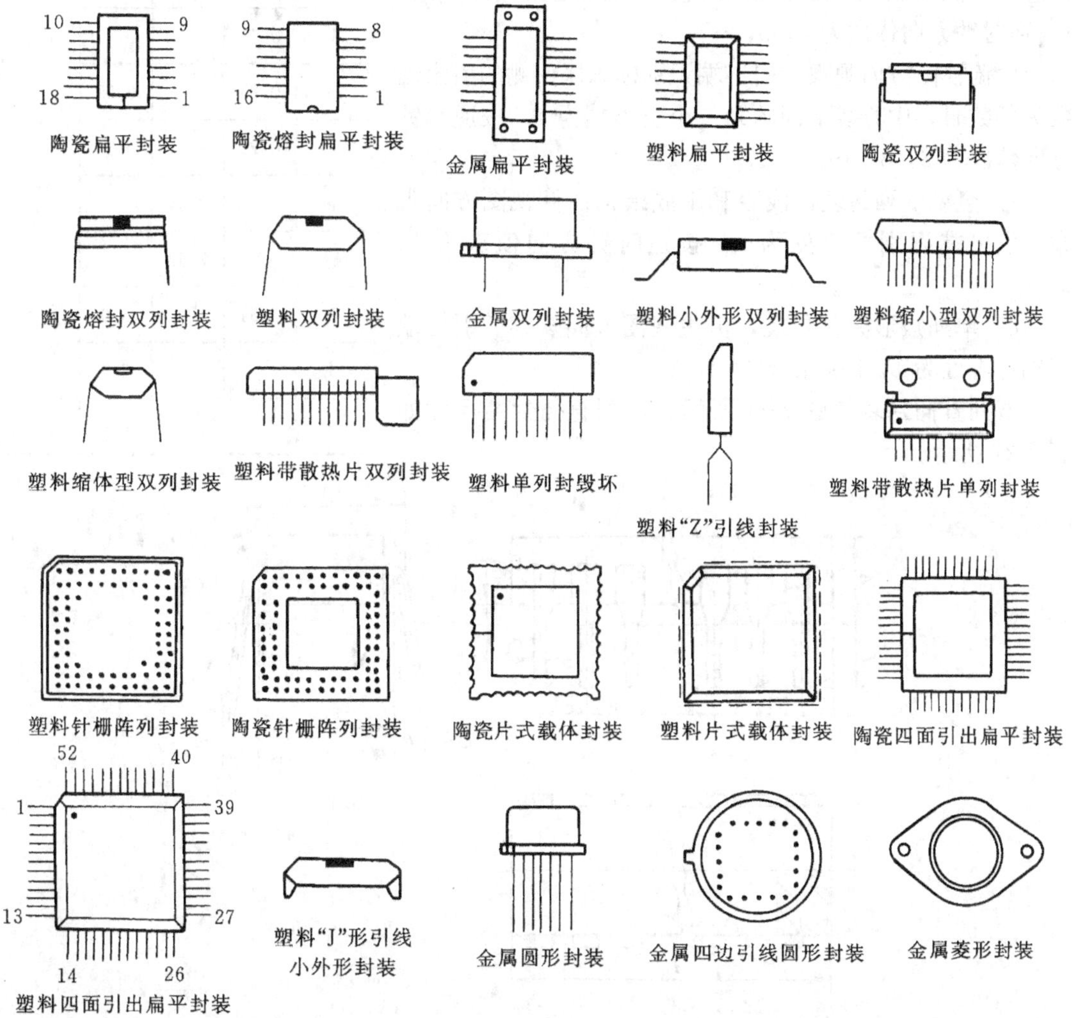

图 2-20 集成电路封装图

(3) 集成电路引出端编号识别标志

1) 陶瓷扁平、陶瓷熔封扁平、塑料四面引线扁平、陶瓷四面引线扁平封装，由主视图方向观察，引出端识别标志处为1，按逆时针方向依次为2，3，…

2) 陶瓷双列、陶瓷熔封双列、塑料双列、塑料小外形、金属扁平封装，由俯视图方向观察，引出端识别标志处为1，按逆时针方向，依次为2，3，…

3) 金属圆形、金属四边引出圆形封装，由仰视图方向观察，引出端识别标志处为n，按顺时针方向依次为1，2，3，…

4) 金属菱形、陶瓷片式载体、金属四列、双列灌注封装，由仰视图方向观察，引出端识别标志处为1，按顺时针方向依次为2，3，…

5) 陶瓷针栅阵列封装，由仰视图方向观察，引出端识别标志处为1，其他引出端的坐标编号由具体的封装结构规定。

6) 塑料片式载体，由俯视图方向观察，引出端识别标志区一侧的引出端数为奇数时，中心线上的引出端为1，逆时钟方向依次为2，3，…

由俯视图方向观察，引出端识别标志区一侧的引出端数为偶数时，中心线下面的第一个引出端为1，按逆时针方向依次为2，3，…

7) 金属双列封装，浅腔和平底结构由仰视图方向观察，引出端识别标志处为n，按逆时针方向依次为1，2，…

8) 单列敷形涂复封装，由主视图方向观察，引出端识别标志处为1，往后依次为2，3，…

双列直插封装如图2-21所示。双列直插封装尺寸如表2-27所示。

表2-27 双列直插封装尺寸

尺寸符号	数值/mm			角度
	最小	公称	最大	
A			5.1	
A_1	0.51			
b_1	0.35		0.59	
c	0.20		0.36	
e		2.54		
e_1		7.62		
L	2.54		5.0	
M_E			8.5	
θ				0°～15°

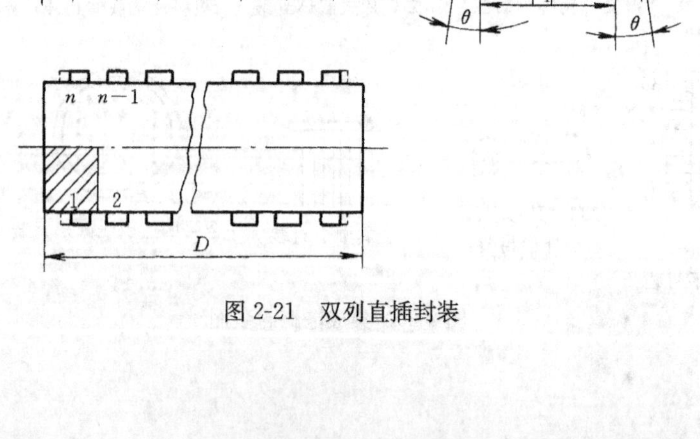

图2-21 双列直插封装

2.3 通用数字逻辑集成电路

2.3.1 数字集成电路的产品系列

74 系列数字集成电路型号索引如表 2-28 所示。4000 系列数字集成电路型号索引如表 2-29 所示。

表 2-28 74 系列数字集成电路型号索引

(LSTTL、ASTTL、ALSTTL、FAST、HC、HCT、AC、ACT 品种)

品种代号	产品名称	品种代号	产品名称
00	四 2 输入与非门	43	4 线-10 线译码器(余 3 码输入)
01	四 2 输入与非门(OC)	44	4 线-10 线译码器(余 3 格雷码输入)
02	四 2 输入或非门	45	BCD-十进制译码器/驱动器(OC)
03	四 2 输入与非门(OC)	46	4 线-七段译码器/驱动器(BCD 输入,开路输出)
04	六反相器	47	4 线-七段译码器/驱动器(BCD 输入,开路输出)
05	六反相器(OC)	48	4 线-七段译码器/驱动器(BCD 输入、上拉电阻)
06	六反相缓冲/驱动器(OC)	49	4 线-七段译码器/驱动器(BCD 输入、OC 输出)
07	六缓冲/驱动器(OC)	50	双 2 路 2-2 输入与或非门(一门可扩展)
08	四 2 输入与门	51	双 2 路 2-2(3)输入与或非门
09	四 2 输入与门(OC)	52	4 路 2-3-2-2 输入与或门(可扩展)
10	三 3 输入与非门	53	4 路 2-2-2(3)-2 输入与或非门(可扩展)
11	三 3 输入与门	54	4 路 2-2(3)-2(3)-2 输入与或非门
12	三 3 输入与非门(OC)	55	2 路 4-4 输入与或非门(可扩展)
13	双 4 输入与非门(施密特触发)	56	$\frac{1}{50}$分频器
14	六反相器(施密特触发)	57	$\frac{1}{60}$分频器
15	三 3 输入与门(OC)	58	2 路 2-2 输入,2 路 3-3 输入与或门
16	六高压输出反相缓冲/驱动器(OC)	60	双 4 输入与扩展器
17	六高压输出缓冲/驱动器(OC)	61	三 3 输入与扩展器
18	双 4 输入与非门(施密特触发)	62	4 路 2-3-3-2 输入与或扩展器
19	六反相器(施密特触发)	63	六电流读出接口门
20	双 4 输入与非门	64	4 路 4-2-3-2 输入与或非门
21	双 4 输入与门	65	4 路 4-2-3-2 输入与或非门(OC)
22	双 4 输入与非门(OC)	68	双 4 位十进制计数器
23	可扩展双 4 输入或非门(带选通)	69	双 4 位二进制计数器
24	四 2 输入与非门(施密特触发)	70	与门输入上升沿 JK 触发器(有预置和清除)
25	双 4 输入或非门(带选通)	71	与或门输入主从 JK 触发器(有预置)
26	四 2 输入高压输出与非缓冲器(OC)	72	与门输入主从 JK 触发器(预置和清除)
27	三 3 输入或非门	73	双 JK 触发器(有清除)
28	四 2 输入或非缓冲器	74	双上升沿 D 触发器(有预置、清除)
30	8 输入与非门	75	4 位双稳态锁存器
31	延迟元件	76	双 JK 触发器(有预置和清除)
32	四 2 输入或门	77	4 位双稳态锁存器
33	四 2 输入或非缓冲器(OC)	78	双主从 JK 触发器(有预置和公共清除和公共时钟)
34	六跟随器	80	门控全加器
35	六跟随器(OC)(OD)	81	16 位随机存取存储器(OC)
36	四 2 输入或非门	82	2 位二进制全加器
37	四 2 输入与非缓冲器	83	4 位二进制全加器(带快速进位)
38	四 2 输入与非缓冲器(OC)	85	4 位数值比较器
39	四 2 输入与非缓冲器(OC)	86	四 2 输入异或门
40	双 4 输入与非缓冲器	87	4 位正/反码、0/1 电路
42	4 线-10 线译码器(BCD 输入)		

（续）

品种代号	产品名称	品种代号	产品名称
90	十进制计数器	145	BCD-十进制译码器/驱动器（驱动灯、继电器、MOS）
91	8位移位寄存器	147	10线-4线优先编码器
92	十二分频计数器	148	8线-3线优先编码器
93	4位二进制计数器	149	8线-8线优先编码器
94	4位移位寄存器（双异步预置）	150	16选1数据选择器/多路转换器（反码输出）
95	4位移位寄存器（并行存取，左移/右移，串联输入）	151	8选1数据选择器/多路转换器（原、反码输出）
96	5位移位寄存器	152	8选1数据选择器/多路转换器（反码输出）
97	同步6位二进制（比例系数）乘法器	153	双4线-1线数据选择器/多路转换器
98	4位数据选择器/存储寄存器	154	4线-16线译码器/多路转换器
99	4位双向通用移位寄存器	155	双2线-4线译码器/多路分配器（图腾柱输出）
100	8位双稳态锁存器	156	双2线-4线译码器/多路分配器（OC输出）
101	与或门输入下降沿JK触发器（有预置）	157	双2选1数据选择器/多路转换器（原码输出）
102	与门输入下降沿JK触发器（有预置和清除）	158	双2选1数据选择器/多路转换器（反码输出）
103	双下降沿JK触发器（有清除）	159	4线-16线译码器/多路分配器（OC输出）
106	双下降沿JK触发器（有预置和清除）	160	4位十进制同步可预置计数器（异步清除）
107	双主从JK触发器（有清除）	161	4位二进制同步可预置计数器（异步清除）
108	双下降沿JK触发器（公共清除，公共时钟，有预置）	162	4位十进制同步计数器（同步清除）
109	双上升沿JK触发器（有预置和清除）	163	4位二进制同步可预置计数器（同步清除）
110	与门输入主从JK触发器（有预置、清除、数据锁定）	164	8位移位寄存器（串行输入，并行输出，异步清除）
111	双主从JK触发器（有预置、清除、数据锁定）	165	8位移位寄存器（并联置数，互补输出）
112	双下降沿JK触发器（有预置和清除）	166	8位移位寄存器（并/串行输入，串行输出）
113	双下降沿JK触发器（有预置）	167	十进制同步比例乘法器
114	双下降沿JK触发器（有预置、公共清除、公共时钟）	168	4位十进制可预置加/减同步计数器
116	双4位锁存器	169	4位二进制可预置加/减同步计数器
120	双脉冲同步驱动器	170	4×4寄存器阵（OC）
121	单稳态触发器（有施密特触发器）	171	四D触发器（有清除）
122	可重触发单稳态触发器（有清除）	172	16位寄存器阵（8×2位，多端口，3S）
123	双可重触发单稳态触发器（有正、负输入，直接清除）	173	4位D型寄存器（3S，Q端输出）
124	双压控振荡器（有允许功能）	174	六上升沿D型触发器（Q端输出，公共清除）
125	四总线缓冲器（三态输出）	175	四上升沿D型触发器（互补输出，公共清除）
126	四总线缓冲器（3S）	176	可预置十进制/二、五混合进制计数器
128	四2输入或非线驱动器	177	可预置二进制计数器
131	3线-8线译码器/多路分配器（有地址寄存）	178	4位通用移位寄存器（Q输出）
132	四2输入与非门（有施密特触发）	179	4位通用移位寄存器（直接清涂，Q_D互补输出）
133	13输入与非门	180	9位奇偶产生器/校验器
134	12输入与非门（3S）	181	4位算术逻辑单元/函数发生器
135	四异或/异或非门	182	超前进位产生器
136	四2输入异或门（OC）	183	双进位保留全加器
137	3线-8线译码器/多路分配器（有地址锁存）	184	BCD-二进制代码转换器
138	3线-8线译码器/多路分配器	185	二进制-BCD代码转换器（译码器）
139	双2线-4线译码器/多路分配器	189	64位随机存取存储器（3S，反码）
140	双4输入与非线驱动器（线阻抗为50Ω）	190	4位十进制可预置同步加/减计数器
141	BCD-十进制译码器/驱动器（OC）	191	4位二进制可预置同步加/减计数器
142	计数器/锁存器/译码器/驱动器（OC）	192	4位十进制可预置同步加/减计数器（双时钟、有清除）
143	计数器/锁存器/译码器/驱动器（7V，15mA）	193	4位二进制可预置同步加/减计数器（双时钟、有清除）
144	计数器/锁存器/译码器/驱动器（15V，20mA）	194	4位双向通用移位寄存器（并行存取）

（续）

品种代号	产品名称
195	4 位移位寄存器（JK 输入，并行存取）
196	可预置十进制/二、五混合进制计数器/锁存器
197	可预置二进制计数器/锁存器
198	8 位双向通用移位寄存器（并行存取）
199	8 位移位寄存器（$J\overline{K}$输入，并行存取）
200	256 位随机存取存储器（256×1，3S）
202	256 位读/写存储器（256×1，3S）
207	256×4 随机存取存储器（边沿触发写控制，公共 I/O 通道）
208	256×4 随机存取存储器（边沿触发写控制，3S）
214	1024×1 随机存取存储器（片选端$\overline{S}$简化扩展，3S）
215	1024×1 随机存取存储器（片选端 E 简化扩展并控制关态，3S）
219	64 位随机存储器（3S）
221	双单稳态触发器
225	异步先入先出存储器（16×5）
226	4 位并行锁存总线收发器（3S）
230	八缓冲器/线驱动器（3S）
231	八缓冲器/线驱动器（3S）
237	3 线-8 线译码器/多路分配器（地址锁存）
238	3 线-8 线译码器/多路分配器
239	双 2 线-4 线译码器/多路分配器
240	八反相缓冲器/线驱动器/线接收器（3S）
241	八缓冲器/线驱动器/线接收器（3S）
242	四总线收发器（反相，3S）
243	四总线收发器（3S）
244	八缓冲器/线驱动器/线接收器（3S）
245	八双向总线发送器/接线器（3S）
246	4 线-七段译码器/高压驱动器（BCD 输入，OC）
247	4 线-七段译码器/高压驱动器（BCD 输入，OC）
248	4 线-七段译码器/驱动器（BCD 输入，上拉输出）
249	4 线-七段译码器/驱动器（BCD 输入，OC）
250	16 选 1 数据选择器/多路转换器（3S）
251	8 选 1 数据选择器/多路转换器（3S，原、反码输出）
253	双 4 选 1 数据选择器/多路转换器（3S）
256	8 位寻址锁存器
257	四 2 选 1 数据选择器/多路转换器（3S）
258	四 2 选 1 数据选择器/多路转换器（3S，反相）
259	8 位寻址锁存器
260	双 5 输入或非门
261	2 位×4 位并行二进制乘法器（锁存器输出）
264	超前进位发生器
265	四互补输出单元
266	四 2 输入异或非门（OC）（OD）
268	六 D 型锁存器（3S）
269	8 位加/减计数器
273	八 D 型触发器
274	4 位×4 位并行二进制乘法器（3S）
275	7 位位片华莱士树乘法器（3S）
276	四 JK 触发器
278	4 位可级联优先寄存器（输出可控）
279	四 $\overline{R}\,\overline{S}$ 锁存器
280	9 位奇偶产生器/校验器
281	4 位并行二进制累加器
282	超前进位发生器（有选择进位输入）
283	4 位二进制超前进位全加器
284	4 位×4 位并行二进制乘法器（OC，产生高位积）
285	4 位×4 位并行二进制乘法器（OC，产生低位积）
286	9 位奇偶发生器/校验器(有总线驱动、奇偶 I/O 接口)
290	十进制计数器（÷2，5÷）
292	可编程分频/数字定时器（最大 2^{31}）
293	四位二进制计数器（÷2，÷8）
294	可编程分频/数字定时器（最大 2^{15}）
295	4 位双向通用移位寄存器（3S）
297	数字锁相环滤波器
298	四 2 输入多路转换器（有储存）
299	8 位双向通用移位/存储寄存器
320	晶体控制振荡器
321	晶体控制振荡器（附 F/2，F/4 输出端）
322	8 位移位寄存器（有信号扩展、3S）
323	8 位双向移位/存储寄存器（3S）
347	BCD-七段译码器/驱动器（OC）
348	8 线-3 线优先编码器（3S）
350	4 位移位器（3S）
351	双 8 选 1 数据选择器/多路转换器（3S）
352	双 4 选 1 数据选择器/多路转换器（反码输出）
353	双 4 选 1 数据选择器/多路转换器（反码，3S）
354	8 选 1 数据选择器/多路转换器/透明寄存器（3S）
355	8 选 1 数据选择器/多路转换器/透明寄存器（OC）
356	8 选 1 数据选择器/多路转换器/边沿触发寄存器(3S)
357	8 选 1 数据选择器/多路转换器/边沿触发寄存器(OC)
363	八 D 型透明锁存器和边沿触发器（3S、公共控制）
364	八 D 型透明锁存器和边沿触发器（3S、公共控制、公共时钟）
365	六总线驱动器（同相、3S、公共控制）
366	六总线驱动器（反相、3S、公共控制）
367	六总线驱动器（3S、两组控制）
368	六总线驱动器（反相、3S、两组控制）
373	八 D 型锁存器（3S、公共控制）
374	八 D 型触发器（3S、公共控制、公共时钟）
375	4 位 D 型（双稳态）锁存器

（续）

品种代号	产品名称
376	四 J $\overline{K}$ 触发器（公共时钟，公共清除）
377	八 D 型触发器（Q 端输出，公共允许，公共时钟）
378	六 D 型触发器（Q 端输出，公共允许，公共时钟）
379	四 D 型触发器（互补输出，公共允许，公共时钟）
381	4 位算术逻辑单元/函数发生器（8 个功能）
382	4 位算术逻辑单元/函数发生器(脉动进位、溢出输出)
384	8 位×1 位补码乘法器
385	四串行加法器/减法器
386	四 2 输入异或门
390	双二-五-十进制计数器
393	双 4 位二进制计数器（异步清除）
395	4 位可级联移位寄存器（3S，并行存取）
396	八进制存储寄存器
398	四 2 输入多路转换器(倍乘器)(有存储,互补输出)
399	四 2 输入多路转换器（倍乘器）（有存储）
401	循环冗余校验产生器/检测器
402	扩展循环冗余校验产生器/检测器
403	16 字×4 位先进先出（FIFO 型）缓冲型存储寄存器
407	数据地址寄存器
410	寄存器堆——16×4RAM（3S）
411	先进先出 RAM 控制器
412	多模式 8 位缓冲锁存器（3S，直接清除）
422	可重触发单稳态多谐振荡器
423	双重触发单稳态多谐振荡器
424	2 相时钟发生器/驱动器
425	四总线缓冲器（3S，低允许）
426	四总线缓冲器（3S，高允许）
432	8 位多模式反相缓冲锁存器（3S）
436	线驱动器/存储器驱动电路-MOS 存储器接口电路（内含 15Ω）
437	线驱动器/存储器驱动电路-MOS 存储器接口电路
440	四总线收发器（OC，三方向传输，同相）
441	四总线收发器（OC，三方向传输，反相）
442	四总线收发器（3S，三方向传输，同相）
443	四总线收发器（3S，三方向传输，反相）
444	四总线收发器（3S，三方向传输，反相和同相）
445	BCD-十进制译码器/驱动器（OC）
446	四总线收发器（3S，双向传输，反码）
447	BCD-七段译码器/驱动器（OC）
448	四总线收发器（OC，三方向传输）
449	四总线收发器（3S，双向传输，原码）
465	八缓冲器（3S，原码）
466	八缓冲器（3S，反码）
467	双四缓冲器（3S，原码）
468	双四缓冲器（3S，反码）
484	BCD-二进制代码转换器
485	二进制-BCD 代码转换器
490	双 4 位十进制计数器
518	8 位恒等比较器（OC）
519	8 位恒等比较器（OC）
520	8 位恒等比较器（反码）
521	8 位恒等比较器（反码）
522	8 位恒等比较器（反码，OC）
524	8 位可寄存比较器（可编程，3S，I/O，OC 输出）
525	16 位状态可编程计数器/分频器
526	熔断型可编程 16 位恒等比较器（反相输入）
527	熔断型可编程 8 位恒等比较器和 4 位比较器（反相输出）
528	熔断型可编程 12 位恒等比较器
533	八 D 型透明锁存器
534	八 D 型上升沿触发器（3S，反相）
537	4 线-10 线译码器/多路分配器
538	3 线-8 线译码器/多路分配器
539	双 2 线-4 线译码器/多路分配器（3S）
540	八缓冲器/驱动器（3S，反相）
541	八缓冲器/驱动器（3S）
543	八接收发送双向锁存器（3S，原码输出）
544	八接收发送双向锁存器（3S，反码输出）
545	八接收发送双向缓冲器（3S）
547	3 线-8 线译码器（输入锁存，有应答功能）
548	3 线-8 线译码器/多路分配器（有应答功能）
550	八寄存器接收发送器（带状态指示）
551	八寄存器接收发送器（带状态指示）
552	八寄存器接收发送器（带奇偶及特征指示）
557	8 位×8 位乘法器（3S，带锁存）
558	8 位×8 位乘法器
560	4 位十进制同步计数器（3S，同步或异步清零）
561	4 位二进制同步计数器（3S，同步或异步清零）
563	八 D 型透明锁存器（反相输出，3S）
564	八 D 型上升沿触发器（反相输出，3S）
568	4 位十进制同步加/减计数器（3S）
569	4 位二进制同步加/减计数器
573	八 D 型透明锁存器
574	八 D 型上升沿触发器（3S）
575	八 D 型上升沿触发器（3S，有清除）
576	八 D 型上升沿触发器（3S，反相）
577	八 D 型上升沿触发器（3S，反相，有清除）
579	8 位双向二进制计数器（3S）
580	八 D 型透明锁存器（3S，反相输出）
582	4 位 BCD 算术逻辑单元
583	4 位 BCD 加法器
588	八双向收发器（3S，IEEE488）
589	8 位移位寄存器（输入锁存，3S）

（续）

品种代号	产品名称	品种代号	产品名称
590	8位二进制计数器（有输出寄存器、3S）	640	八总线收发器（3S，反码）
591	8位二进制计数器（有输出寄存器、OC）	641	八总线收发器（OC，原码）
592	8位二进制计数器（有输入寄存器）	642	八总线收发器（OC，反码）
593	8位二进制计数器（有输入寄存器、并行三态输入/输出）	643	八总线收发器（3S，原、反码）
		644	八总线收发器（OC，原、反码）
594	8位移位寄存器（有输出锁存）	645	八总线收发器（3S，原码）
595	8位移位寄存器（有输出锁存、3S）	646	八双向总线收发器和寄存器（3S，原码）
596	8位移位寄存器（有输出锁存、OC）	647	八双向总线收发器和寄存器（OC，原码）
597	8位移位寄存器（有输入锁存）	648	八双向总线收发器和寄存器（3S，反码）
598	8位移位寄存器(有输入锁存、并行三态输入/输出)	649	八双向总线收发器和寄存器（OC，反码）
599	8位移位寄存器（有输出锁存、OC）	651	八双向总线收发器和寄存器（3S，反码）
600	存储器刷新控制器（4K或16K）	652	八双向总线收发器和寄存器（3S，原码）
601	存储器刷新控制器（64K）	653	八总线收发器/寄存器（3S，反向）
602	存储器刷新控制器（4K或16K）	654	八总线收发器/寄存器（正向3S，反向OC）
603	存储器刷新控制器（64K）	655	八缓冲器/线驱动器（有奇偶、反相、3S）
604	八2输入多路复用寄存器（3S）	656	八缓冲器/线驱动器（有奇偶、同相、3S）
605	八2输入多路复用寄存器（OC）	657	八双向收发器（8位奇偶产生/检测，3S输出）
606	八2输入多路复用寄存器（3S，消除脉冲尖峰）	658	八总线收发器（有奇偶，反码，3S）
607	八2输入多路复用寄存器（OC，消除脉冲尖峰）	659	八总线收发器（有奇偶，3S）
608	存储器周期控制器	664	八总线收发器（反码，3S，有奇偶）
610	存储器映象器（有锁存输出，3S映象输出）	665	八总线收发器（原码，3S，有奇偶）
611	存储器映象器（有锁存输出，映象输出为OC）	666	8位D型透明的重复锁存器（3S）
612	存储器映象器（3S映象输出）	667	8位D型透明的重复锁存器（3S，反相）
613	存储器映象器（OC映象输出）	668	4位十进制可预置加/减同步计数器
618	三4输入与非门施密特触发器	669	4位二进制可预置加/减同步计数器
619	可逆施密特触发器	670	4×4位寄存器阵（3S）
620	八总线收发器（3S，反相）	671	4位通用移位寄存器/锁存器（3S，直接清除）
621	八总线收发器（OC）	672	4位通用移位寄存器/锁存器（3S，同步清除）
622	八总线收发器（OC，反相）	673	16位移位寄存器（串入，串/并出，3S）
623	八总线收发器（3S）	674	16位移位寄存器（并/串入，串出，3S）
624	压控振荡器（有允许、互补输出）	675	16位移位寄存器（串入，串/并出）
625	双压控振荡器（互补输出）	676	16位移位寄存器（串/并入，串出）
626	双压控振荡器（有允许，互补输出）	677	16位-4位地址比较器（有允许）
627	双压控振荡器（反相输出）	678	16位-4位地址比较器（有锁存）
628	压控振荡器（有允许、互补输出、外接电阻R_r）	679	12位-4位地址比较器（有允许）
629	双压控振荡器（有允许、反相输出）	680	12位-4位地址比较器（有锁存）
630	16位误差检测及校正电路（3S）	681	4位并行二进制累加器
631	16位误差检测及校正电路（OC）	682	双8位数值比较器（上拉）
632	32位并行误差检测和校正电路（3S）	683	双8位数值比较器（OC，上拉）
633	32位并行误差检测和校正电路（OC）	684	双8位数值比较器
634	32位并行误差检测和校正电路（3S）	685	双8位数值比较器（OC）
635	32位并行误差检测和校正电路（OC）	686	双8位数值比较器
636	8位并行误差检测和校正电路（3S）	687	双8位数值比较器（OC，有允许）
637	8位并行误差检测和校正电路（OC）	688	双8位数值比较器（有允许）
638	八总线收发器（双向，3S，互补）	689	双8位数值比较器（OC，有允许）
639	八总线收发器（双向，3S）	690	十进制同步计数器（有输出寄存器、3S、直接清除）

（续）

品种代号	产品名称	品种代号	产品名称
691	二进制同步计数器（有输出寄存器、3S、直接清除）	844	9位并行透明锁存器（3S，反相）
692	十进制同步计数器（有输出寄存器、3S、同步清除）	845	8位并行透明锁存器（3S，同相）
693	二进制同步计数器（有输出寄存器、3S、同步清除）	846	8位并行透明锁存器（3S，反相）
696	十进制同步加/减计数器（有输出寄存器、3S、直接清除）	850	16选1数据选择器/多路分配器（3S）
		851	16选1数据选择器/多路分配器（3S）
697	二进制同步加/减计数器（有输出寄存器、3S、直接清除）	852	8位通用收发器/通道控制器（3S，双向）
		856	8位通用收发器/通道控制器（3S，双向）
698	十进制同步加/减计数器（有输出寄存器、3S、同步清除）	857	六2选1通用多路转换器（3S）
		866	8位数值比较器
699	二进制同步加/减计数器（有输出寄存器、3S、同步清除）	867	8位同步加/减计数器（异步清除）
		869	8位同步加减计数器（同步清除）
756	双四缓冲器/线驱动器/线接收器（OC、反码）	870	双16×4位寄存器阵列（3S）
757	双四缓冲器/线驱动器/线接收器（OC、原码）	871	双16×4位寄存器阵列（3S，双向）
758	四路总线收发器（OC、反码）	873	双4位D型锁存器（3S）
759	四路总线收发器（OC、原码）	874	双4位D型正沿触发器（3S）
760	双四缓冲器/线驱动器/线接收器（OC、原码）	876	双4位D型正沿触发器（3S，反相）
762	双四缓冲器/线驱动器（OC、原、反码）	877	8位通用收发器/通道控制器（3S）
763	双四缓冲器/线驱动器（OC、反码）	878	双4位D型正沿触发器（3S，同相）
779	8位双向二进制计数器（3S）	879	双4位D型正沿触发器（3S，反相）
784	8位串并行乘法器（带加/减）	880	双4位D型锁存器（3S，反相）
793	八锁存器（有回读、3S）	881	算术逻辑单元/函数发生器
800	三4输入与/与非驱动器	882	32位超前进位发生器
802	三4输入或/或非线驱动器	885	8位数值比较器
804	六2输入与非驱动器	1000	四2输入与非缓冲/驱动器
805	六2输入或非驱动器	1002	四2输入或非缓冲门
808	六2输入与驱动器	1003	四2输入与非缓冲门（OC）
810	四2输入异或非门	1004	六驱动器（反码）
811	四2输入异或非门（OC）	1641	八总线收发器（OC，原码）
821	10位总线接口触发器（3S）	1642	八总线收发器（OC，反码）
822	10位总线接口触发器（3S，反码）	1643	八总线收发器（3S，反码/原码）
823	9位总线接口触发器（3S）	1644	八总线收发器（OC，反码/原码）
824	9位总线接口触发器（3S，反码）	1645	八总线收发器（3S，原码）
825	8位并联寄存器（正沿D触发器，同相输出）	2620	八总线收发器/MOS驱动器（3S，反码）
826	8位并联寄存器（正沿D触发器，反相输出）	2623	八总线收发器/MOS驱动器（3S）
827	10位缓冲器/线驱动器（3S，同相输出）	2640	八总线收发器/MOS驱动器（3S，反码）
828	10位缓冲器/线驱动器（3S，反相输出）	2643	八总线收发器/MOS驱动器（3S，原/反码）
832	六2输入或驱动器	2645	八总线收发器/MOS驱动器（3S，原码）
841	10位并行透明锁存器（3S，同相）	3037	四2输入与非30Ω传输线驱动器
842	10位并行透明锁存器（3S，反相）	3038	四2输入与非30Ω传输线驱动器（OC）
843	9位并行透明锁存器（3S，同相）	3040	双4输入与非30Ω传输线驱动器

表 2-29　4000 系列数字集成电路型号索引

品种代号	产品名称	品种代号	产品名称
4000	双 3 输入或非门及反相器	4046	锁相环
4001	四 2 输入或非门	4047	非稳态/单稳态多谐振荡器
4002	双 4 输入正或非门	4048	8 输入多功能门（3S，可扩展）
4006	18 位静态移位寄存器（串入，串出）	4049	六反相器
4007	双互补对加反相器	4050	六同相缓冲器
4008	4 位二进制超前进位全加器	4051	模拟多路转换器/分配器（8 选 1 模拟开关）
4009	六缓冲器/变换器（反相）	4052	模拟多路转换器/分配器（双 4 选 1 模拟开关）
4010	六缓冲器/变换器（同相）	4053	模拟多路转换器/分配器（三 2 选 1 模拟开关）
4011	四 2 输入与非门	4054	4 段液晶显示驱动器
4012	双 4 输入与非门	4055	4 线-七段译码器（BCD 输入，驱动液晶显示器）
4013	双上升沿 D 触发器	4056	BCD-七段译码器/驱动器（有选通，锁存）
4014	8 位移位寄存器（串入/并入，串出）	4059	程控 1/N 计数器 BCD 输入
4015	双 4 位移位寄存器（串入，并出）	4060	14 位同步二进制计数器和振荡器
4016	四双向开关	4061	14 位同步二进制计数器和振荡器
4017	十进制计数器/分频器	4063	4 位数值比较器
4018	可预置 N 分频计数器	4066	四双向开关
4019	四 2 选 1 数据选择器	4067	16 选 1 模拟开关
4020	14 位同步二进制计数器	4068	8 输入与非/与门
4021	8 位移位寄存器（异步并入，同步串入/串出）	4069	六反相器
4022	八计数器/分频器	4070	四异或门
4023	三 3 输入与非门	4071	四 2 输入或门
4024	7 位同步二进制计数器（串行）	4072	双 4 输入或门
4025	三 3 输入或非门	4073	三 3 输入与门
4026	十进计数器/脉冲分配器（七段译码输出）	4075	三 3 输入或门
4027	双上升沿 JK 触发器	4076	四 D 寄存器（3S）
4028	4 线-10 线译码器（BCD 输入）	4077	四异或非门
4029	4 位二进制/十进制加/减计数器（有预置）	4078	8 输入或/或非门
4030	四异或门	4081	四 2 输入与门
4031	64 位静态移位寄存器	4082	双 4 输入与门
4032	三级加法器（正逻辑）	4085	双 2-2 输入与或非门（带禁止输入）
4033	十进制计数器/脉冲分配器（七段译码输出，行波消隐）	4086	四路 2-2-2-2 输入与或非门（可扩展）
		4089	4 位二进制比例乘法器
4034	8 位总线寄存器	4093	四 2 输入与非门（有施密特触发器）
4035	4 位移位寄存器（补码输出，并行存取，J $\overline{K}$输入）	4094	8 位移位和储存总线寄存器
4038	三级加法器（负逻辑）	4095	上升沿 JK 触发器
4040	12 位同步二进制计数器（串行）	4096	上升沿 JK 触发器（有 $\overline{J}\overline{K}$ 输入端）
4041	四原码/反码缓冲器	4097	双 8 选 1 模拟开关
4042	四 D 锁存器	4098	双可重触发单稳态触发器（有清除）
4043	四 RS 锁存器（3S，或非）	4316	四双向开关
4044	四 RS 锁存器（3S，与非）	4351	模拟信号多路转换器/分配器（8 路）（地址锁存）
4045	21 级计数器	4352	模拟信号多路转换器/分配器（双 4 路）（地址锁存）

(续)

品种代号	产品名称	品种代号	产品名称
4353	模拟信号多路转换器/分配器（3×2 路）（地址锁存）	7003	四路正与非门（有施密特触发输入和开漏输出）
4502	六反相器/缓冲器（3S，有选通端）	7006	六部分多功能电路
4503	六缓冲器（3S）	7022	八计数器/分频器（有清除功能）
4508	双 4 位锁存器（3S）	7032	四路正或门（施密特触发输入）
4510	十进制同步加/减计数器（有预置端）	7074	六部分多功能电路
4511	BCD-七段译码器/驱动器（锁存输出）	7266	四路 2 输入异或非门
4514	4 线-16 线译码器/多路分配器（有地址锁存）	7340	八总线驱动器（有双向寄存器）
4515	4 线-16 线译码器/多路分配器（反码输出，有地址锁存）	7793	八三态锁存器（有回读）
4516	4 位二进制同步加/减计数器（有预置端）	8003	双 2 输入与非门
4517	双 64 位静态移位寄存器	9000	程控定时器
4518	双十进制同步计数器	9014	九施密特触发器、缓冲器（反相）
4519	四 2 选 1 数据选择器	9015	九施密特触发器、缓冲器
4520	双 4 位二进制同步计数器	9034	九缓冲器（反相）
4521	24 位分频器	14572	六门
4526	二-*N*-十六进制减计数器	14585	4 位数值比较器
4527	BCD 比例乘法器	14599	8 位双向可寻址锁存器
4529	双 4 通道模拟数据选择器	40097	双 8 选 1 模拟开关
4530	双 5 输入多功能逻辑门	40100	32 位左右移位寄存器
4531	12 输入奇偶校验器/发生器	40101	9 位奇偶校验器
4532	8 线-3 线优先编码器	40102	8 位同步 BCD 减计数器
4536	程控定时器	40103	8 位同步二进制减计数器
4538	双精密单稳多谐振荡器（可重置）	40104	4 位双向移位寄存器（3S）
4541	程控定时器	40105	4 位×16 字先进先出寄存器（3S）
4543	BCD-七段锁存/译码/LCD 驱动器	40106	六反相器（有施密特触发器）
4551	四 2 输入模拟多路开关	40107	双 2 输入与非缓冲器/驱动器
4555	双 2 线-4 线译码器	40108	4×4 多端口寄存器
4556	双 2 线-4 线译码器（反码输出）	40109	四低-高电压电平转换器（3S）
4557	1～64 位可变时间移位寄存器	40110	十进制加/减计数/译码/锁存/驱动器
4583	双施密特触发器	40147	10 线-4 线优先编码器（BCD 输出）
4584	六施密特触发器	40160	十进制同步计数器（有预置，异步清除）
4585	4 位数值比较器	40161	4 位二进制同步计数器（有预置，异步清除）
4724	8 位可寻址锁存器	40162	十进制同步计数器（同步清除）
7001	四路正与门（有施密特触发输入）	40163	4 位二进制同步计数器（同步清除）
7002	四路正或非门（有施密特触发输入）	40174	六上升沿 D 触发器
		40208	4×4 多端口寄存器阵（3S）
		40257	四 2 线-1 线数据选择器

部分常用门电路的外引线排列图

74HC00

四 2 输入与非门

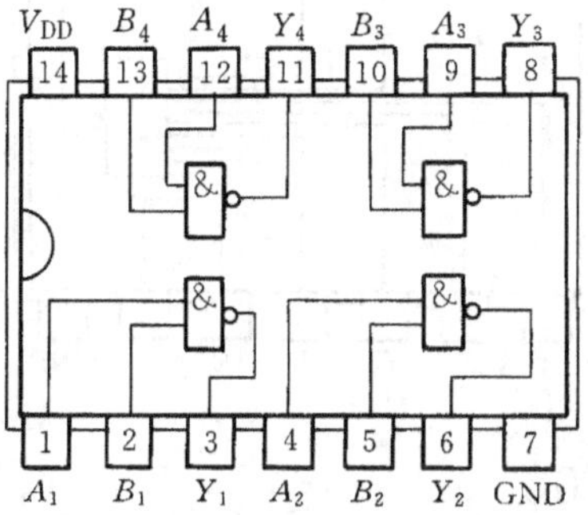

74HC04

六反相器

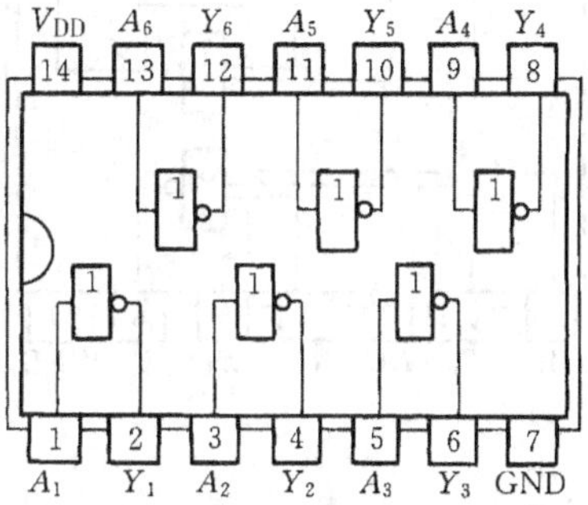

74HC03

四 2 输入与非门（OC）

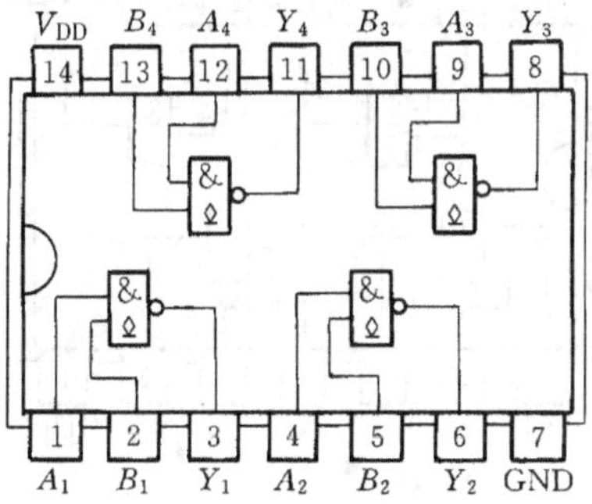

74HC05

六反相器（OC）

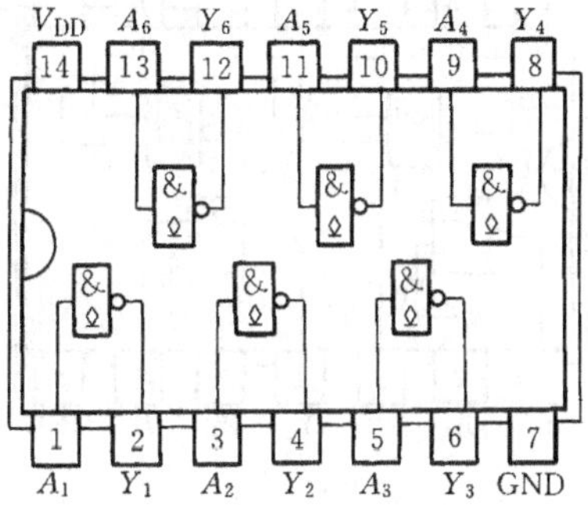

74HC10

三 3 输入与非门

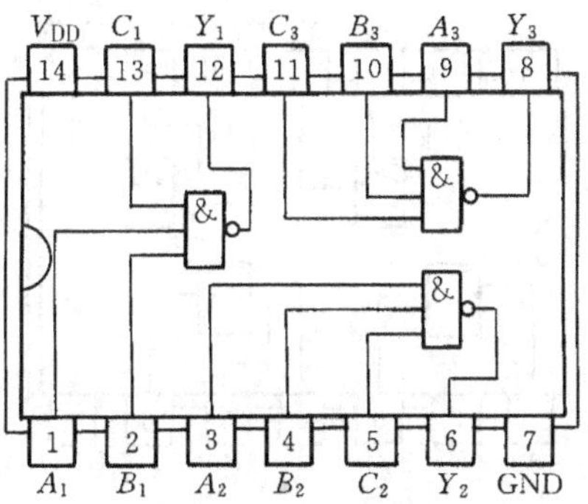

74HC14

六反相器（施密特触发）

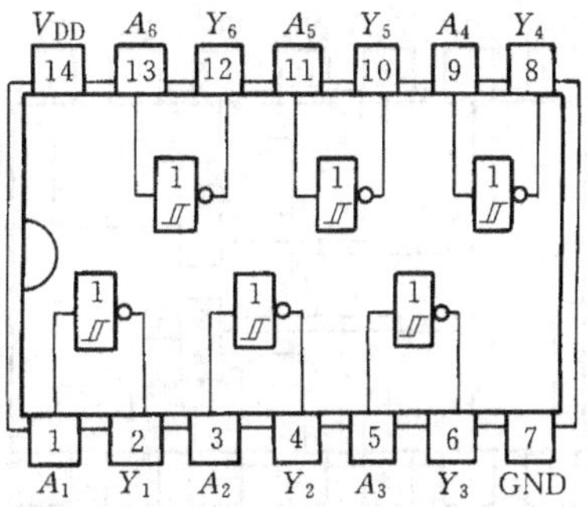

74HC20

双 4 输入与非门

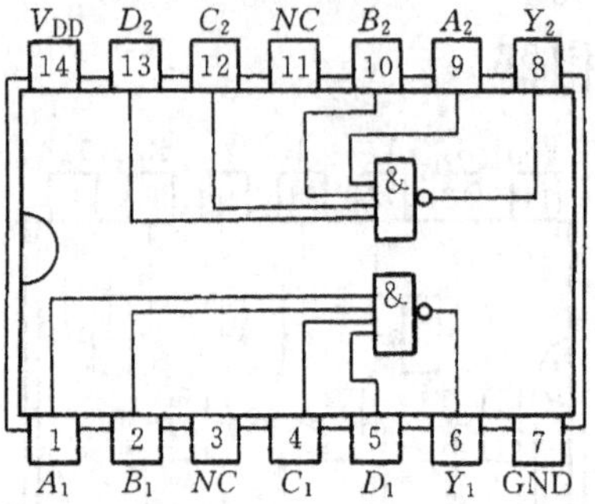

74HC30

8 输入与非门

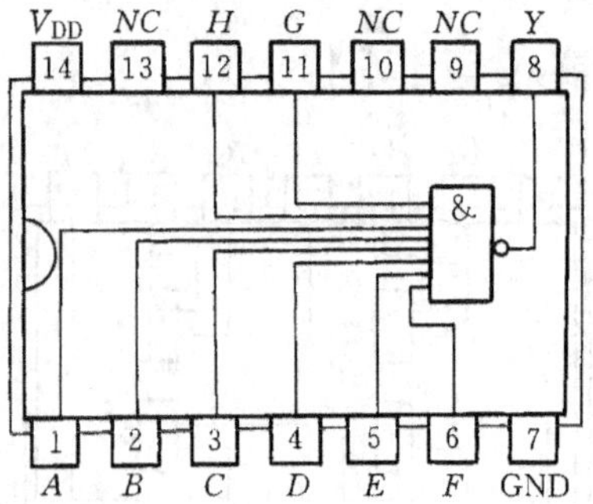

74HC02

四 2 输入或非门

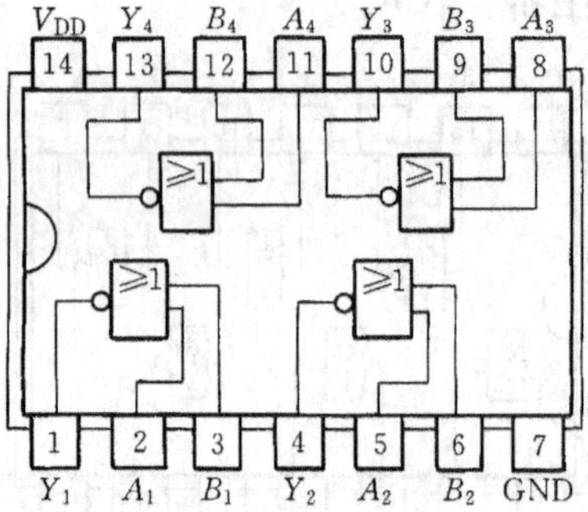

74HC08

四 2 输入与门

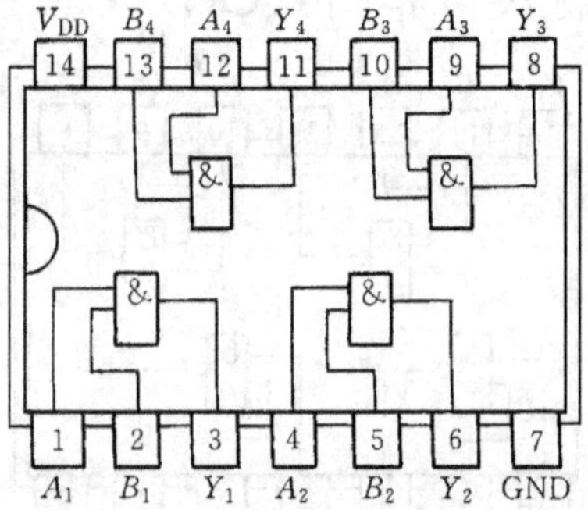

74HC21

双 4 输入与门

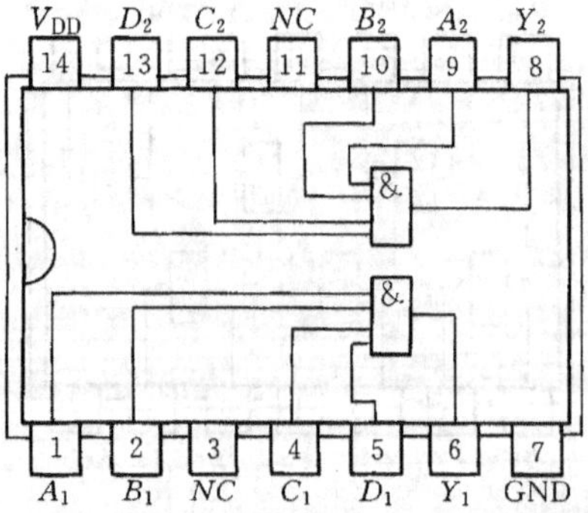

74HC32

四 2 输入或门

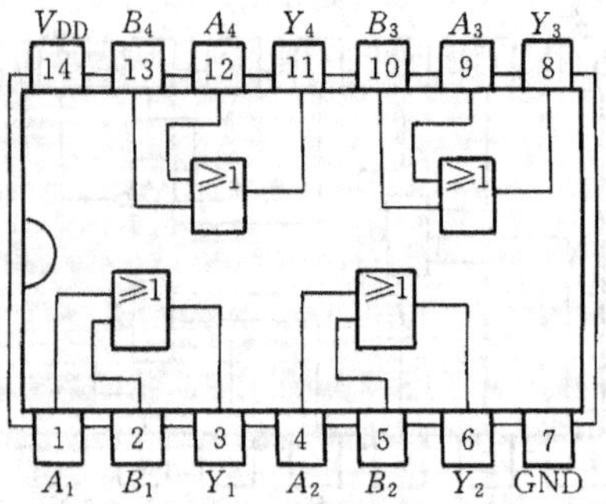

74HC54

四组输入与或非门

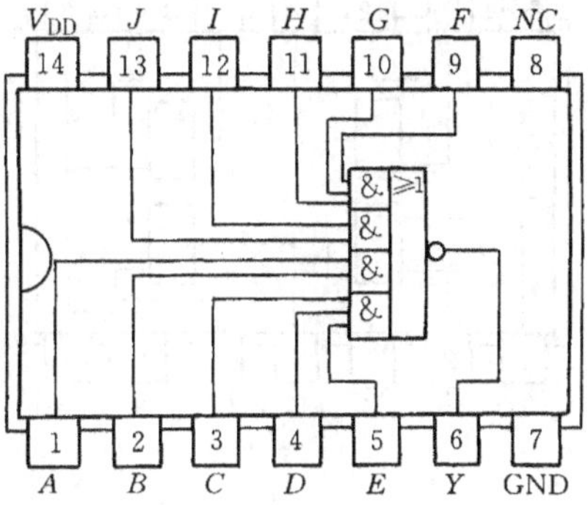

74HC86

四 2 输入异或门

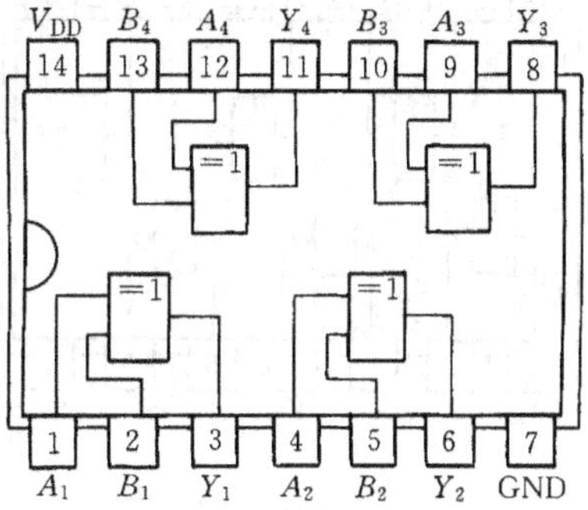

CD4011

四 2 输入与非门

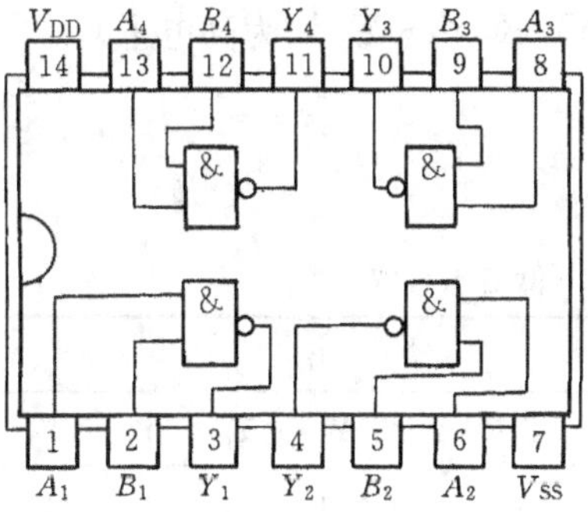

CD4012

双 4 输入与非门

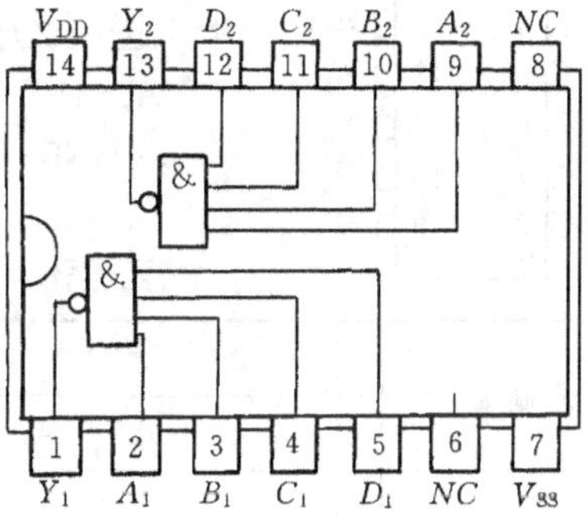

CD4001

四 2 输入或非门

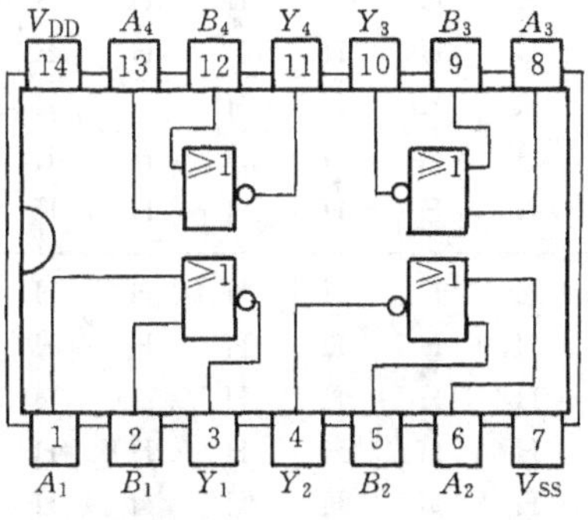

CD4002

双 4 输入或非门

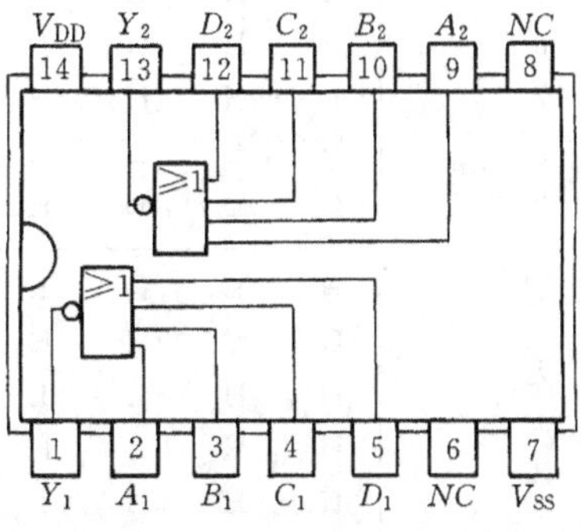

CD4069

六反相器

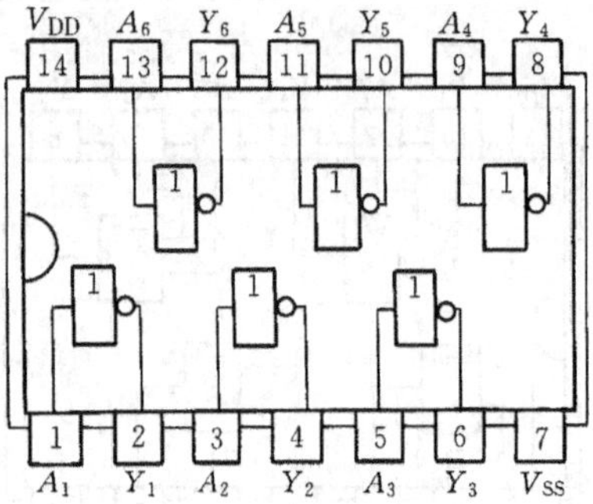

CD4079

四 2 输入异或门

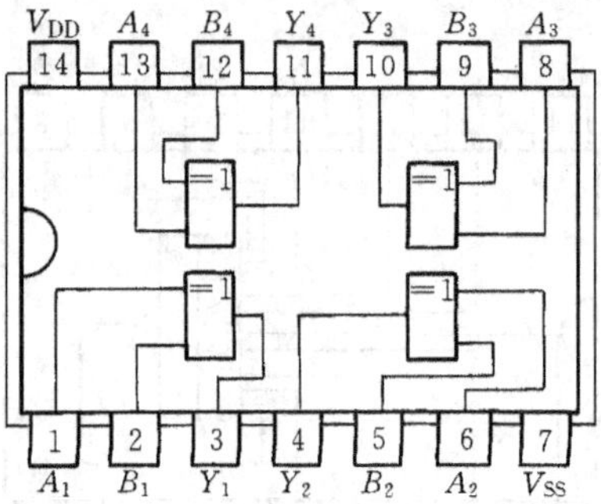

74HC42　　4 线-10 线译码器（BCD 输入）

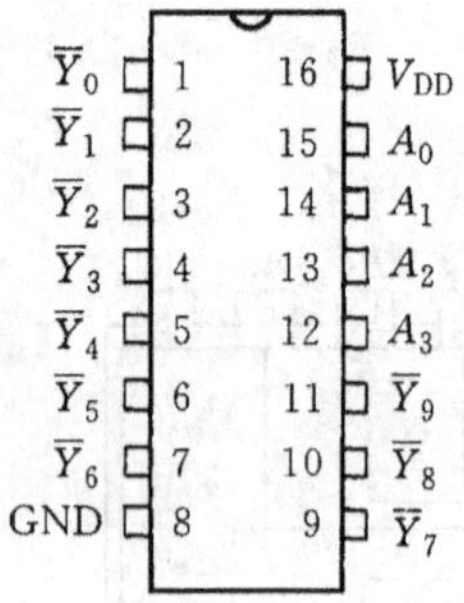

该器件有 4 个 BCD 地址输入（$A_0 \sim A_3$）和 10 个译码输出（$\overline{Y}_0 \sim \overline{Y}_9$）。$A_3$ 为最高有效位（MSB），A_0 为最低有效位（LSB）。$A_0 \sim A_3$ 可确定$\overline{Y}_0 \sim \overline{Y}_9$ 中的一个以低电平呈现；对于大于 9 的等效十六进制数输入，器件不译码（即$\overline{Y}_0 \sim \overline{Y}_9$ 均为高电平）。

$A_0 \sim A_3$—译码地址输入端

GND—地

V_{DD}—电源

$\overline{Y}_0 \sim \overline{Y}_9$—译码十进制输出端（低电平有效）

十进制数	输入				输出									
	A_3	A_2	A_1	A_0	$\overline{Y}_0$	$\overline{Y}_1$	$\overline{Y}_2$	$\overline{Y}_3$	$\overline{Y}_4$	$\overline{Y}_5$	$\overline{Y}_6$	$\overline{Y}_7$	$\overline{Y}_8$	$\overline{Y}_9$
0	L	L	L	L	L	H	H	H	H	H	H	H	H	H
1	L	L	L	H	H	L	H	H	H	H	H	H	H	H
2	L	L	H	L	H	H	L	H	H	H	H	H	H	H
3	L	L	H	H	H	H	H	L	H	H	H	H	H	H
4	L	H	L	L	H	H	H	H	L	H	H	H	H	H
5	L	H	L	H	H	H	H	H	H	L	H	H	H	H
6	L	H	H	L	H	H	H	H	H	H	L	H	H	H
7	L	H	H	H	H	H	H	H	H	H	H	L	H	H
8	H	L	L	L	H	H	H	H	H	H	H	H	L	H
9	H	L	L	H	H	H	H	H	H	H	H	H	H	L
无效	H	L	H	L	H	H	H	H	H	H	H	H	H	H
	H	L	H	H	H	H	H	H	H	H	H	H	H	H
	H	H	L	L	H	H	H	H	H	H	H	H	H	H
	H	H	L	H	H	H	H	H	H	H	H	H	H	H
	H	H	H	L	H	H	H	H	H	H	H	H	H	H
	H	H	H	H	H	H	H	H	H	H	H	H	H	H

74LS48　　4线-七段译码器/驱动器（BCD输入，有上拉电阻）

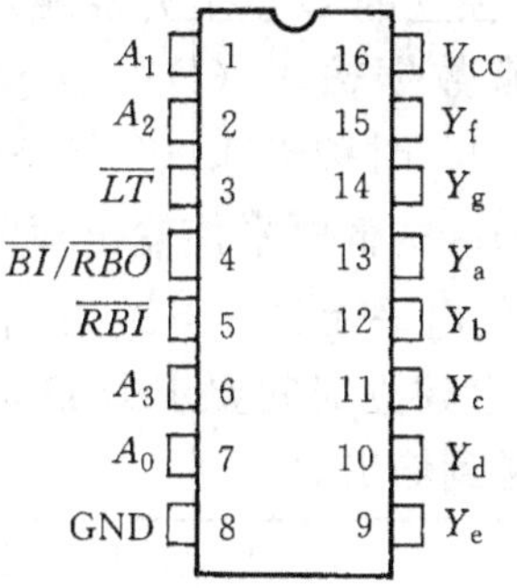

$A_0 \sim A_3$—译码地址输入端

$\overline{BI}/\overline{RBO}$—消隐输入（低电平有效）/脉冲消隐输出（低电平有效）

$\overline{LT}$—灯测试输入端（低电平有效）

$\overline{RBI}$—脉冲消隐输入端（低电平有效）

$Y_a \sim Y_g$—段输出

输出端（$Y_a \sim Y_g$）为高电平有效，可驱动灯缓冲器或共阴极VLED。

当要求输出0～15时，消隐输入（$\overline{BI}$）应为高电平或开路，对于输出0时还要求脉冲消隐输入（$\overline{RBI}$）为高电平或开路。

当$\overline{BI}$为低电平时，不管其他输入端状态如何，$Y_a \sim Y_g$均为低电平。

当$\overline{RBI}$和地址端（$A_0 \sim A_3$）均为低电平，并且灯测试输入端（$\overline{LT}$）为高电平时，$Y_a \sim Y_g$为低电平，脉冲消隐输出（$\overline{RBO}$）也变为低电平。

当$\overline{BI}$为高电平或开路时，$\overline{LT}$为低电平可使$Y_a \sim Y_g$均为高电平。

48与248的引出端排列、功能和电特性分别相同，差别仅在显示的字形6和9，48为6 9，248为6 9。

十进数或功能	输入						$\overline{BI}/\overline{RBO}$	输出							字形
	$\overline{LT}$	$\overline{RBI}$	A_3	A_2	A_1	A_0		Y_a	Y_b	Y_c	Y_d	Y_e	Y_f	Y_g	
0	H	H	L	L	L	L	H	H	H	H	H	H	H	L	
1	H	×	L	L	L	H	H	L	H	H	L	L	L	L	
2	H	×	L	L	H	L	H	H	H	L	H	H	L	H	
3	H	×	L	L	H	H	H	L	H	H	H	L	L	H	
4	H	×	L	H	L	L	H	L	H	H	L	L	H	H	
5	H	×	L	H	L	H	H	H	L	H	H	L	H	H	
6	H	×	L	H	H	L	H	L	L	H	H	H	H	H	
7	H	×	L	H	H	H	H	H	H	H	L	L	L	L	
8	H	×	H	L	L	L	H	H	H	H	H	H	H	H	
9	H	×	H	L	L	H	H	H	H	H	L	L	H	H	
10	H	×	H	L	H	L	H	L	L	L	H	H	L	H	
11	H	×	H	L	H	H	H	L	L	H	H	L	L	H	
12	H	×	H	H	L	L	H	L	H	L	L	L	H	H	
13	H	×	H	H	L	H	H	H	L	L	H	L	H	H	
14	H	×	H	H	H	L	H	L	L	L	H	H	H	H	
15	H	×	H	H	H	H	H	L	L	L	L	L	L	L	
消隐灭	×	×	×	×	×	×	L	L	L	L	L	L	L	L	
零输入	H	L	L	L	L	L	L	L	L	L	L	L	L	L	
灯测试	L	×	×	×	×	×	H	H	H	H	H	H	H	H	

74HC74　双上升沿 D 触发器（有预置、清除端）

该器件内含两个独立的 D 型上升沿触发的触发器，每个触发器有数据输入（D）、置位输入（$\overline{S}_D$）、复位输入（$\overline{R}_D$）、时钟输入（*CP*）和数据输出（*Q*、$\overline{Q}$）。$\overline{S}_D$ 或$\overline{R}_D$ 的低电平使输出预置或清除，而与其他输入端的电平无关。当$\overline{S}_D$ 和$\overline{R}_D$ 均无效（高电平）时，符合建立时间要求的 *D* 数据在 *CP* 上升沿作用下传送到输出端。

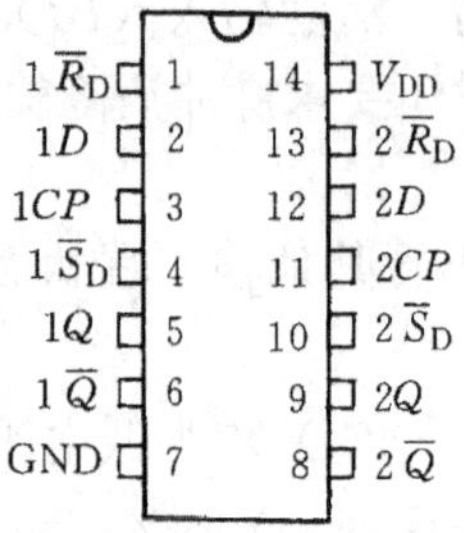

CP—时钟输入端
D—数据输入端
GND—地
Q、$\overline{Q}$—数据输出端
$\overline{R}_D$—直接复位端（低电平有效）
$\overline{S}_D$—直接置位端（低电平有效）
V_{DD}—电源

输　入				输　出	
$\overline{S}_D$	$\overline{R}_D$	*CP*	*D*	*Q*	$\overline{Q}$
L	H	×	×	H	L
H	L	×	×	L	H
L	L	×	×	H①	H①
H	H	↑	H	H	L
H	H	↑	L	L	H
H	H	L	×	Q_0	$\overline{Q}_0$

① 当$\overline{S}_D$ 和$\overline{R}_D$ 变为高电平时，输出状态不确定。

74HC76　双主从 JK 触发器（有预置和清除）

HC76 为主从型的 JK 型触发器，当复位端（$\overline{R}_D$）为低电平时，输出端（*Q*）为低电平，当置位端（$\overline{S}_D$）为低电平时，输出端（*Q*）为高电平。

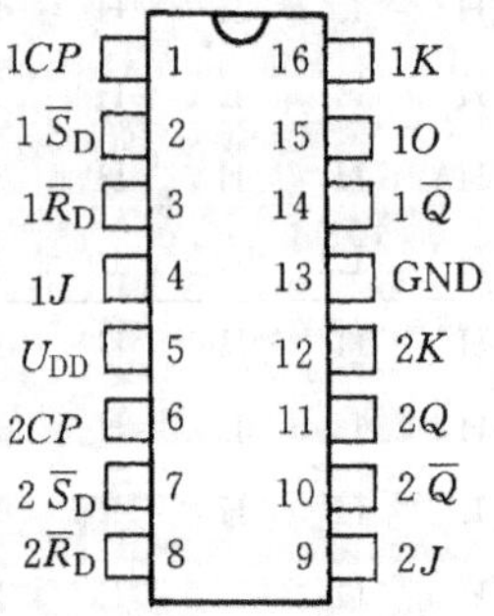

CP—时钟输入端
J—数据输入端
K—数据输入端
Q、$\overline{Q}$—数据输出端
$\overline{R}_D$—直接复位端
$\overline{S}_D$—直接置位端

输　入					输　出	
$\overline{S}_D$	$\overline{R}_D$	*CP*	*J*	*K*	*Q*	$\overline{Q}$
L	H	×	×	×	H	L
H	L	×	×	×	L	H
L	L	×	×	×	H	H
H	H	↓	L	L	Q_0	$\overline{Q}_0$
H	H	↓	H	L	H	L
H	H	↓	L	H	L	H
H	H	↓	H	H	触	发
H	H	H	×	×	Q_0	$\overline{Q}_0$

74HC85　　4位数值比较器

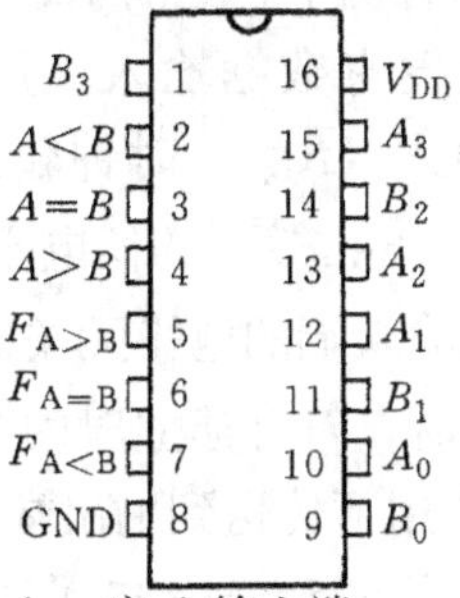

$A_0 \sim A_3$—字A输入端
$A>B$—A大于B级联输入端
$A=B$—A等于B级联输入端
$A<B$—A小于B级联输入端
$B_0 \sim B_3$—字B输入端
$F_{A>B}$—A大于B判断输出端
$F_{A=B}$—A等于B判断输出端
$F_{A<B}$—A小于B判断输出端
GND—地
V_{DD}—电源

该器件有8个比较输入（$A_0 \sim A_3$、$B_0 \sim B_3$）、三个级联输入（$A<B$、$A=B$、$A>B$）和三个判断输出（$F_{A<B}$、$F_{A=B}$、$F_{A>B}$）。该器件可对两个4位字（$A_0 \sim A_3$、$B_0 \sim B_3$）进行比较，比较结果在$F_{A<B}$、$F_{A=B}$、$F_{A>B}$端以高电平呈现。只有当字A等于字B时，三个级联输入才可决定输出状态，并且$A=B$端优先于$A<B$和$A>B$端。若将多个HC85级联，则可比较大于4位的两个字，此时低位级的判断输出（$F_{A<B}$、$F_{A=B}$、$F_{A>B}$）应分别接到下一级的级联输入（$A<B$、$A=B$、$A>B$），并且最低位级的$A<B$和$A>B$接地、$A=B$接V_{DD}。

输入				输出					
A_3，B_3	A_2，B_2	A_1，B_1	A_0，B_0	$A>B$	$A<B$	$A=B$	$F_{A>B}$	$F_{A<B}$	$F_{A=B}$
A_3大于B_3	×	×	×	×	×	×	H	L	L
A_3小于B_3	×	×	×	×	×	×	L	H	L
A_3等于B_3	A_2大于B_2	×	×	×	×	×	H	L	L
A_3等于B_3	A_2小于B_2	×	×	×	×	×	L	H	L
A_3等于B_3	A_2等于B_2	A_1大于B_1	×	×	×	×	H	L	L
A_3等于B_3	A_2等于B_2	A_1小于B_1	×	×	×	×	L	H	L
A_3等于B_3	A_2等于B_2	A_1等于B_1	A_0大于B_0	×	×	×	H	L	L
A_3等于B_3	A_2等于B_2	A_1等于B_1	A_0小于B_0	×	×	×	L	H	L
A_3等于B_3	A_2等于B_2	A_1等于B_1	A_0等于B_0	H	L	L	H	L	L
A_3等于B_3	A_2等于B_2	A_1等于B_1	A_0等于B_0	L	H	L	L	H	L
A_3等于B_3	A_2等于B_2	A_1等于B_1	A_0等于B_0	×	×	H	L	L	H
A_3等于B_3	A_2等于B_2	A_1等于B_1	A_0等于B_0	H	H	L	L	L	L
A_3等于B_3	A_2等于B_2	A_1等于B_1	A_0等于B_0	L	L	L	H	H	L

74HC112　　双下降沿 JK 触发器（有预置、清除端）

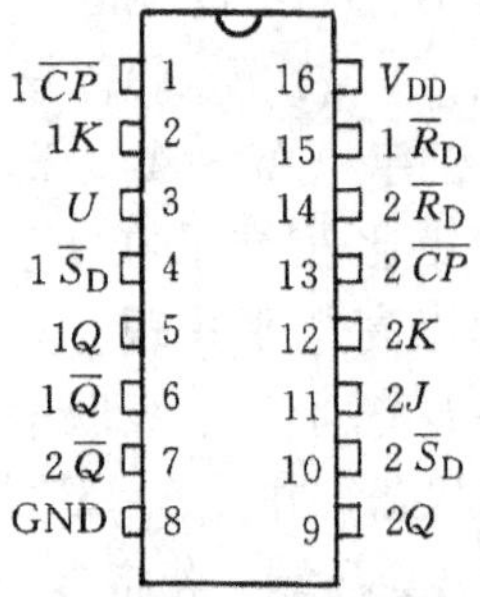

HC112 内含两个独立的 JK 下降沿触发的触发器，每个触发器有数据输入（J、K）、置位输入（$\overline{S}_D$）、复位输入（$\overline{R}_D$）、时钟输入（$\overline{CP}$）和数据输出（Q、$\overline{Q}$）。$\overline{S}_D$ 或$\overline{R}_D$ 的低电平使输出预置或清除，而与其他输入端的电平无关。当$\overline{S}_D$ 和$\overline{R}_D$ 均无效（高电平）时，符合建立时间要求的 J 和$\overline{K}$数据在$\overline{CP}$下降沿作用下传送到输出端。

当把 J 和 K 一起接高电平时，该触发器可作为 T 触发器使用。

$\overline{CP}$—时钟输入端（下降沿有效）
GND—地
J—数据输入端
K—数据输入端
Q、$\overline{Q}$—数据输出端
$\overline{R}_D$—直接复位端（低电平有效）
$\overline{S}_D$—直接置位端（低电平有效）
V_{DD}—电源

输　入					输　出	
$\overline{S}_D$	$\overline{R}_D$	$\overline{CP}$	J	K	Q	$\overline{Q}$
L	H	×	×	×	H	L
H	L	×	×	×	L	H
L	L	×	×	×	H	H
H	H	↓	L	L	Q_0	$\overline{Q}_0$
H	H	↓	H	L	H	L
H	H	↓	L	H	L	H
H	H	↓	H	H	$\overline{Q}_0$	Q_0
H	H	H	×	×	Q_0	$\overline{Q}_0$

74LS121　　单稳态触发器（有施密特触发器）

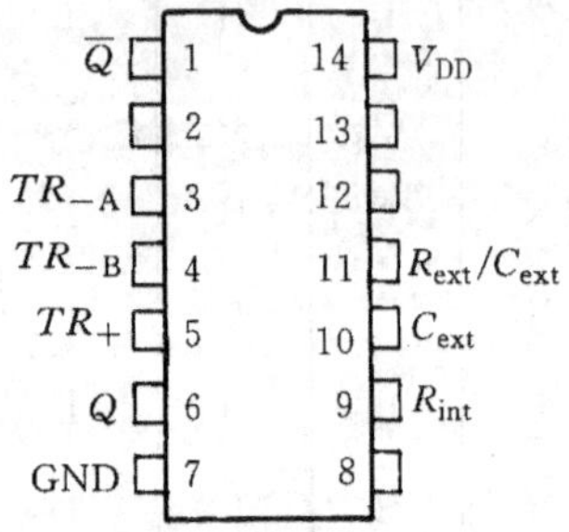

LS121 经触发后，输出（Q、$\overline{Q}$）就不受输入（TR_- TR_+）跳变的影响，而仅与定时元件（C_{ext}、R_{ext}）有关。在全温度和 V_{CC} 范围内。输出脉冲宽度为：$t_{WQ}=C_{ext}\cdot R_T\cdot \ln 2\approx 0.7C_{ext}\cdot R_T$。

C_{ext}—外接电容端　　R_{int}—内电阻端
Q—正脉冲输出端　　TR_+—正触发输入端
$\overline{Q}$—负脉冲输出端　　TR_{-A}，TR_{-B}—负触发输入端
R_{ext}/C_{ext}—外接电阻/电容端

输　入			输　出		输　入			输　出	
TR_{-A}	TR_{-B}	TR_+	Q	$\overline{Q}$	TR_{-A}	TR_{-B}	TR_+	Q	$\overline{Q}$
L	×	H	L	H	↓	H	H	⎍	⊔
×	L	H	L	H	↓	↓	H	⎍	⊔
×	×	L	L	H	L	×	↑	⎍	⊔
H	H	×	L	H	×	L	↑	⎍	⊔
H	↓	H	⎍	⊔					

74HC138　　3 线-8 线译码器

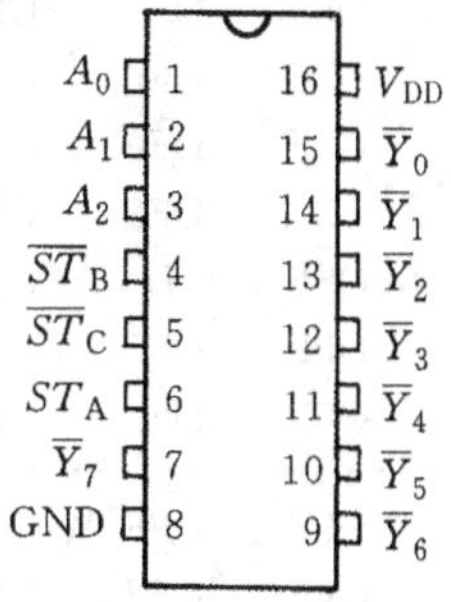

HC138 有三个地址输入（$A_0 \sim A_2$）、三个选通输入（ST_A、$\overline{ST}_B$、$\overline{ST}_C$）和八个输出（$\overline{Y}_0 \sim \overline{Y}_7$）。当 ST_A 为高电平、$\overline{ST}_B$ 和$\overline{ST}_C$ 为低电平时器件被选通，$A_0 \sim A_2$ 可确定$\overline{Y}_0 \sim \overline{Y}_7$ 中的一个以低电平呈现；对于 ST_A、$\overline{ST}_B$、$\overline{ST}_C$ 的其他任何组合，$\overline{Y}_0 \sim \overline{Y}_7$ 均为高电平。

利用 ST_A、$\overline{ST}_B$ 和$\overline{ST}_C$，可级联扩展为 24 线译码器；若外接一个反相器还可级联扩展为 32 线译码器。当将一个选通端作为数据输入而另外两个选通端保持其有效时，该器件还可作为多路分配器使用。

$A_0 \sim A_2$—地址输入端

GND—地

ST_A—选通端

$\overline{ST}_B$、$\overline{ST}_C$—选通端（低电平有效）

V_{DD}—电源

$\overline{Y}_0 \sim \overline{Y}_7$—输出端（低电平有效）

输入						输出							
ST_A	$\overline{ST}_B$	$\overline{ST}_C$	A_2	A_1	A_0	$\overline{Y}_0$	$\overline{Y}_1$	$\overline{Y}_2$	$\overline{Y}_3$	$\overline{Y}_4$	$\overline{Y}_5$	$\overline{Y}_6$	$\overline{Y}_7$
×	H	×	×	×	×	H	H	H	H	H	H	H	H
×	×	H	×	×	×	H	H	H	H	H	H	H	H
L	×	×	×	×	×	H	H	H	H	H	H	H	H
H	L	L	L	L	L	L	H	H	H	H	H	H	H
H	L	L	L	L	H	H	L	H	H	H	H	H	H
H	L	L	L	H	L	H	H	L	H	H	H	H	H
H	L	L	L	H	H	H	H	H	L	H	H	H	H
H	L	L	H	L	L	H	H	H	H	L	H	H	H
H	L	L	H	L	H	H	H	H	H	H	L	H	H
H	L	L	H	H	L	H	H	H	H	H	H	L	H
H	L	L	H	H	H	H	H	H	H	H	H	H	L

74LS145　　4 线-10 线译码器/驱动器（BCD 输入，OC）

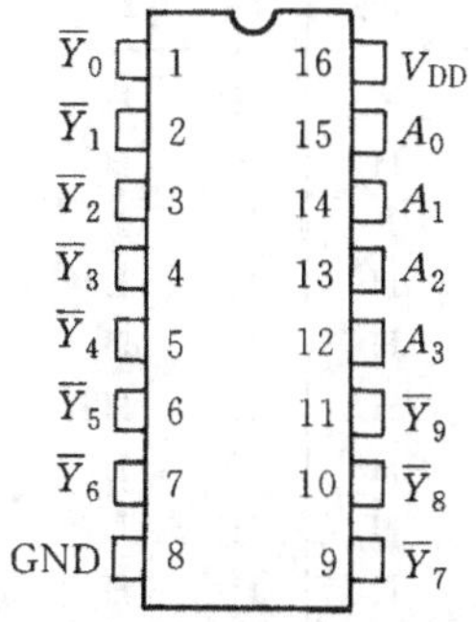

地址端（$A_0 \sim A_3$）按 BCD 码编码，在输出端（$\overline{Y}_0 \sim \overline{Y}_9$）以低电平译出。当 $A_0 \sim A_3$ 为无效的输入状态时，$\overline{Y}_0 \sim \overline{Y}_9$ 均截止。

$A_0 \sim A_3$—译码地址输入端

$\overline{Y}_0 \sim \overline{Y}_9$—十进制输出端（低电平有效）

输入				输出									
A_3	A_2	A_1	A_0	$\overline{Y}_0$	$\overline{Y}_1$	$\overline{Y}_2$	$\overline{Y}_3$	$\overline{Y}_4$	$\overline{Y}_5$	$\overline{Y}_6$	$\overline{Y}_7$	$\overline{Y}_8$	$\overline{Y}_9$
L	L	L	L	L	OFF	OFF	OFF	OFF	OFF	OFF	OFF	OFF	OFF
L	L	L	H	OFF	L	OFF	OFF	OFF	OFF	OFF	OFF	OFF	OFF
L	L	H	L	OFF	OFF	L	OFF	OFF	OFF	OFF	OFF	OFF	OFF
L	L	H	H	OFF	OFF	OFF	L	OFF	OFF	OFF	OFF	OFF	OFF
L	H	L	L	OFF	OFF	OFF	OFF	L	OFF	OFF	OFF	OFF	OFF
L	H	L	H	OFF	OFF	OFF	OFF	OFF	L	OFF	OFF	OFF	OFF
L	H	H	L	OFF	OFF	OFF	OFF	OFF	OFF	L	OFF	OFF	OFF
L	H	H	H	OFF	OFF	OFF	OFF	OFF	OFF	OFF	L	OFF	OFF
H	L	L	L	OFF	OFF	OFF	OFF	OFF	OFF	OFF	OFF	L	OFF
H	L	L	H	OFF	OFF	OFF	OFF	OFF	OFF	OFF	OFF	OFF	L
H	L	H	L	OFF	OFF	OFF	OFF	OFF	OFF	OFF	OFF	OFF	OFF
H	L	H	H	OFF	OFF	OFF	OFF	OFF	OFF	OFF	OFF	OFF	OFF
H	H	L	L	OFF	OFF	OFF	OFF	OFF	OFF	OFF	OFF	OFF	OFF
H	H	L	H	OFF	OFF	OFF	OFF	OFF	OFF	OFF	OFF	OFF	OFF
H	H	H	L	OFF	OFF	OFF	OFF	OFF	OFF	OFF	OFF	OFF	OFF
H	H	H	H	OFF	OFF	OFF	OFF	OFF	OFF	OFF	OFF	OFF	OFF

74HC148　　8 线-3 线优先编码器

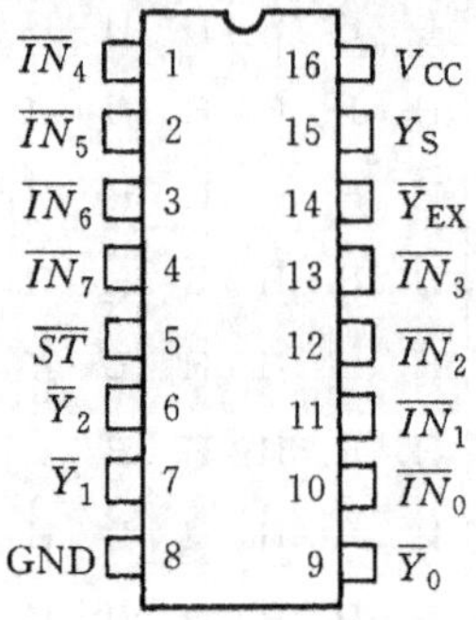

将 8 条数据线（$\overline{IN}_0$～$\overline{IN}_7$）进行 3 线（4-2-1）二进制（八进制）优先编码，即对最高位数据线进行译码。

利用选通端（$\overline{ST}$）和输出选通端（Y_S）可进行八进制扩展。

$\overline{IN}_0$～$\overline{IN}_7$—编码输入端（低电平有效）

$\overline{ST}$—选通输入端（低电平有效）

$\overline{Y}_0$～$\overline{Y}_2$—编码输出端（低电平有效）

$\overline{Y}_{EX}$—扩展端（低电平有效）

Y_S—选通输出端

输入									输出				
$\overline{ST}$	$\overline{IN}_0$	$\overline{IN}_1$	$\overline{IN}_2$	$\overline{IN}_3$	$\overline{IN}_4$	$\overline{IN}_5$	$\overline{IN}_6$	$\overline{IN}_7$	$\overline{Y}_2$	$\overline{Y}_1$	$\overline{Y}_0$	$\overline{Y}_{EX}$	Y_S
H	×	×	×	×	×	×	×	×	H	H	H	H	H
L	H	H	H	H	H	H	H	H	H	H	H	H	L
L	×	×	×	×	×	×	×	L	L	L	L	L	H
L	×	×	×	×	×	×	L	H	L	L	H	L	H
L	×	×	×	×	×	L	H	H	L	H	L	L	H
L	×	×	×	×	L	H	H	H	L	H	H	L	H
L	×	×	×	L	H	H	H	H	H	L	L	L	H
L	×	×	L	H	H	H	H	H	H	L	H	L	H
L	×	L	H	H	H	H	H	H	H	H	L	L	H
L	L	H	H	H	H	H	H	H	H	H	H	L	H

74LS150　　16 选 1 数据选择器（有选通输入端，反码输出）

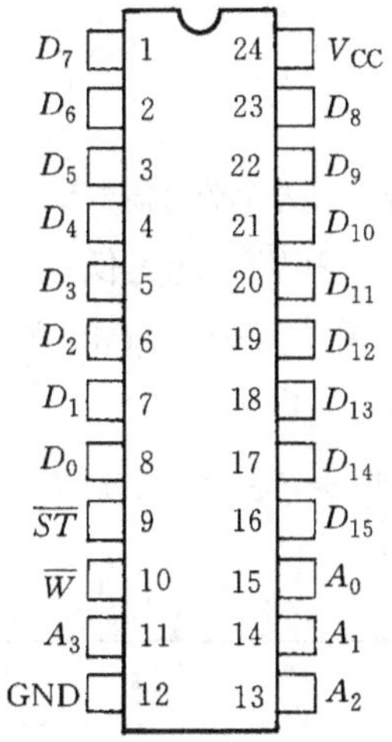

$A_0 \sim A_3$—选择输入端
$D_0 \sim D_{15}$—数据输入端
$\overline{ST}$—选通输入端（低电平有效）
$\overline{W}$—反码数据输出端

数据选择端（$A_0 \sim A_3$）按二进制译码，以从 16 个数据（$D_0 \sim D_{15}$）中选取 1 个所需的数据。只有在选通端（$\overline{ST}$）为低电平时才可选择数据。

输出端（$\overline{W}$）为反码数据。

输入					输出
A_3	A_2	A_1	A_0	$\overline{ST}$	$\overline{W}$
×	×	×	×	H	H
L	L	L	L	L	$\overline{D}_0$
L	L	L	H	L	$\overline{D}_1$
L	L	H	L	L	$\overline{D}_2$
L	L	H	H	L	$\overline{D}_3$
L	H	L	L	L	$\overline{D}_4$
L	H	L	H	L	$\overline{D}_5$
L	H	H	L	L	$\overline{D}_6$
L	H	H	H	L	$\overline{D}_7$
H	L	L	L	L	$\overline{D}_8$
H	L	L	H	L	$\overline{D}_9$
H	L	H	L	L	$\overline{D}_{10}$
H	L	H	H	L	$\overline{D}_{11}$
H	H	L	L	L	$\overline{D}_{12}$
H	H	L	H	L	$\overline{D}_{13}$
H	H	H	L	L	$\overline{D}_{14}$
H	H	H	H	L	$\overline{D}_{15}$

74HC151　　8 选 1 数据选择器（有选通输入端，互补输出）

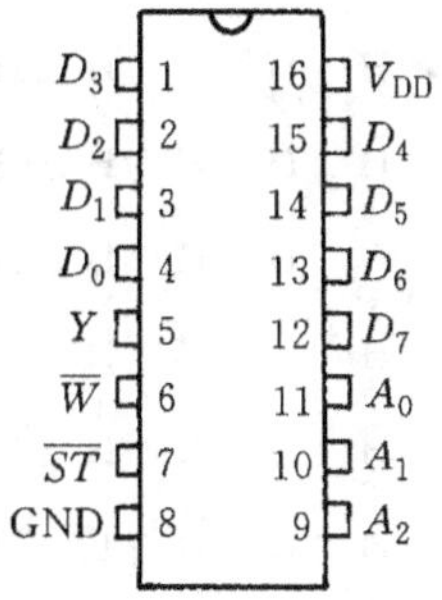

$A_0 \sim A_2$—地址输入端
$D_0 \sim D_7$—数据输入端
GND—地
$\overline{ST}$—选通输入端（低电平有效）
V_{DD}—电源
$\overline{W}$—数据输出端
Y—数据输出端

HC151 有 8 个数据输入（$D_0 \sim D_7$）、三个地址输入（$A_0 \sim A_2$）、一个选通输入（$\overline{ST}$）和两个互补输出（Y、$\overline{W}$）。$A_0 \sim A_2$ 的状态可以确定 $D_0 \sim D_7$ 中的一个数据被选中，并在 Y、$\overline{W}$输出。只有当$\overline{ST}$为低电平时，Y、$\overline{W}$才能输出被选数据。

输入				输出	
A_2	A_1	A_0	$\overline{ST}$	Y	$\overline{W}$
×	×	×	H	L	H
L	L	L	L	d_0	$\overline{d}_0$
L	L	H	L	d_1	$\overline{d}_1$
L	H	L	L	d_2	$\overline{d}_2$
L	H	H	L	d_3	$\overline{d}_3$
H	L	L	L	d_4	$\overline{d}_4$
H	L	H	L	d_5	$\overline{d}_5$
H	H	L	L	d_6	$\overline{d}_6$
H	H	H	L	d_7	$\overline{d}_7$

74HC154　　4 线-16 线译码器

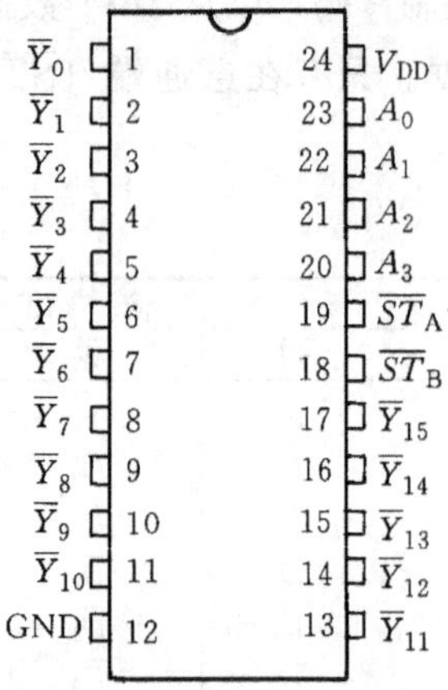

$A_0 \sim A_3$—地址输入端
GND—地
$\overline{ST}_A$、$\overline{ST}_B$—选通端（低电平有效）
V_{DD}—电源
$\overline{Y}_0 \sim \overline{Y}_{15}$—输出端（低电平有效）

HC154 有 4 个地址输入（$A_0 \sim A_3$）、两个选通输入（$\overline{ST}_A$、$\overline{ST}_B$）和十六个输出（$\overline{Y}_0 \sim \overline{Y}_{15}$）。当$\overline{ST}_A$ 和$\overline{ST}_B$ 均为低电平时器件被选通，$A_0 \sim A_3$ 可确定（$\overline{Y}_0 \sim \overline{Y}_{15}$）中的一个以低电平呈现。当$\overline{ST}_A$ 或$\overline{ST}_B$ 为高电平时，$\overline{Y}_0 \sim \overline{Y}_{15}$ 均为高电平。

当将$\overline{ST}_A$ 和$\overline{ST}_B$ 中的一个作为数据输入、另一个保持低电平时，该器件可作为多路分配器使用。

输入						输出															
$\overline{ST}_A$	$\overline{ST}_B$	A_3	A_2	A_1	A_0	$\overline{Y}_0$	$\overline{Y}_1$	$\overline{Y}_2$	$\overline{Y}_3$	$\overline{Y}_4$	$\overline{Y}_5$	$\overline{Y}_6$	$\overline{Y}_7$	$\overline{Y}_8$	$\overline{Y}_9$	$\overline{Y}_{10}$	$\overline{Y}_{11}$	$\overline{Y}_{12}$	$\overline{Y}_{13}$	$\overline{Y}_{14}$	$\overline{Y}_{15}$
L	L	L	L	L	L	L	H	H	H	H	H	H	H	H	H	H	H	H	H	H	H
L	L	L	L	L	H	H	L	H	H	H	H	H	H	H	H	H	H	H	H	H	H
L	L	L	L	H	L	H	H	L	H	H	H	H	H	H	H	H	H	H	H	H	H
L	L	L	L	H	H	H	H	H	L	H	H	H	H	H	H	H	H	H	H	H	H
L	L	L	H	L	L	H	H	H	H	L	H	H	H	H	H	H	H	H	H	H	H
L	L	L	H	L	H	H	H	H	H	H	L	H	H	H	H	H	H	H	H	H	H
L	L	L	H	H	L	H	H	H	H	H	H	L	H	H	H	H	H	H	H	H	H
L	L	L	H	H	H	H	H	H	H	H	H	H	L	H	H	H	H	H	H	H	H
L	L	H	L	L	L	H	H	H	H	H	H	H	H	L	H	H	H	H	H	H	H
L	L	H	L	L	H	H	H	H	H	H	H	H	H	H	L	H	H	H	H	H	H
L	L	H	L	H	L	H	H	H	H	H	H	H	H	H	H	L	H	H	H	H	H
L	L	H	L	H	H	H	H	H	H	H	H	H	H	H	H	H	L	H	H	H	H
L	L	H	H	L	L	H	H	H	H	H	H	H	H	H	H	H	H	L	H	H	H
L	L	H	H	L	H	H	H	H	H	H	H	H	H	H	H	H	H	H	L	H	H
L	L	H	H	H	L	H	H	H	H	H	H	H	H	H	H	H	H	H	H	L	H
L	L	H	H	H	H	H	H	H	H	H	H	H	H	H	H	H	H	H	H	H	L
L	H	×	×	×	×	H	H	H	H	H	H	H	H	H	H	H	H	H	H	H	H
H	L	×	×	×	×	H	H	H	H	H	H	H	H	H	H	H	H	H	H	H	H
H	H	×	×	×	×	H	H	H	H	H	H	H	H	H	H	H	H	H	H	H	H

74HC161　　4位二进制同步计数器（异步清除）

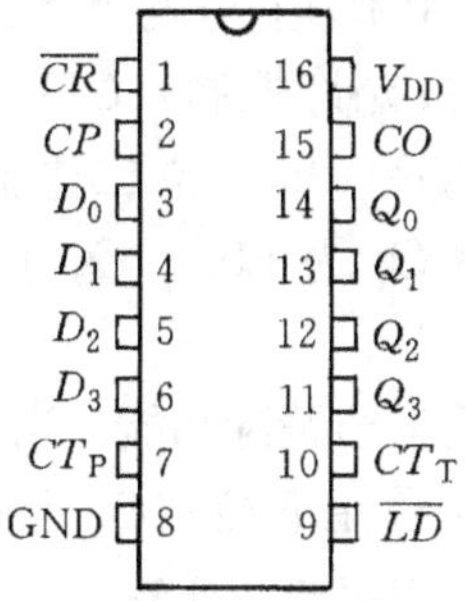

输入									输出			
CP	$\overline{CR}$	CT_P	CT_T	$\overline{LD}$	D_0	D_1	D_2	D_3	Q_0	Q_1	Q_2	Q_3
×	L	×	×	×	×	×	×	×	L	L	L	L
×	H	H	L	H	×	×	×	×	禁止计数和进位			
×	H	L	H	H	×	×	×	×	禁止计数			
×	H	L	L	H	×	×	×	×	禁止计数和进位			
↑	H	×	×	L	d_0	d_1	d_2	d_3	d_0	d_1	d_2	d_3
↑	H	H	H	H	×	×	×	×	加计数			

CO——进位输出端

CP—时钟输入端

$\overline{CR}$—清除端（低电平有效）

CT_P、CT_T—计数允许控制端

$D_0 \sim D_3$—预置数据输入端

GND—地

$\overline{LD}$—预置数据控制端（低电平有效）

$Q_0 \sim Q_3$—计数输出端

V_{DD}—电源

HC161有4个并行预置数据输入（$D_0 \sim D_3$，其中D_0为最低有效位LSB、D_3为最高有效位MSB）。一个低电平有效的预置数据控制（$\overline{LD}$）、一个低电平有效的清除输入（$\overline{CR}$）、两个计数允许控制（CT_P、CT_T）、一个时钟输入（CP）和4位二进制计数输出（$Q_0 \sim Q_3$，其中Q_0为LSB、Q_3为MSB）、串行进位输出（CO）。

HC161具有异步清除功能。当$\overline{CR}$为低电平时，$Q_0 \sim Q_3$均为低电平，而与CP状态无关。

该器件具有同步置数功能。当$\overline{LD}$为低电平时计数功能被禁止，在CP上升沿作用下$D_0 \sim D_3$的数据被置入计数器并呈现在$Q_0 \sim Q_3$。

该器件的计数是同步的。器件的计数由CT_P和CT_T控制（CT_T还控制CO输出），当CT_P和CT_T均为高电平时，在CP上升沿作用下，$Q_0 \sim Q_3$同时变化。当器件计数到最大（$Q_3Q_2Q_1Q_0$为1111）时，CO输出一个高电平脉冲，其持续时间近似等于Q_0的高电平部分。

利用CT_P、CT_T和CO可级联成N位同步计数器，CO的高电平输出脉冲可用作各级联级的允许控制。

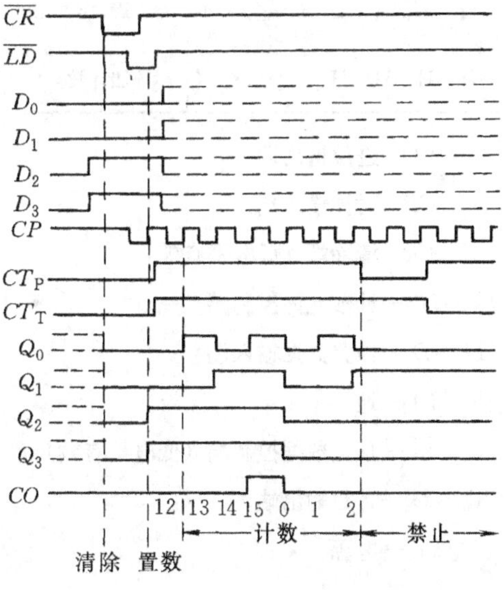

74HC163　　4 位二进制同步计数器（同步清除）

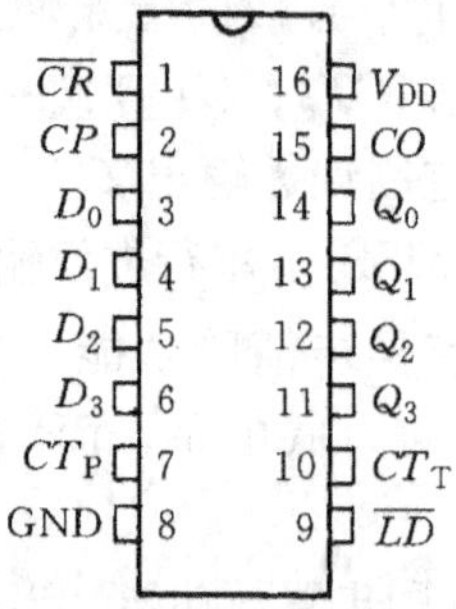

输入									输出			
CP	$\overline{CR}$	CT_P	CT_T	$\overline{LD}$	D_0	D_1	D_2	D_3	Q_0	Q_1	Q_2	Q_3
↑	L	×	×	×	×	×	×	×	L	L	L	L
×	H	H	L	H	×	×	×	×	禁止计数和进位			
×	H	L	H	H	×	×	×	×	禁止计数			
×	H	L	L	H	×	×	×	×	禁止计数和进位			
↑	H	×	×	L	d_0	d_1	d_2	d_3	d_0	d_1	d_2	d_3
↑	H	H	H	H	×	×	×	×	加计数			

CO—进位输出端

CP—时钟输入端

$\overline{CR}$—清除端（低电平有效）

CT_P、CT_T—计数允许控制端

$D_0 \sim D_3$—预置数据输入端

GND—地

$\overline{LD}$—预置数据控制端（低电平有效）

$Q_0 \sim Q_3$—计数输出端

V_{DD}—电源

HC163 有 4 个并行预置数据输入（$D_0 \sim D_3$，其中 D_0 为最低有效位 LSB、D_3 为最高有效位 MSB）。一个低电平有效的预置数据控制（$\overline{LD}$）、一个低电平有效的清除输入（$\overline{CR}$）、两个计数允许控制（CT_P、CT_T）、一个时钟输入（CP）和 4 位二进制计数输出（$Q_0 \sim Q_3$，其中 Q_0 为 LSB、Q_3 为 MSB）、串行进位输出（CO）。

HC163 具有同步清除功能。当$\overline{CR}$为低电平时，在 CP 上升沿作用下 $Q_0 \sim Q_3$ 为低电平。

该器件具有同步置数功能。当$\overline{LD}$为低电平时计数功能被禁止，在 CP 上升沿作用下 $D_0 \sim D_3$ 的数据被置入计数器并呈现在 $Q_0 \sim Q_3$。

该器件的计数是同步的。器件的计数由 CT_P 和 CT_T 控制（CT_T 还控制 CO 输出），当 CT_P 和 CT_T 均为高电平时，在 CP 上升沿作用下，$Q_0 \sim Q_3$ 同时变化。当器件计数到最大（$Q_3Q_2Q_1Q_0$ 为 1111）时，CO 输出一个高电平脉冲，其持续时间近似等于 Q_0 的高电平部分。

利用 CT_P、CT_T 和 CO 可级联成 N 位同步计数器，CO 的高电平输出脉冲可用作各级联级的允许控制。

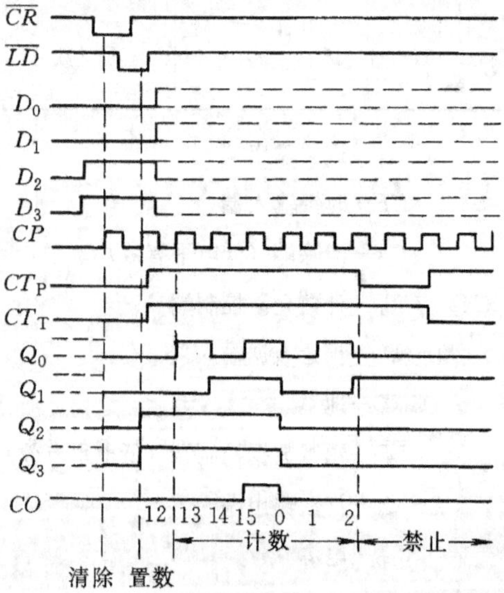

74HC164　　8位移位寄存器（串行输入，并行输出）

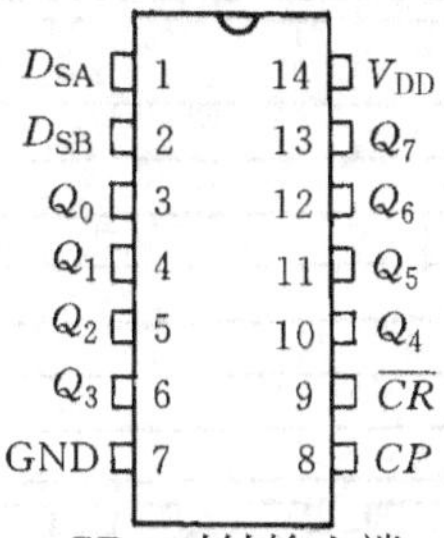

CP—时钟输入端
$\overline{CR}$—清除端（低电平有效）
D_{SA}、D_{SB}—串行数据输入端
GND—地
Q_0～Q_7—数据输出端
V_{DD}—电源

HC164有两个串行数据输入（D_{SA}、D_{SB}）、一个时钟输入（CP）、一个低电平有效的清除输入（$\overline{CR}$）和8个并行数据输出（Q_0～Q_7）。

该器件具有异步清除功能。当$\overline{CR}$为低电平时，Q_0～Q_7均为低电平，而与CP状态无关。

当D_{SA}或D_{SB}中有一个为低电平时，将禁止新数据送入，并在下一个CP上升沿作用下使Q_0变为低电平。若D_{SA}或D_{SB}中有一个为高电平，则另一个就可用来决定Q_0的状态。如果只需要一个串行数据输入端时，另一个必须接V_{DD}。当CP为高电平或低电平时，D_{SA}和D_{SB}的数据可以变化，但要满足建立时间的要求。

在CP由低电平到高电平跳变时，每一位的数据移到下一位。

输入				输出							
$\overline{CR}$	CP	D_{SA}	D_{SB}	Q_0	Q_1	Q_2	Q_3	Q_4	Q_5	Q_6	Q_7
L	×	×	×	L	L	L	L	L	L	L	L
H	L	×	×	Q_{00}	Q_{10}	Q_{20}	Q_{30}	Q_{40}	Q_{50}	Q_{60}	Q_{70}
H	↑	H	H	H	Q_{0n}	Q_{1n}	Q_{2n}	Q_{3n}	Q_{4n}	Q_{5n}	Q_{6n}
H	↑	L	×	L	Q_{0n}	Q_{1n}	Q_{2n}	Q_{3n}	Q_{4n}	Q_{5n}	Q_{6n}
H	↑	×	L	L	Q_{0n}	Q_{1n}	Q_{2n}	Q_{3n}	Q_{4n}	Q_{5n}	Q_{6n}

注：Q_{0n}～Q_{6n}为CP最近的↑前Q_0～Q_3的电平。

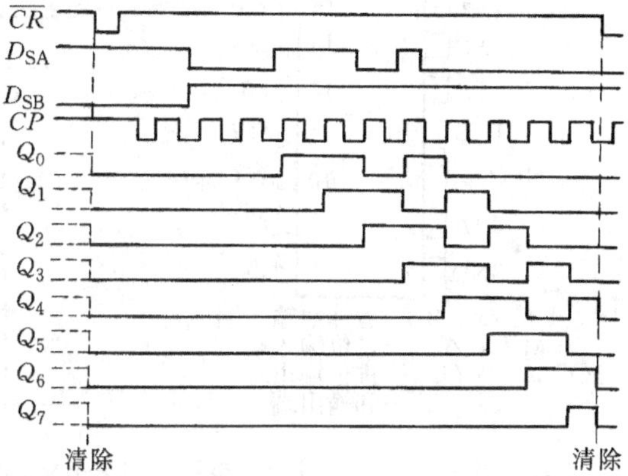

74HC165　　8位移位寄存器（串/并行输入，互补串行输出）

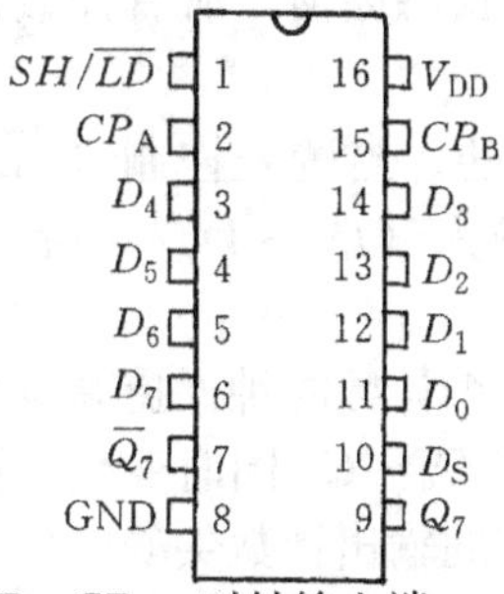

CP_A、CP_B—时钟输入端
D_0～D_7—并行数据输入端
D_S—串行数据输入端
GND—地
Q_7、$\overline{Q}_7$—数据输出端
$SH/\overline{LD}$—移位/（低电平有效）置数控制端
V_{DD}—电源

HC165有八个并行数据输入（D_0～D_7）、一个串行数据输入（D_S）、两个时钟输入（CP_A、CP_B）、一个串行移位/并行置数控制（$SH/\overline{LD}$）和两个互补数据输出（Q_7、$\overline{Q}_7$）。

CP_A和CP_B，一个作为时钟（CL）、另一个作为时钟禁止控制（INH_{CL}），两者的功能可以互换。当CP_A和CP_B中有一个为高电平（作为INH_{CL}），则另一个的时钟功能（作为CL）就被禁止；只有当INH_{CL}为低电平，CL才被允许。

该器件具有并行和串行置入数据的功能。并行置数是异步的，当$SH/\overline{LD}$为低电平时，D_0～D_7的数据输入器件，而与CP_A和CP_B的状态无关。串行置数是同步的，当$SH/\overline{LD}$为高电平时，D_S数据在CL上升沿作用下置入Q_0。

该器件具有右移功能。当$SH/\overline{LD}$为高电平时，在CL上升沿作用下除了上述将D_S置入Q_0外，同时将每一位数据移至下一位。

输入					内部输出		输出	
$SH/\overline{LD}$	CP_A	CP_B	D_S	$D_6\cdots D_7$	Q_0	$Q_1\cdots$	Q_7	$\overline{Q}_7$
L	×	×	×	$d_0\cdots d_7$	d_0	$d_1\cdots$	d_7	$\overline{d}_7$
H	L	L	×	×…×	Q_{00}	$Q_{10}\cdots$	Q_{70}	$\overline{Q}_{70}$
H	H	×	×	×…×	Q_{00}	$Q_{10}\cdots$	Q_{70}	$\overline{Q}_{70}$
H	×	H	×	×…×	Q_{00}	$Q_{10}\cdots$	Q_{70}	$\overline{Q}_{70}$
H	↑	L	L	×…×	L	$Q_{0n}\cdots$	Q_{6n}	$\overline{Q}_{6n}$
H	↑	L	H	×…×	H	$Q_{0n}\cdots$	Q_{6n}	$\overline{Q}_{6n}$
H	L	↑	L	×…×	L	$Q_{0n}\cdots$	Q_{6n}	$\overline{Q}_{6n}$
H	L	↑	H	×…×	H	$Q_{0n}\cdots$	Q_{6n}	$\overline{Q}_{6n}$

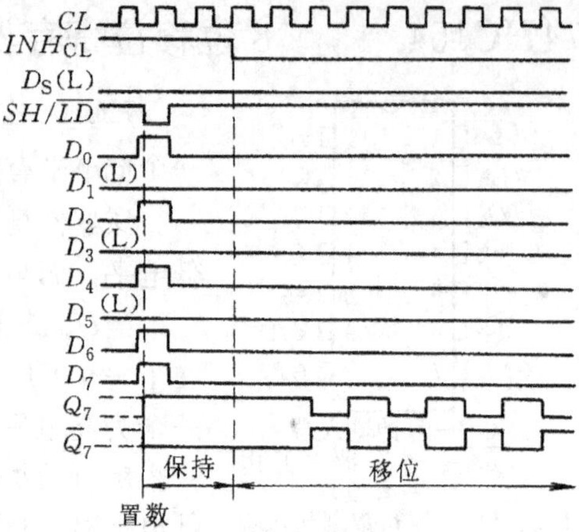

74LS183 双进位保留全加器

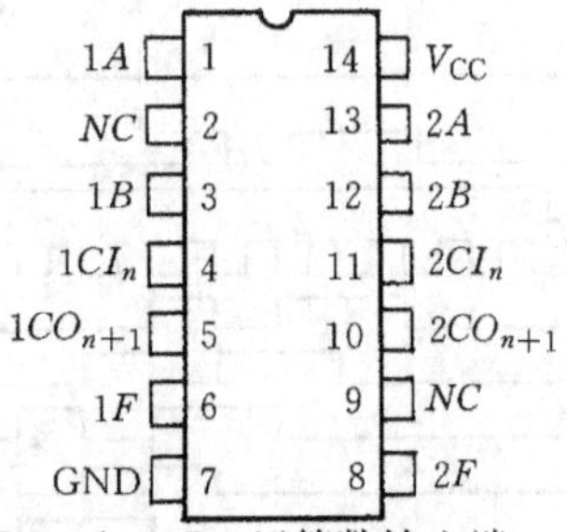

1A、1B、2A、2B—运算数输入端

$1CI_n$，$2CI_n$—进位输入端

$1CO_{n+1}$，$2CO_{n+1}$—进位输出端

1F，2F—和输出端

HC183 为两个独立的全加器。

输入			输出	
CI_n	B	A	F	CO_{n+1}
L	L	L	L	L
L	L	H	H	L
L	H	L	H	L
L	H	H	L	H
H	L	L	H	L
H	L	H	L	H
H	H	L	L	H
H	H	H	H	H

74HC192 十进制同步加减计数器（双时钟）

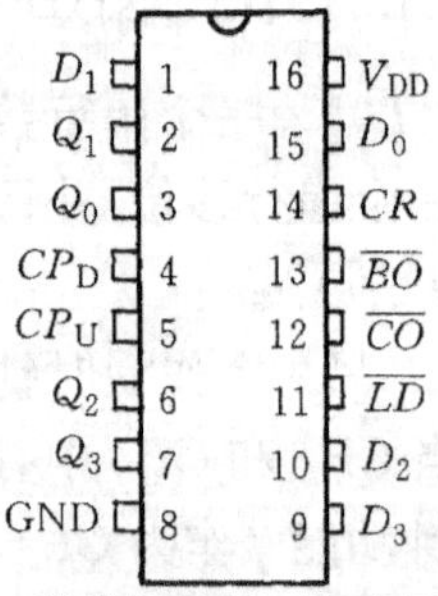

$\overline{BO}$—借位输出端（低电平有效）

$\overline{CO}$—进位输出端（低电平有效）

CP_D—减计数时钟输入端

CP_U—加计数时钟输入端

CR—清除端

$D_0\sim D_3$—预置数据输入端

GND—地

$\overline{LD}$—预置数据控制端（低电平有效）

$Q_0\sim Q_3$—计数输出端

V_{DD}—电源

HC192 具有异步清除功能。当清除（CR）为高电平时，不管计数时钟（CP_D、CP_U）状态如何，所有计数输出（$Q_0\sim Q_3$）均为低电平。

HC192 的预置功能也是异步的。当置入控制（$\overline{LD}$）为低电平时，$Q_0\sim Q_3$ 将随数据输入（$D_0\sim D_3$）一起变化，而与 CP_D 和 CP_U 无关。

该器件的计数是同步的。当一个计数时钟保持高电平时，另一个计数时钟的上升沿能使 $Q_0\sim Q_3$ 同时变化。同步计数方式消除了异步计数器常有的输出计数尖峰。

计数方向由计数时钟确定。

当计数上溢(为 9)并且 CP_U 为低电平时，进位输出($\overline{CO}$)产生一个低电平脉冲。当计数下溢(为 0)并且 CP_D 为低电平时，借位输出($\overline{BO}$)产生一个低电平脉冲。

HC192 无需外电路就能级联，分别把$\overline{BO}$和$\overline{CO}$接到后一级的 CP_D 和 CP_U 即可。

输入								输出			
CR	$\overline{LD}$	CP_U	CP_D	D_0	D_1	D_2	D_3	Q_0	Q_1	Q_2	Q_3
H	×	×	×	×	×	×	×	L	L	L	L
L	L	×	×	d_0	d_1	d_2	d_3	d_0	d_1	d_2	d_3
L	H	↑	H	×	×	×	×	加计数			
L	H	H	↑	×	×	×	×	减计数			

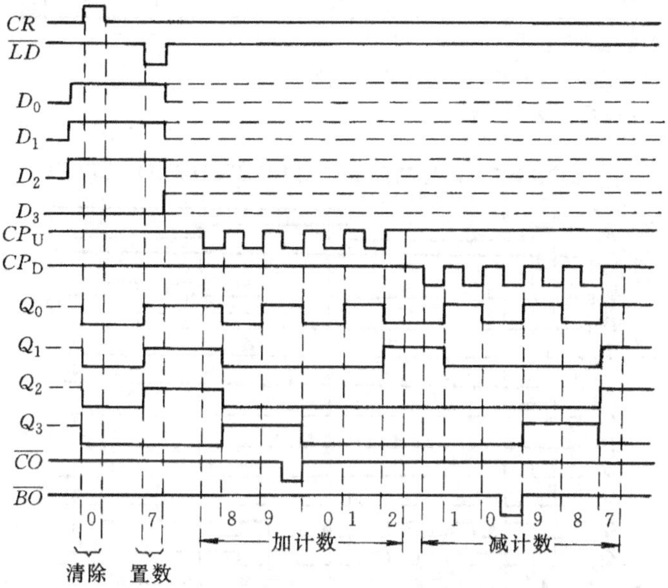

74HC194　　4 位双向移位寄存器（并行存取）

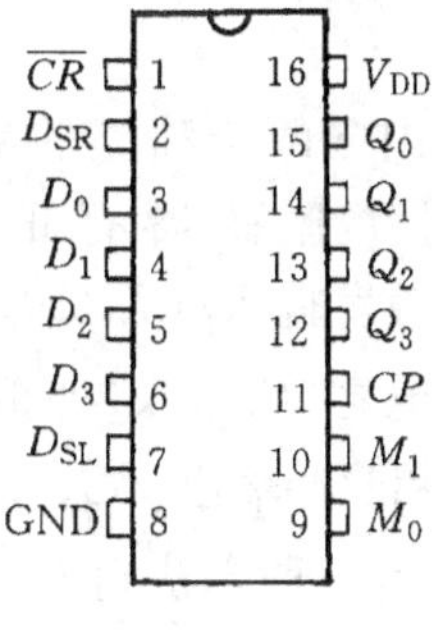

CP—时钟输入端

$\overline{CR}$—清除端（低电平有效）

$D_0 \sim D_3$—并行数据输入端

D_{SL}—左移串行数据输入端

D_{SR}—右移串行数据输入端

GND—地

M_0、M_1—工作方式选择端

$Q_0 \sim Q_3$—数据输出端

HC194 具有异步清除功能。当清除（$\overline{CR}$）为低电平时，数据输出（$Q_0 \sim Q_3$）均为低电平，而与时钟（CP）状态无关。

HC194 具有同步并行置数功能。当工作方式控制（M_0、M_1）均为高电平时，加到并行数据输入（$D_0 \sim D_3$）的数据在 CP 上升沿作用下被送到 $Q_0 \sim Q_3$。

该器件具有双向移位功能。当 M_0 为高电平、M_1 为低电平时，在 CP 上升沿作用下，器件进行右移操作（Q_0 向 Q_3 方向），数据从右移串行数据输入（D_{SR}）送入。当 M_0 为低电平、M_1 为高电平时，在 CP 上升沿作用下，器件进行左移操作（Q_3 向 Q_0 方向），数据从左移串行数据输入（D_{SL}）送入。

当 M_0 和 M_1 均为低电平时，$Q_0 \sim Q_3$ 不变。

输入										输出			
$\overline{CR}$	M_1	M_0	CP	D_{SL}	D_{SR}	D_0	D_1	D_2	D_3	Q_0	Q_1	Q_2	Q_3
L	×	×	×	×	×	×	×	×	×	L	L	L	L
H	H	H	↑	×	×	d_0	d_1	d_2	d_3	d_0	d_1	d_2	d_3
H	L	H	↑	×	H	×	×	×	×	H	Q_{0n}	Q_{1n}	Q_{2n}
H	L	H	↑	×	L	×	×	×	×	L	Q_{0n}	Q_{1n}	Q_{2n}
H	H	L	↑	H	×	×	×	×	×	Q_{1n}	Q_{2n}	Q_{3n}	H
H	H	L	↑	L	×	×	×	×	×	Q_{1n}	Q_{2n}	Q_{3n}	L
H	L	L	×	×	×	×	×	×	×	Q_{00}	Q_{10}	Q_{20}	Q_{30}
H	×	×	L	×	×	×	×	×	×	Q_{00}	Q_{10}	Q_{20}	Q_{30}
H	×	×	H	×	×	×	×	×	×	Q_{00}	Q_{10}	Q_{20}	Q_{30}

$d_0 \sim d_3$—$D_0 \sim D_3$ 的稳态输入电平

$Q_{00} \sim Q_{30}$—该行所示的稳态输入条件建立前 $Q_0 \sim Q_3$ 的电平

$Q_{0n} \sim Q_{3n}$—CP 最近的↑前 $Q_0 \sim Q_3$ 的电平

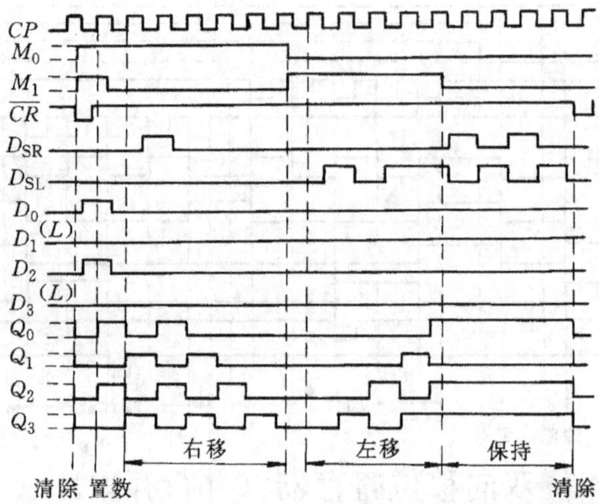

74HC221　双单稳态触发器（有施密特触发器）

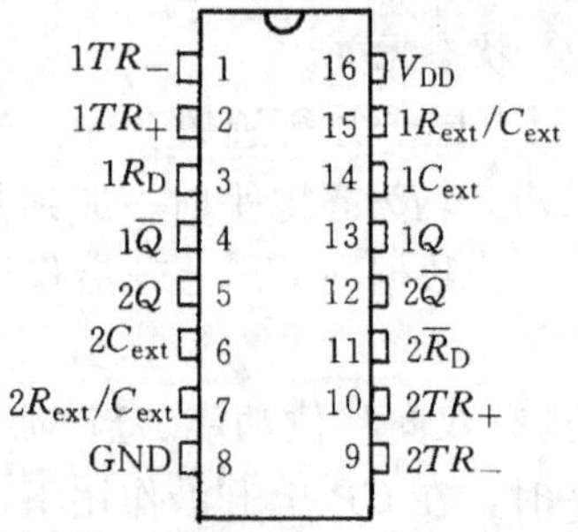

C_{ext}—外接电容端
GND—地
Q—正脉冲输出端
$\overline{Q}$—负脉冲输出端
$\overline{R}_D$—直接复位端（低电平有效）
R_{ext}/C_{ext}—外接电阻/电容端
TR_+—正触发输入端
TR_-—负触发输入端
V_{DD}—电源

HC221 内含两个独立的单稳态多谐振荡器，每个振荡器有正触发输入（TR_+）、负触发输入（TR_-）、复位输入（$\overline{R}_D$）、外接电容（C_{ext}）、外接电阻/电容（R_{ext}/C_{ext}）和脉冲输出（Q、$\overline{Q}$）。

HC221 有三种方法可在 Q 和$\overline{Q}$得到输出脉冲，即 TR_+的上升沿、TR_-的下降沿和$\overline{R}_D$。脉冲宽度 t_{WQ} 由外接元件 R 和 C 的值决定，$t_W = 0.7RC$；利用$\overline{R}_D$ 的低电平可以缩短脉宽。

由于 TR_+和 TR_- 采用了施密特触发器，因此对输入信号的上升时间和下降时间没有限制。

外接元件接法

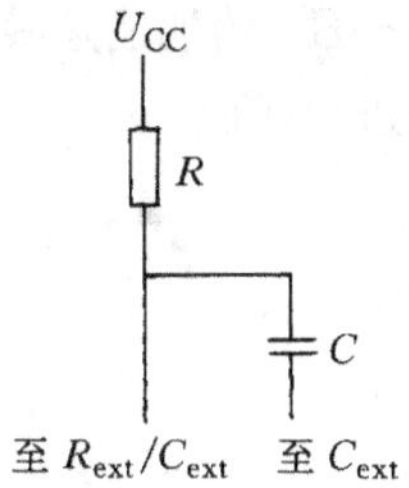

输入			输出	
$\overline{R}_D$	TR_-	TR_+	Q	$\overline{Q}$
L	×	×	L	H
×	H	×	L	H
×	×	L	L	H

输入			输出	
H	L	↑	⊓	⊔
H	↓	H	⊓	⊔
↑	L	H	⊓	⊔

74HC244　　八缓冲器/线驱动器（3S）

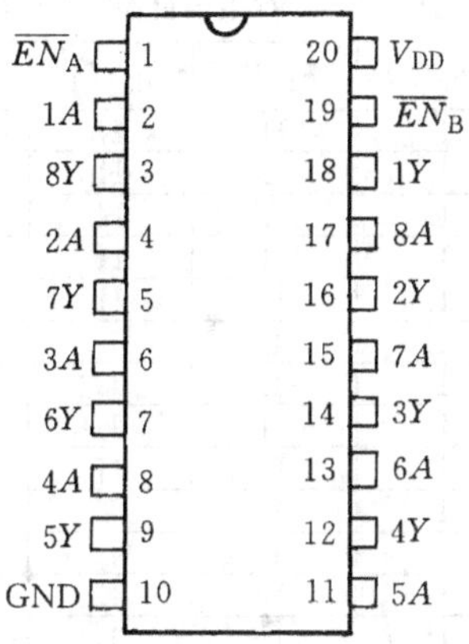

1A～8A—数据输入端

$\overline{EN}_A$、$\overline{EN}_B$—输出允许控制端（低电平有效）

GND—地

V_{DD}—电源

1Y～8Y—数据输出端

HC244 内含 8 个具有三态输出的缓冲器。该器件有两个低电平有效的输出允许控制（$\overline{EN}_A$，$\overline{EN}_B$），分别控制 4 个缓冲器。

输入		输出
$\overline{EN}$	A	Y
L	L	L
L	H	H
H	×	Z

74HC273　　八 D 触发器（Q 端输出，有公共清除端）

HC273 为上升边沿触发的 D 型触发器，当清除端（$\overline{CR}$）为低电平时，输出端（Q）为低电平。

在时钟（CP）上升沿的作用下，Q 与数据端（D）相一致。当 CP 为高电平时，或在低电平时，数据端（D）对输出 Q 无影响。

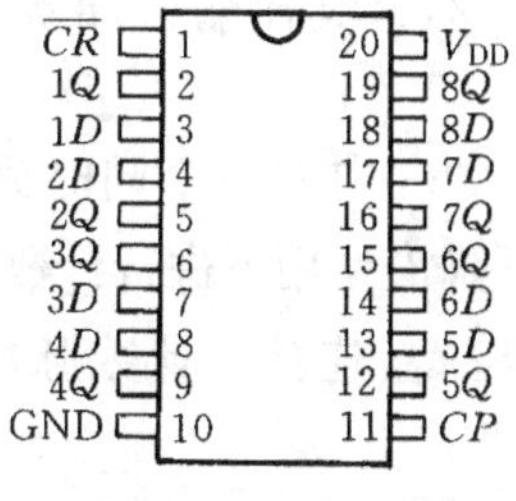

1D～8D—数据输入端

CP—时钟输入端（上升沿有效）

$\overline{CR}$—清除输入端（低电平有效）

1Q～8Q—数据输出端

输入			输出
$\overline{CR}$	CP	D	Q
L	×	×	L
H	↑	H	H
H	↑	L	L
H	L	×	Q_0

74HC283　　4 位二进制超前进位全加器

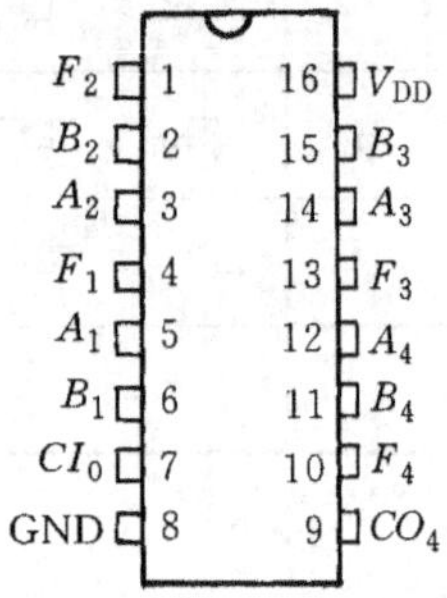

HC283 可进行两个 4 位二进制字($A_1 \sim A_4$，$B_1 \sim B_4$)的加法运算，每一位提供了和输出($F_1 \sim F_4$)，从第 4 位可得到总进位(CO_4)。

$A_1 \sim A_4$—运算数输入端
$B_1 \sim B_4$—运算数输入端
CI_0—进位输入端
CO_4—进位输出端
$F_1 \sim F_4$—和输出端

输　入				输　出					
				($CI_0=L$ 时) / ($CO_2=L$ 时)			($CI_0=H$ 时) / ($CO_2=H$ 时)		
A_1/A_3	B_1/B_3	A_2/A_4	B_2/B_4	F_1/F_3	F_2/F_4	CO_2/CO_4	F_1/F_3	F_2/F_4	CO_2/CO_4
L	L	L	L	L	L	L	H	L	L
H	L	L	L	H	L	L	L	H	L
L	H	L	L	H	L	L	L	H	L
H	H	L	L	L	H	L	H	H	L
L	L	H	L	L	H	L	H	H	L
H	L	H	L	H	H	L	L	L	H
L	H	H	L	H	H	L	L	L	H
H	H	H	L	L	L	H	H	L	H
L	L	L	H	L	H	L	H	H	L
H	L	L	H	H	H	L	L	L	H
L	H	L	H	H	H	L	L	L	H
H	H	L	H	L	L	H	H	L	H
L	L	H	H	L	L	H	H	L	H
H	L	H	H	H	L	H	L	H	H
L	H	H	H	H	L	H	L	H	H
H	H	H	H	L	H	H	H	H	H

注：先由 A_1、B_1、A_2、B_2、CI_0 的输入条件确定 F_1、F_2 输出和内部进位 CO_2 的值；然后再由 CO_2、A_3、B_3、A_4、B_4 的值来确定 F_3、F_4 和 CO_4。

74LS290　　二-五-十进制计数器

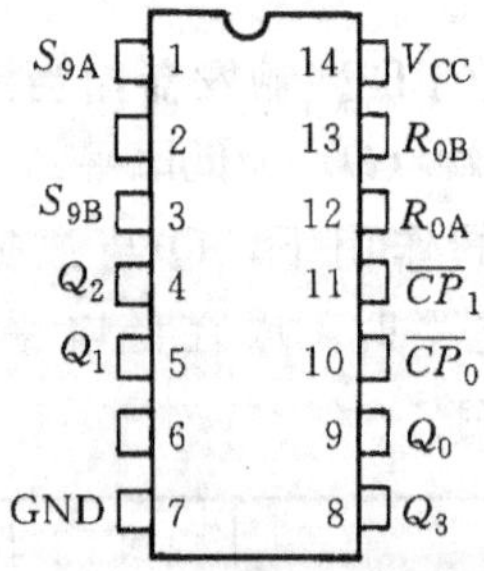

$\overline{CP}_0$—二分频时钟输入端（下降沿有效）
$\overline{CP}_1$—五分频时钟输入端（下降沿有效）
$Q_0 \sim Q_3$—输出端
R_{0A}、R_{0B}—异步复位端
S_{9A}、S_{9B}—异步置 9 端

异步清零端（R_{0A}，R_{0B}）为高电平时，只要置 9 端（S_{9A}，S_{9B}）有一个为低电平，就可完成清零功能。

当 S_{9A} 和 S_{9B} 均为高电平时，不管其他输入端状态如何，就可完成置 9 功能。

当 R_{0A}，R_{0B} 中有一个以及 S_{9A}，S_{9B} 中有一个同时为低电平时，在时钟端($\overline{CP}_0$，$\overline{CP}_1$)脉冲下降沿作用下进行计数操作：

a）十进制计数。应将 $\overline{CP}_1$ 与 Q_0 连接，计数脉冲由 $\overline{CP}_0$ 输入。

b）二-五混合进制计数。应将 $\overline{CP}_0$ 与 Q_3 连接，计数脉冲由 $\overline{CP}_1$ 输入。

c）二分频、五分频计数。Q_0 为二分频输出；$Q_1 \sim Q_3$ 为五分频输出。

输入					输出			
R_{0A}	R_{0B}	S_{9A}	S_{9B}	$\overline{CP}$	Q_3	Q_2	Q_1	Q_0
H	H	L	×	×	L	L	L	L
H	H	×	L	×	L	L	L	L
×	×	H	H	×	H	L	L	H
×	L	×	L	↓	计数			
L	×	L	×	↓	计数			
L	×	×	L	↓	计数			
×	L	L	×	↓	计数			

74HC373　　八 D 锁存器（3S，Q 输出）

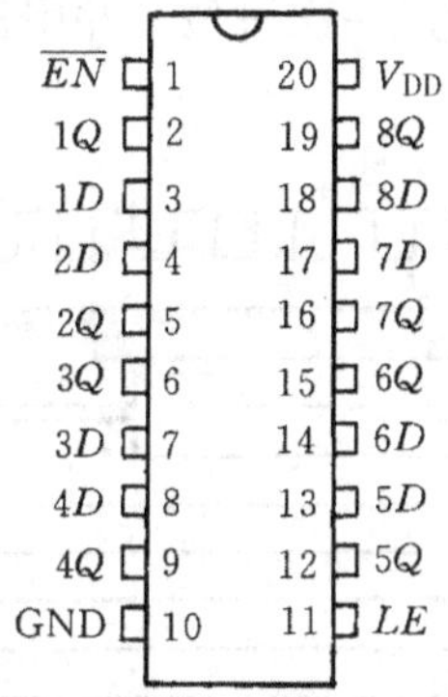

1D～8D—数据输入端

$\overline{EN}$—输出允许控制端(低电平有效)

GND—地

LE—锁存器允许控制端

1Q～8Q—数据输出端

V_{DD}—电源

HC373 内含 8 个带三态输出的透明 D 锁存器，每个锁存器有一个数据输入（D）和数据输出(Q)；锁存器允许控制(LE)和输出允许控制($\overline{EN}$)为 8 个锁存器共用。

当$\overline{EN}$为高电平时，所有输出均为高阻态，既不是总线的负载也不驱动总线，但锁存器的内部运算不受影响。

当$\overline{LE}$为高电平时，Q 将随着 D 而变。当 LE 为低电平时，Q 被锁存在已建立在 D 输入的电平。

输入			输出
$\overline{EN}$	LE	D	Q
L	H	H	H
L	H	L	L
L	L	×	Q_0
H	×	×	Z

CD4013　　双上升沿 D 触发器

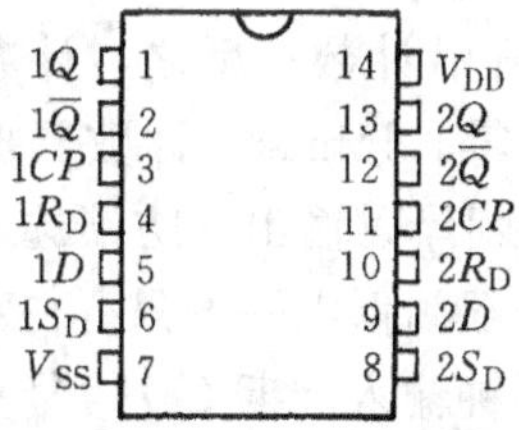

1D—数据输入端　　$1R_D$—直接复位端

2D—数据输入端　　$2S_D$—直接置位端

1CP—时钟输入端　　$2R_D$—直接复位端

2CP—时钟输入端　　2Q—原码输出端

1Q—原码输出端　　$2\overline{Q}$—反码输出端

$1\overline{Q}$—反码输出端　　V_{DD}—正电源

$1S_D$—直接置位端　　V_{SS}—地

CD4013 由两个相同的、相互独立的数据型触发器构成。每个触发器有独立的数据、置位、复位、时钟输入和 Q 及$\overline{Q}$输出。此器件可用作移位寄存器，且通过将$\overline{Q}$输出连接到数据输入，可用作计数器和触发器，在时钟上升沿触发时，加在 D 输入端的逻辑电平传送到 Q 输出端。置位和复位与时钟无关，而分别由置位或复位线上的高电平完成。

输入				输出		输入				输出	
CP	D	R_D	S_D	Q	$\overline{Q}$	CP	D	R_D	S_D	Q	$\overline{Q}$
↑	L	L	L	L	H	×	×	H	L	L	H
↑	H	L	L	H	L	×	×	L	H	H	L
↓	×	L	L	保持		×	×	H	H	H	H

CD4017　　十进制计数器/脉冲分配器

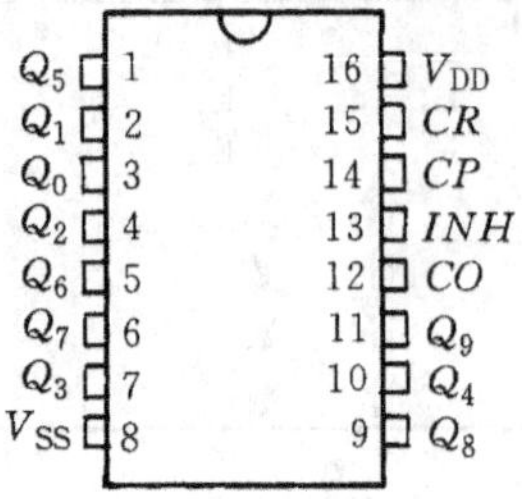

CO—进位脉冲输出端
CP—时钟输入端
CR—清除端
INH—禁止端
$Q_0 \sim Q_9$—计数脉冲输出端

输入			输出	
CP	*INH*	*CR*	$Q_0 \sim Q_9$	*CO*
×	×	H	Q_0	计数脉冲为 $Q_0 \sim Q_4$ 时：*CO*=*H*
↑	L	L	计数	
H	↓	L		
L	×	L	保持	计数脉冲为 $Q_5 \sim Q_9$ 时：*CO*=*L*
×	H	L		
↓	×	L		
×	↑	L		

CD4017是5位Johnson计数器，具有10个译码输出端，*CP*，*CR*，*INH* 输入端，时钟输入端的施密特触发器具有脉冲整形功能，对输入时钟脉冲上升和下降时间无限制。*INH* 为低电平时，计数器在时钟上升沿计数；反之，计数功能无效。*CR* 为高电平时，计数器清零。Johnson计数器，提供了快速操作，2输入译码选通和无毛刺译码输出。防锁选通，保证了正确的计数顺序。译码输出一般为低电平，只有在对应时钟周期内保持高电平。在每10个时钟输入周期 *CO* 信号完成一次进位，并用作多级计数链的下级脉动时钟。

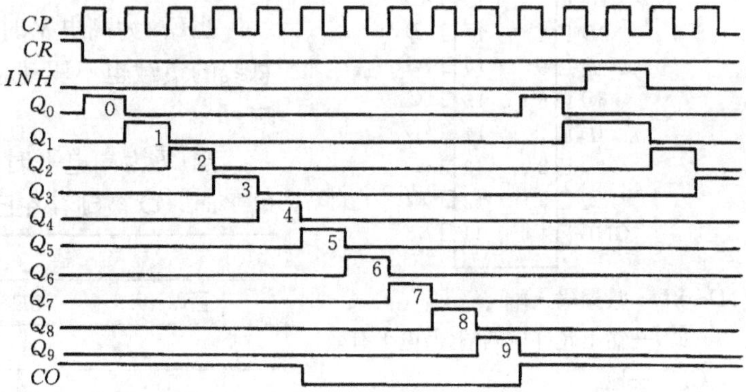

CD4022　　八进制计数器/脉冲分配器

CD4022是4位Johnson计数器，具有8个译码输出端，*CP*、*CR*、*INH* 输入端。时钟输入端的施密特触发器具有脉冲整形功能，对输入时钟脉冲上升和下降时间无限制。*INH* 为低电平时，计数器在时钟上升沿计数；反之，计数功能无效。*CR* 为高电平时，计数器清零。Johnson计数器提供了快速操作，2输入译码选通和无毛刺译码输出。防锁选通，保证了正确的计数顺序。译码输出一般为低电平，只有在对应时钟周期内保持高电平。在每8个时钟输入周期 *CO* 信号完成一次进位，并用作多级计数链的下级脉动时钟。

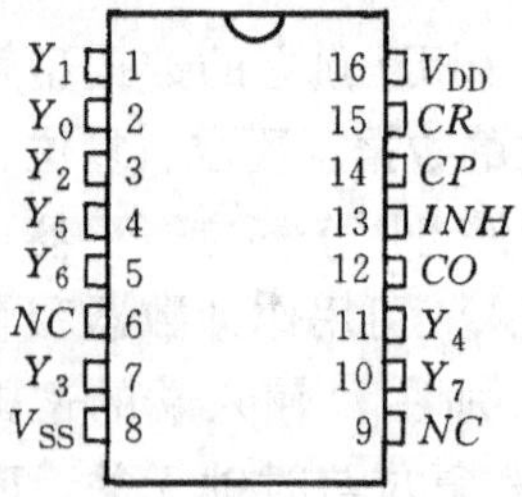

CO—进位脉冲输出端
CP—时钟输入端
CR—清除端
INH—禁止端
$Y_0 \sim Y_7$—脉冲数据输出端

输入			输出	*CO* 状态
CP	*INH*	*CR*	$Y_0 \sim Y_7$	
×	×	H	Y_0	计数脉冲大于4 *CO*=L
↑	L	L	计数	
H	↓	L		计数脉冲等于4 *CO*=L
L	×	L	保持	
×	H	L		计数脉冲小于4 *CO*=H
↓	×	L		
×	↑	L		

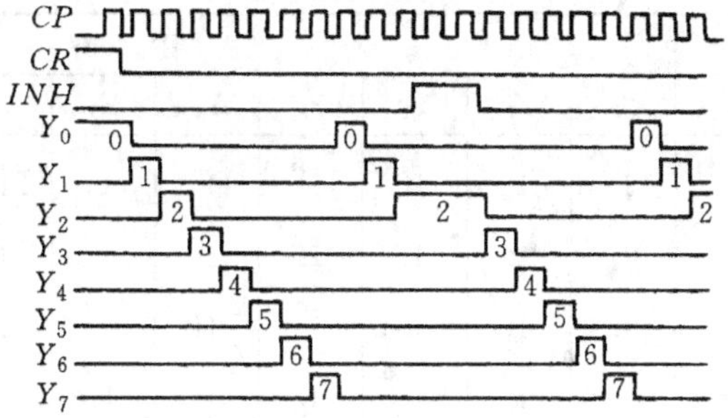

CD4027　　双上升沿 JK 触发器

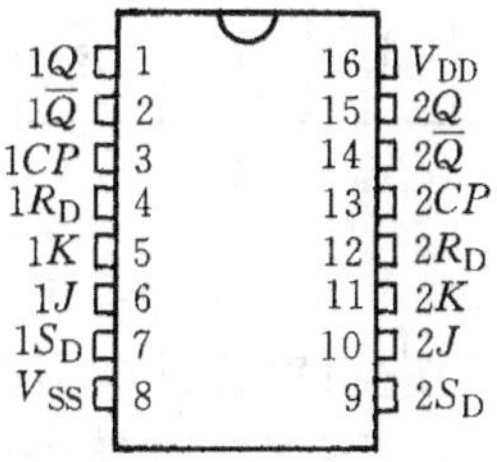

$1CP$—时钟输入端　　$1K$—K 端

$2CP$—时钟输入端　　$2J$—J 端

$1R_D$—直接置 0 端　　$2K$—K 端

$2R$—直接置 0 端　　$1Q$—原码输出端

$1S_D$—直接置 1 端　　$1\overline{Q}$—反码输出端

$2S_D$—直接置 1 端　　$2\overline{Q}$—原码输出端

$1J$—J 端　　$2Q$—反码输出端

CD4027 是包含了两个相互独立的、互补对称的 JK 主从触发器的单片集成电路，每个触发器分别提供了 J、K、置位、复位和时钟输入信号及经过缓冲的 Q 和 $\overline{Q}$ 输出信号。输入、输出引出端排列与 CD4013 双 D 型触发器相似，CD4027 可用于性能控制、寄存器和触发器等电路。加在 J、K 输入端的逻辑电平通过内部自行调整来控制每个触发器的状态，在时钟脉冲上升沿改变触发器状态，置位和复位功能与时钟无关，均为高电平有效。

输　入					输出功能		输　入					输出功能	
CP	J	K	S_D	R_D	Q	$\overline{Q}$	CP	J	K	S_D	R_D	Q	$\overline{Q}$
↑	H	L	L	L	H	L	↓	×	×	L	L	保	持
↑	H	H	L	L	翻	转	×	×	×	H	L	H	L
↑	L	H	L	L	L	H	×	×	×	L	H	L	H
↑	L	L	L	L	保	持	×	×	×	H	H	H	H

CD4028　　4 线-10 线译码器（BCD 输入）

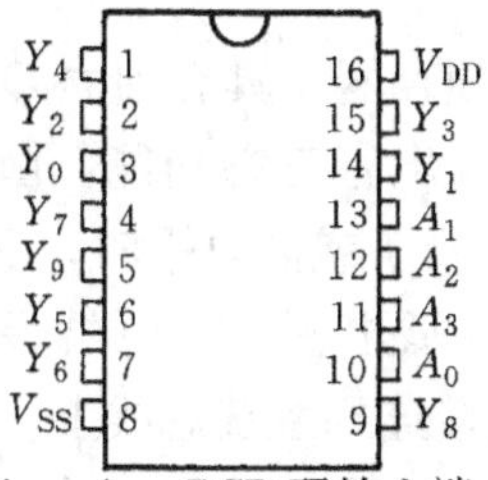

A_0～A_3—BCD 码输入端

Y_0～Y_9—译码输出端

CD4028 是 BCD-十进制或二进制-八进制译码器，它由 4 个缓冲输入端口、译码逻辑门和 10 个输出缓冲器组成。加至 4 个输入端口 A_0～A_3 的一个 BCD 码在 10 个十进制译码器输出 10 个相应的时序脉冲，输出为高电平有效。同样，若 $A_3=0$，加在输出端口 A_0～A_2 的 3 位二进制码在输出端口 0～7 译成八进制码所有输出端口具有高驱动能力，以在高扇出应用中增强直流和动态性能。

输　入				输　出									
A_3	A_2	A_1	A_0	Y_0	Y_1	Y_2	Y_3	Y_4	Y_5	Y_6	Y_7	Y_8	Y_9
L	L	L	L	H	L	L	L	L	L	L	L	L	L
L	L	L	H	L	H	L	L	L	L	L	L	L	L

（续）

输入				输出									
A_3	A_2	A_1	A_0	Y_0	Y_1	Y_2	Y_3	Y_4	Y_5	Y_6	Y_7	Y_8	Y_9
L	L	H	L	L	L	H	L	L	L	L	L	L	L
L	L	H	H	L	L	L	H	L	L	L	L	L	L
L	H	L	L	L	L	L	L	H	L	L	L	L	L
L	H	L	H	L	L	L	L	L	H	L	L	L	L
L	H	H	L	L	L	L	L	L	L	H	L	L	L
L	H	H	H	L	L	L	L	L	L	L	H	L	L
H	L	L	L	L	L	L	L	L	L	L	L	H	L
H	L	L	H	L	L	L	L	L	L	L	L	L	H

CD4040　　12 位二进制串行计数器

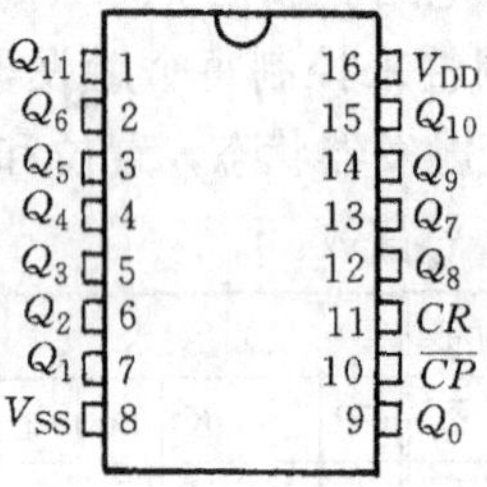

$\overline{CP}$—时钟输入端

CR—清除端

$Q_0 \sim Q_n$—计数脉冲输出端

CD4040 是 12 位二进制串行计数器。所有计数器位为主从触发器。计数器在时钟下降沿进行计数，CR 为高电平时，对计数器进行清零。由于在时钟输入端使用施密特触发器，对脉冲上升和下降时间无限制。所有输入和输出均经过缓冲。

输入		输出状态
$\overline{CP}$	CR	
↑	L	保持
↓	L	计数
×	H	所有输出为 L

CD4043　　四 R-S 锁存器（3S）

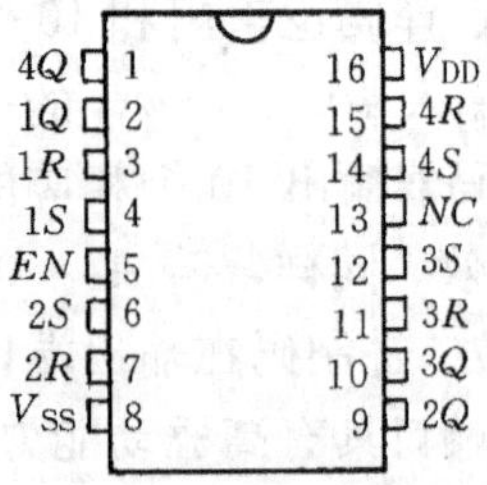

EN—允许输出控制端

$1R \sim 4R$—复位输入端

$1S \sim 4S$—置数输入端

$1Q \sim 4Q$—数据输出端

CD4043 为四交叉耦合三态或非锁存器。具有独立 Q 输出端和单独的置位 S 和复位 R 输入端。Q 输出有三态功能，由公共的三态控制输入端 EN 控制。当 EN 为逻辑 1 或高电平时，Q 端输出内部锁存器的状态；当 EN 为逻辑 0 或低电平时，Q 端呈高阻抗状态。三态功能使 CD4043 输出可以直接连到系统总线上。

输入			输出	输入			输出
S	R	EN	Q	S	R	EN	Q
×	×	L	Z	H	L	H	H
L	L	H	保持	H	H	H	H①
L	H	H	L				

① 当 R、S 同时回到 L 电平时，输出状态不定。

CD4051　　8 选 1 模拟开关

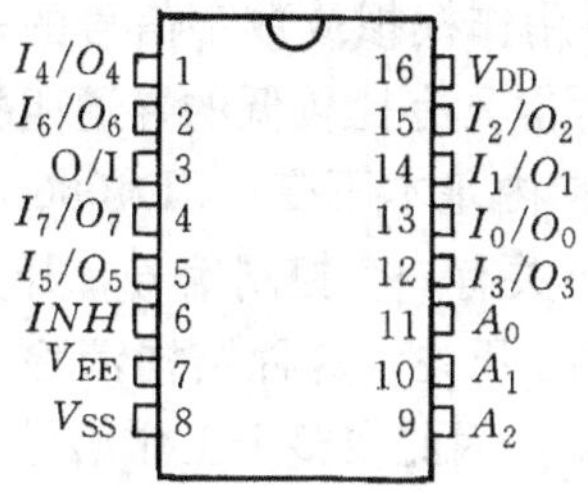

A_0—地址端
A_1—地址端
A_2—地址端
I_0/O_0—输入/输出端
I_1/O_1—输入/输出端
I_2/O_2—输入/输出端
I_3/O_3—输入/输出端
I_4/O_4—输入/输出端
I_5/O_5—输入/输出端
I_6/O_6—输入/输出端
I_7/O_7—输入/输出端
INH—禁止端
O/I—公共输出/输入端
V_{DD}—正电源
V_{EE}—模拟信号地
V_{SS}—数字信号地

CD4051 是单 8 通道数字控制模拟开关，有三个二进制控制输入端 A_0、A_1、A_2 和 INH 输入，具有低导通阻抗和很低的截止漏电流。幅值为 4.5～20V 的数字信号可控制峰峰值至 20V 的模拟信号。例如，若 $V_{DD}=+5V$，$V_{SS}=0$，$V_{EE}=-13.5V$，则 0～5V 的数字信号可控制 −13.5～4.5V 的模拟信号。这些开关电路在整个 $V_{DD}-V_{SS}$ 和 $V_{DD}-V_{EE}$ 电源范围内具有极低的静态功耗，与控制信号的逻辑状态无关。当 INH 输入端＝“1”时，所有的通道截止。3 位二进制信号选通 8 通道中的一通道，可连接该输入端至输出。

输　入				被选通道
INH	A_2	A_1	A_0	
L	L	L	L	I_0/O_0
L	L	L	H	I_1/O_1
L	L	H	L	I_2/O_2
L	L	H	H	I_3/O_3
L	H	L	L	I_4/O_4
L	H	L	H	I_5/O_5
L	H	H	L	I_6/O_6
L	H	H	H	I_7/O_7
H	×	×	×	无

CD4060　　14 位二进制串行计数器

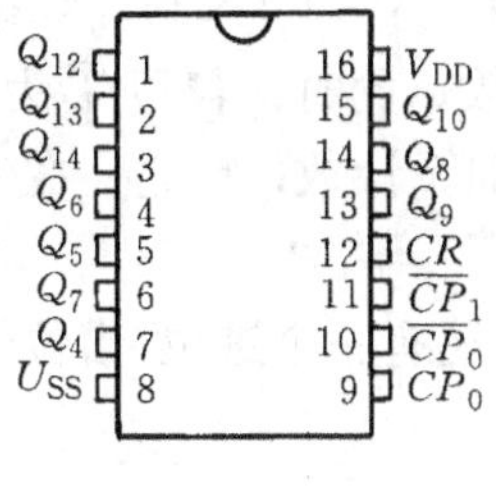

$\overline{CP}_1$—时钟输入端
CP_0—时钟输出端
$\overline{CP}_0$—反相时钟输出端
Q_4～Q_{10}，Q_{12}～Q_{14}—计数器输出端

CD4060 由一振荡器和 14 位二进制串行计数器组成，振荡器的结构可以是 RC 或晶振电路。CR 为高电平时，计数器清零且振荡器使用无效。所有的计数器位均为主从触发器。在 $\overline{CP}_1$（和 CP_0）的下降沿计数器以二进制进行计数。在时钟脉冲线上使用施密特触发器对时钟上升和下降时间无限制。

输　入		功　能
$\overline{CP}_1$	CR	
×	H	清　除
↓	L	计　数
↑	L	保　持

CD4066　　四双向开关

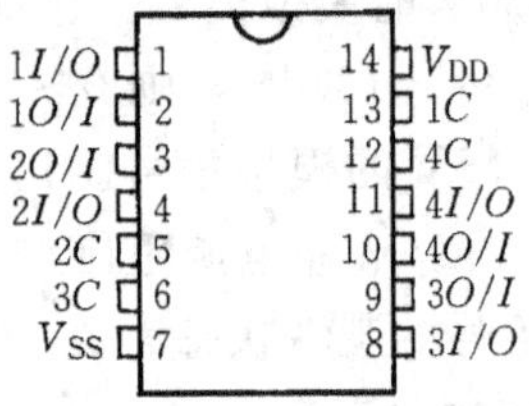

CD4066 是四双向开关，主要用作模拟或数字信号的多路传输。引出端排列与 CD4016 一致，但具有比较低的导通阻抗。另外，导通阻抗在整个输入信号范围内基本不变。CD4066 由 4 个相互独立的双向开关组成，每个开关有一个控制信号，开关中的 P 和 N 器件在控制信号作用下同时开关。这种结构消除了开关晶体管阈值电压随输入信号的变化，因此在整个工作信号范围内导通阻抗比较低。

与单通道开关相比，具有输入信号峰值电压范围等于电源电压以及在输入信号范围内导通阻抗比较稳定等优点。但若应用于采保电路，仍推荐 CD4016。

1C～4C—开关控制端

1I/O～4I/O—输入/输出端

1O/I～4O/I—输出/输入端

输　入	开关状态
C	
L	接　通
H	断　开

CD4510　　十进制同步加/减计数器

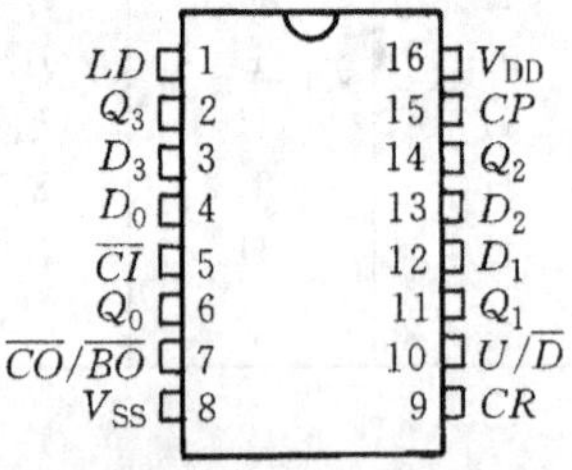

$\overline{CI}$—进位输入端

$\overline{CO}/\overline{BO}$—进位/借位输出端

CP—时钟输入端

CR—清除端

D_0～D_3—并行数据输入

LD—数据输入控制端

Q_0～Q_3—计数器输出端

$U/\overline{D}$—加/减计数控制端

CD4510 为可预置 BCD 可逆计数器，该器件主要由 4 位具有同步时钟的 D 型触发器（具有选通结构，提供 T 型触发器功能）构成。具有可预置数、加/减计数和多片级联使用等功能。

CD4510 具有复位 *CR*、置数控制 *LD*、并行数据 D_0～D_3、加/减控制 $U/\overline{D}$、时钟 *CP* 和进位$\overline{CI}$等输入。*CR* 为高电平时，计数器清零。当 *LD* 为高电平时，D_0～D_3 上的数据置入计数器中，$\overline{CI}$控制计数器的计数操作，$\overline{CI}=0$ 时，允许计数。此时，若 $U/\overline{D}$为高电平，在 *CP* 时钟上升沿计数器加 1 计数；反之，在 *CP* 时钟上升沿减 1 计数。

除有 4 个 *Q* 输出外，还有一个进位/借位输出$\overline{CO}/\overline{BO}$。

输　入									输　出			
CP	$\overline{CI}$	$U/\overline{D}$	*LD*	*CR*	D_0	D_1	D_2	D_3	Q_0	Q_1	Q_2	Q_3
×	×	×	H	L	d_0	d_1	d_2	d_3	d_0	d_1	d_2	d_3
×	×	×	×	H	×	×	×	×	L	L	L	L
×	H	×	L	L	×	×	×	×	保　持			
↑	L	H	L	L	×	×	×	×	加计数			
↑	L	L	L	L	×	×	×	×	减计数			

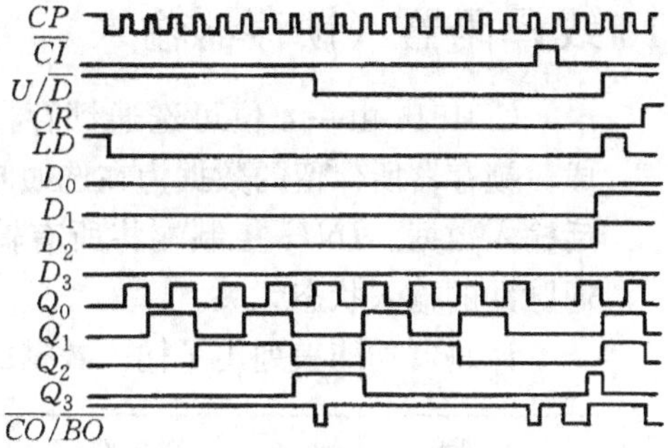

CD4511　　4 线-七段锁存译码器/驱动器

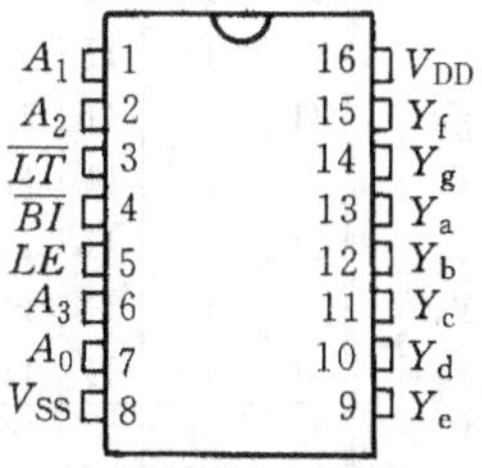

A_0～A_3—二进制数据输入端

$\overline{BI}$—输出消隐控制端

LE—数据锁定控制

$\overline{LT}$—灯测试

Y_a～Y_g—数据输出端

CD4511 是 BCD-7 段锁存译码驱动器，在同一单片结构上由 MOS 逻辑器件和 N-P-N 双极型晶体管器件构成。这些器件的组合，使 CD4511 具有低静态耗散和高抗干扰及源电流高达 25mA 的性能。由此可直接驱动 LED 及其他显示器件。$\overline{LT}$、$\overline{BI}$、LE 输入端可分别检测显示、亮度调制、存储或选通一 BCD 码等功能。当使用外部多路转换电路时，可多路转换和显示几种不同的信号。

输入							输出						
LE	$\overline{BI}$	$\overline{LT}$	A_3	A_2	A_1	A_0	Y_a	Y_b	Y_c	Y_d	Y_e	Y_f	Y_g
×	×	L	×	×	×	×	H	H	H	H	H	H	H
×	L	H	×	×	×	×	L	L	L	L	L	L	L
L	H	H	L	L	L	L	H	H	H	H	H	H	L
L	H	H	L	L	L	H	L	H	H	L	L	L	L
L	H	H	L	L	H	L	H	H	L	H	H	H	H
L	H	H	L	L	H	H	H	H	H	H	L	L	H
L	H	H	L	H	L	L	L	H	H	L	L	H	H
L	H	H	L	H	L	H	H	L	H	H	L	H	H
L	H	H	L	H	H	L	L	L	H	H	H	H	H
L	H	H	L	H	H	H	H	H	H	L	L	L	H
L	H	H	H	L	L	L	H	H	H	H	H	H	H
L	H	H	H	L	L	H	H	H	H	L	L	H	L
L	H	H	H ⋮ H	L ⋮ H	H ⋮ H	L ⋮ H	L	L	L	L	L	L	L
H	H	H	×	×	×	×	①	①	①	①	①	①	①

① 输出状态锁定在上一个 LE=L 时，A_0～A_3 的输入状态。

CD4514　　4 线-16 线译码器（锁存器输入）

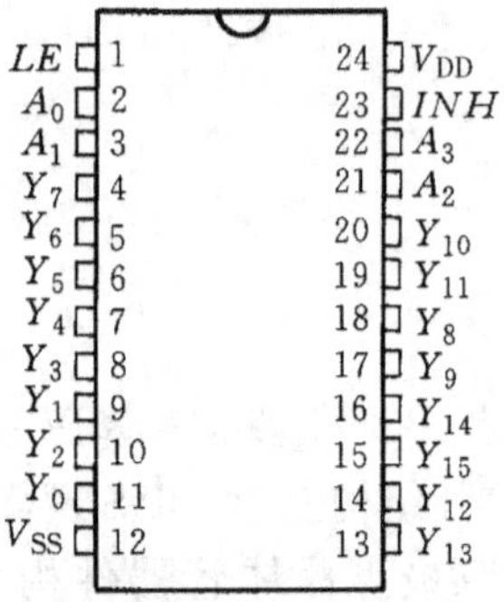

A_0～A_3—数据输入端
INH—输出禁止控制端
LE—数据锁存控制端
Y_0～Y_{15}—数据输出端

CD4514 由一 4 位可选通锁存器和一 4 线-16 线译码器组成。锁存器所保留的数据为在选通脉冲由 1 至 0 转换之前的最后输入数据。*INH* 控制端将所有输出置为 0，而与数据或选通脉冲的输入状态无关。

译码器功能表列出了输入数据的组合及对应的选择输出。

输入						高电平输出端	输入						高电平输出端
LE	INH	A_3	A_2	A_1	A_0		LE	INH	A_3	A_2	A_1	A_0	
H	L	L	L	L	L	Y_0	H	L	H	L	L	H	Y_9
H	L	L	L	L	H	Y_1	H	L	H	L	H	L	Y_{10}
H	L	L	L	H	L	Y_2	H	L	H	L	H	H	Y_{11}
H	L	L	L	H	H	Y_3	H	L	H	H	L	L	Y_{12}
H	L	L	H	L	L	Y_4	H	L	H	H	L	H	Y_{13}
H	L	L	H	L	H	Y_5	H	L	H	H	H	L	Y_{14}
H	L	L	H	H	L	Y_6	H	L	H	H	H	H	Y_{15}
H	L	L	H	H	H	Y_7	H	H	×	×	×	×	无
H	L	H	L	L	L	Y_8	L	L	×	×	×	×	①

① 输出状态锁定在上一个 LE=H 时，A_0～A_3 的输入状态。

CD4516　　4 位二进制同步加/减计数器

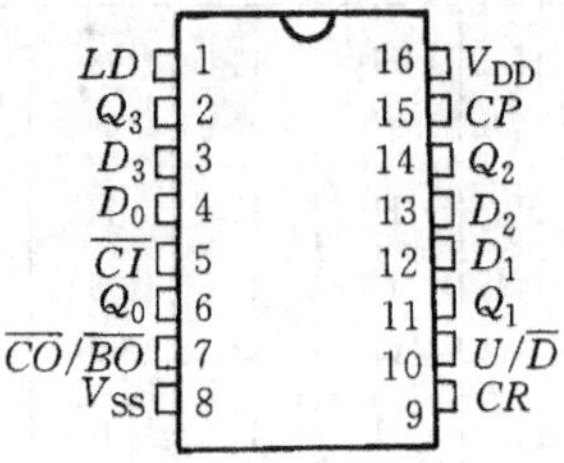

$\overline{CI}$—进位输入端
$\overline{CO}/\overline{BO}$—进位/借位输出端
CP—时钟输入端
CR—清除端
D_0～D_3—并行数据输入端
LD—数据预置控制端
Q_0～Q_3—计数输出端
$U/\overline{D}$—加/减计数控制端

CD4516 为 4 位二进制可逆计数器，该器件主要由 4 位具有同步时钟的 D 型触发器（具有选通结构，提供 T 型触发器功能）构成。具有可预置数、加/减计数和多片级联使用等功能。

CD4516 具有复位 *CR*、置数控制 *LD*、并行数据 D_0～D_3、加/减控制 $U/\overline{D}$、时钟 *CP* 和进位$\overline{CI}$等输入。*CR* 为高电平时，计数器清零。当 *LD* 为高电平时，D_0～D_3 上的数据置入计数器中，$\overline{CI}$控制计数器的计数操作，$\overline{CI}=0$ 时，允许计数。此时，若$U/\overline{D}$为高电平，在 *CP* 时钟上升沿计数器加 1 计数；反之，在 *CP* 时钟上升沿减 1 计数。

除有 4 个 *Q* 输出外，还有一个进位/借位输出$\overline{CO}/\overline{BO}$。

输入									输出			
CP	$\overline{CI}$	$U/\overline{D}$	LD	CR	D_0	D_1	D_2	D_3	Q_0	Q_1	Q_2	Q_3
×	×	×	H	L	d_0	d_1	d_2	d_3	d_0	d_1	d_2	d_3
×	×	×	×	H	×	×	×	×	L	L	L	L
×	H	×	L	L	×	×	×	×	保持			
↑	L	H	L	L	×	×	×	×	加计数			
↑	L	L	L	L	×	×	×	×	减计数			

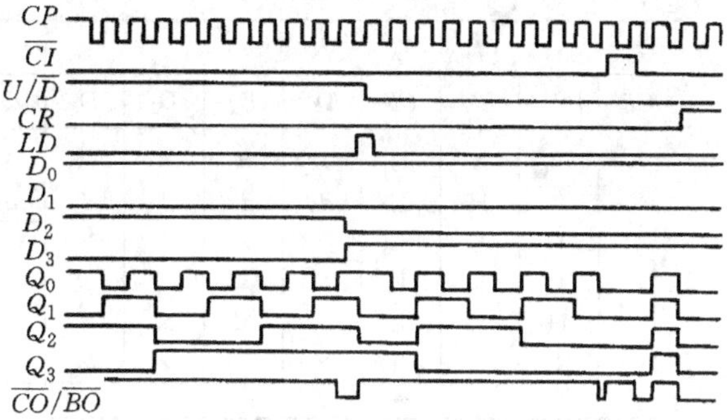

CD4518　　双十进制同步计数器

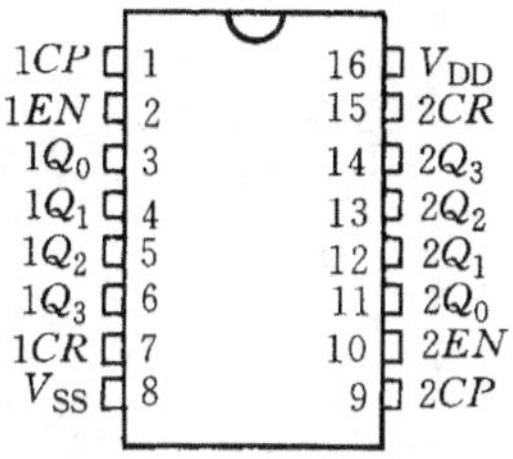

1CP、2CP—时钟输入端
1CR、2CR—清除端
1EN、2EN—计数允许控制端
$1Q_0$～$1Q_3$—计数器输出端
$2Q_0$～$2Q_3$—计数器输出端

CD4518 为双 BCD 加法计数器，由两个相同的同步 4 级计数器构成。计数器级为 D 型触发器，具有内部可交换 *CP* 和 *EN* 线，用于在时钟上升沿或下降沿加计数。在单个单元运算中，*EN* 输入保持高电平，且在 *CP* 上升沿进位。*CR* 线为高电平时，计数器清零。

计数器在脉动模式可级联，通过将 Q_3 连接至下一计数器的 *EN* 输入端可实现级联，同时后者的 *CP* 输入保持低电平。

输　入			输出功能
CP	CR	EN	
↑	L	H	加计数
L	L	↓	加计数
↓	L	×	保　持
×	L	↑	
↑	L	L	
H	L	↓	
×	H	×	全部为 L

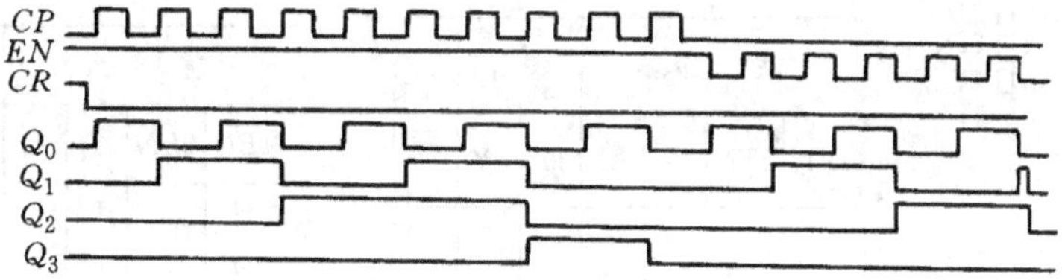

CD4526　　二-N-十六进制减计数器

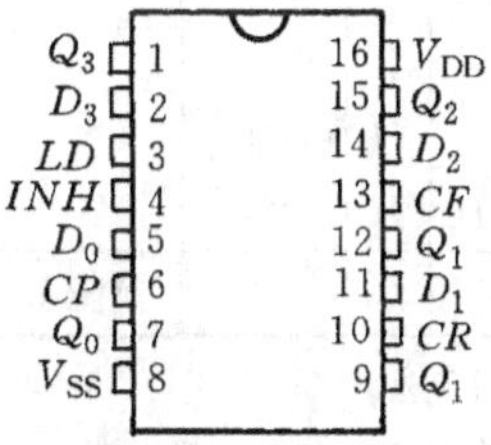

该器件是可预置、可级联、同步减计数器，具有用于 1/*N* 应用的解码“0”状态输出。在单级应用时，将 Q_z输出加至 *LD* 输入端。级联反馈输入 *CF* 允许级联除 *N* 操作，不需要额外门电路。禁止输入 *INH* 可使脉冲计数功能无效。禁止端也可用作负边沿时钟。

该互补型 MOS 计数器可用于要求低功耗或高抗噪的频率综合

器、锁相环及其他分频应用中。

输入								输出			
CP	*INH*	*LD*	*CR*	D_0	D_1	D_2	D_3	Q_0	Q_1	Q_2	Q_3
×	×	×	H	×	×	×	×	L	L	L	L
×	×	H	L	d_0	d_1	d_2	d_3	d_0	d_1	d_2	d_3
↑	L	L	L	×	×	×	×	计数			
L	L	L	L	×	×	×	×	保持			
×	H	L	L	×	×	×	×	保持			
H	↓	L	L	×	×	×	×	计数			

CF—反馈输入端

CP—时钟输入端

$D_0 \sim D_3$—并行数据输入端

INH—禁止端

LD—置数控制端

$Q_0 \sim Q_3$—计数器输出端

Q_z—计数器“零”输出端

计数	输出			
	Q_0	Q_1	Q_2	Q_3
9	H	L	L	H
8	L	L	L	H
7	H	H	H	L
6	L	H	H	L
5	H	L	H	L
4	L	L	H	L
3	H	H	L	L
2	L	H	L	L
1	H	L	L	L
0	L	L	L	L

当 $Q_0 \sim Q_3 = L$

CF＝H 时

$Q_z = H$

当 $Q_0 \sim Q_3 = L$

CF＝L 时

$Q_z = L$

CD4529　　双 4 选 1/8 选 1 模拟数据选择器

CD4529 模拟数据选择器根据输入编码可为双 4 通道或单 8 通道器件。

该器件适用于包括各种 4 选 1 及 8 选 1 选择器功能的数字及模拟应用。由于该器件具有双向模拟特性，还可用作双二进制-4 选 1 或二进制-8 选 1 译码器。

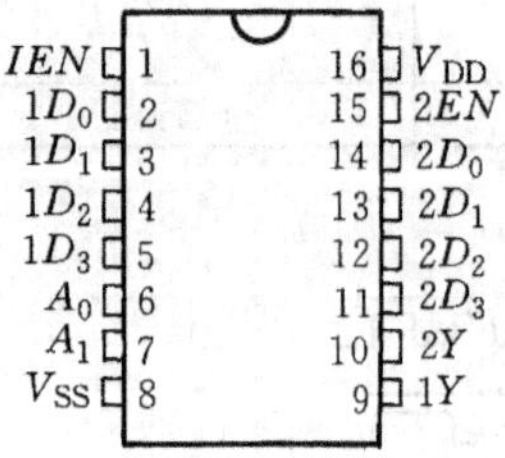

A_0、A_1—地址输入端

$1D_0 \sim 1D_3$—数据输入端

$2D_0 \sim 2D_3$—数据输入端

1*EN*、2*EN*—输出允许控制端

1*Y*、2*Y*—数据输出端

输入				输出		工作方式
1*EN*	2*EN*	A_0	A_1	1*Y*	2*Y*	
H	H	L	L	$1D_0$	$2D_0$	双 4 选 1
H	H	H	L	$1D_1$	$2D_1$	
H	H	L	H	$1D_2$	$2D_2$	
H	H	H	H	$1D_3$	$2D_3$	
L	H	×	×	Z	①	
H	L	×	×	①	Z	

① 由地址决定。

输入				输出		工作方式
1*EN*	2*EN*	A_0	A_1	1*Y*	2*Y*	
H	L	L	L	$1D_0$		8 选 1①
H	L	H	L	$1D_1$		
H	L	L	H	$1D_2$		
H	L	H	H	$1D_3$		
L	H	L	L	$2D_0$		
L	H	H	L	$2D_1$		
L	H	L	H	$2D_2$		
L	H	H	H	$2D_3$		
L	L	×	×	Z		高阻态

① 使用 8 选 1 工作方式时，1*Y* 和 2*Y* 相连接，作公共输出端。

CD4532　　8 线-3 线优先编码器

CD4532 可将最高优先输入 $I_7 \sim I_0$ 编码为 3 位二进制码，8 个输入端 $I_7 \sim I_0$ 具有指定优先权，I_7 为最高优先权，I_0 为最低。当片选输入 ST 为低电平时，优先译码器无效。当 ST 为高电平，最高优先输入的二进制编码呈现于输出线 $Y_2 \sim Y_0$，且组选线 Y_{GS} 为高电平，表明优先输入存在，当无优先输入时，允许输出 Y_S 为高电平。如果任何一个输入为高电平，则 Y_S 为低电平且所有级联低阶级无效。

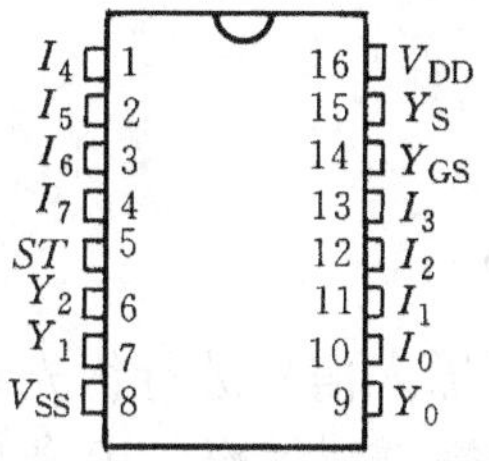

$I_0 \sim I_7$—数据输入端

ST—选通控制端

$Y_0 \sim Y_2$—编码输出端

Y_{GS}—组选通输出端

Y_S—选通输出端

输　入									输　出				
ST	I_7	I_6	I_5	I_4	I_3	I_2	I_1	I_0	Y_{GS}	Y_S	Y_2	Y_1	Y_0
L	×	×	×	×	×	×	×	×	L	L	L	L	L
H	L	L	L	L	L	L	L	L	L	H	L	L	L
H	H	×	×	×	×	×	×	×	H	L	H	H	H
H	L	H	×	×	×	×	×	×	H	L	H	H	L
H	L	L	H	×	×	×	×	×	H	L	H	L	H
H	L	L	L	H	×	×	×	×	H	L	H	L	L
H	L	L	L	L	H	×	×	×	H	L	L	H	H
H	L	L	L	L	L	H	×	×	H	L	L	H	L
H	L	L	L	L	L	L	H	×	H	L	L	L	H
H	L	L	L	L	L	L	L	H	H	L	L	L	L

CD4585　　4 位数值比较器

CD4585 4 位数值比较器是由单片结构上的 P 沟道和 N 沟道增强型器件构成。该电路具有 8 个数据输入端（$A_3 \sim A_0$，$B_3 \sim B_0$），三个级联输入端（$A<B$，$A=B$，$A>B$），三个输出端（$F_{A=B}$，$F_{A<B}$，$F_{A>B}$），该器件在比较两组 4 位字时，通过对应输出的高电平来确定该两组字是“等于”、“小于”或“大于”。对于大于 4 位的字，可通过级联电路来实现。

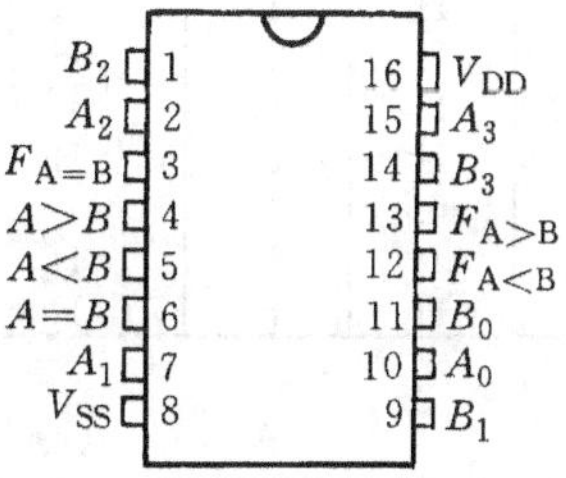

$A_0 \sim A_3$—A 数据输入端

$A>B$—$A>B$ 级联输入端

$A<B$—$A<B$ 级联输入端

$A=B$—$A=B$ 级联输入端

$B_0 \sim B_3$—B 数据输入端

$F_{A>B}$—A 大于 B 输出端

$F_{A<B}$—A 小于 B 输出端

$F_{A=B}$—A 等于 B 输出端

V_{DD}—正电源

V_{SS}—地

输　入							输　出		
A_3B_3	A_2B_2	A_1B_1	A_0B_0	$A<B$	$A=B$	$A>B$	$F_{A>B}$	$F_{A=B}$	$F_{A<B}$
$A>B$	×	×	×	×	×	H	L	L	H
$A=B$	$A>B$	×	×	×	×	H	L	L	H
$A=B$	$A=B$	$A>B$	×	×	×	H	L	L	H
$A=B$	$A=B$	$A=B$	$A>B$	×	×	H	L	L	H
$A=B$	$A=B$	$A=B$	$A=B$	L	L	H	L	L	H
$A=B$	$A=B$	$A=B$	$A=B$	L	H	H	L	H	L
$A=B$	$A=B$	$A=B$	$A=B$	H	L	H	H	L	L
$A=B$	$A=B$	$A=B$	$A<B$	×	×	×	H	L	L
$A=B$	$A=B$	$A<B$	×	×	×	×	H	L	L
$A=B$	$A<B$	×	×	×	×	×	H	L	L
$A<B$	×	×	×	×	×	×	H	L	L

CD40106　　六反相器（有施密特触发器）

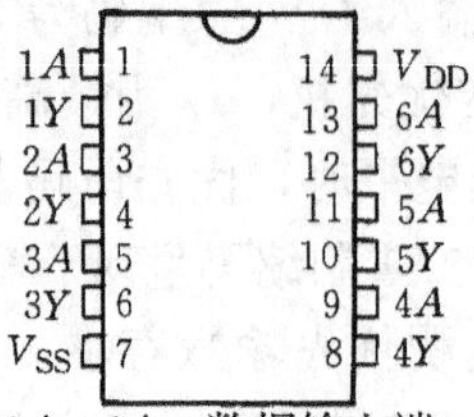

1A～6A—数据输入端

1Y～6Y—数据输出端

CD40106 由 6 个施密特触发器电路组成。每个电路均为在两输入端具有施密特触发功能的反相器。触发器在信号的上升和下降沿的不同点开、关。上升电压（V_{T+}）和下降电压（V_{T-}）之差定义为滞后电压。

CD40147　　10 线-4 线优先编码器（BCD 输出）

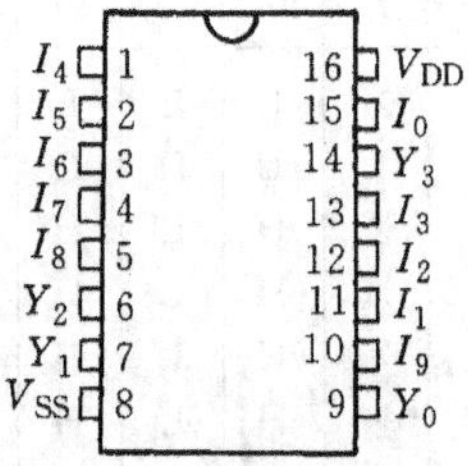

I_0～I_9—数据输入端

Y_0～Y_3—编码输出端

CD40147 编码器具有对输入信号进行优先编码的功能，可保证仅有最高级数据线编码。10 条数据输入线（0～9）编码为 4 条线（8，4，2，1）（BCD 输出）。最高优先线为第 9 条线，当所有输入线为逻辑 0 时，所有输出线为逻辑 1，所有输入和输出都经过缓冲，且每个输出可驱动一个 TTL 低功耗肖特基负载。

输入										输出			
I_0	I_1	I_2	I_3	I_4	I_5	I_6	I_7	I_8	I_9	Y_0	Y_1	Y_2	Y_3
H	L	L	L	L	L	L	L	L	L	L	L	L	L
×	H	L	L	L	L	L	L	L	L	L	L	L	H
×	×	H	L	L	L	L	L	L	L	L	L	H	L
×	×	×	H	L	L	L	L	L	L	L	L	H	H
×	×	×	×	H	L	L	L	L	L	L	H	L	L
×	×	×	×	×	H	L	L	L	L	L	H	L	H
×	×	×	×	×	×	H	L	L	L	L	H	H	L
×	×	×	×	×	×	×	H	L	L	L	H	H	H
×	×	×	×	×	×	×	×	H	L	H	L	L	L
×	×	×	×	×	×	×	×	×	H	H	L	L	H
L	L	L	L	L	L	L	L	L	L	H	H	H	H

2.3.2　TTL 与 CMOS 系列典型特性和性能比较

TTL 典型特性如表 2-30 所示，双极型与 CMOS 一般特性比较如表 2-31 所示，TTL、ECL、CMOS 集成电路主要性能参数比较如表 2-32 所示，各类数字集成电路适用频率范围如表 2-33 所示，CMOS 驱动能力如表 2-34 所示，各类数字集成电路的直流输出能力如表 2-35 所示，TTL 数字集成电路互连驱动输入端数如表 2-36 所示。

表 2-30　TTL 典型特性

类别	参　数	符号/单位	74	74H	74S	74LS	74L	测 试 条 件	说　明
			T1000	T2000	T3000	T4000			
门	输入高电平	U_{IH}/V	≥2						
	输入低电平	U_{IL}/V	≤0.8						
	输出高电平	U_{OH}/V	≥2.4		≥2.7			V_{CC}=MIN　V_{IH}=2V I_{OH}=MAX	

（续）

类别	参数	符号/单位	74 T1000	74H T2000	74S T3000	74LS T4000	74L	测试条件		说明
门	输出低电平	U_{OL}/V	≤0.4		≤0.5		≤0.4	V_{CC}=MIN V_{IH}=2V I_{OL}=MAX		不包括驱动器
	每门静态功耗	P_D/mW	10	22	19	2	1			
	最大输入电压时输入电流	I_I/mA	1	1	1		0.1	U_I=5.5V	V_{CC}=MAX	
						0.1		U_I=7V		
	输入高电平电流	I_{IH}/μA	40	50			10	U_I=2.4V		
					50	20		U_I=2.7V		
	输入低电平电流	I_{IL}/mA					−0.18	U_I=0.3V		
			−1.6	−2		−0.4		U_I=0.4V		
					−2		0.4	U_I=0.5V		
	平均延时时间	t_{pd}/ns	10	6	3	9.5	33			随C_L增大而增大
触发器	时钟输入频率	f_{cp}/MHz	≤25	≤50	≤80	≤33	≤3			

表 2-31 双极型与 CMOS 一般特性比较

特性	符号/单位	LS	ALS	HS-CMOS	ACMOS
工作电压范围	$V_{CC/EE/DD}$/V	5±5×5%	5±5×10%	2.0～6.0	2.0～6.0
工作温度范围	T_A（74 系列）/℃	0～+70	0～+70	−40～+85	−40～+85
输入电压	V_{IHmin}/V	2.0	2.0	3.15	3.15
	V_{ILmax}/V	0.8	0.8	0.9	1.35
输出电压	V_{OHmin}/V	2.7	2.5	V_{CC}-0.1	V_{CC}-0.1
	V_{OLmax}/V	0.5	0.5	0.1	0.1
输入电流	I_{IH}/μA	20	20	+1.0	+1.0
	I_{IL}/μA	−400	−100	−1.0	−1.0
DC 噪声容限	DCM/V	0.3/0.7	0.3/0.5	0.8/1.25	1.25/1.25
DC 扇出（LSTTL）		20	20	10	60

表 2-32 TTL、ECL、CMOS 集成电路主要性能参数比较

电路种类		电源电压/V	传输延迟时间/ns	静态功耗/mW	功耗-延迟积/PJ	直流噪声容限 U_{NL}/V	直流噪声容限 U_{NH}/V	输出逻辑摆幅/V
TTL	74 系列	+5	10	15	150	1.2	2.2	3.5
	74LS 系列	+5	7.5	2	15	0.4	0.5	3.5
ECL	10K 系列	−5.2	2	25	50	0.155	0.125	0.8
	100K 系列	−4.5	0.75	40	30	0.135	0.130	0.8
CMOS	V_{DD}=+5V	+5	45	5×10^{-3}	225×10^{-3}	2.2	3.4	5
	V_{DD}=+15V	+15	12	15×10^{-3}	180×10^{-3}	6.5	9.0	15
高速 CMOS		+5	8	1×10^{-3}	8×10^{-3}	1.0	1.5	5

表 2-33 各类数字集成电路适用频率范围

系列类型	适用工作频率范围	
4000B	100kHz 以下	频率均可低至直流，但输入脉冲的上升/下降时间不能太慢
74	30MHz 以下	
74LS	30MHz 以下	
74HC	30MHz 以下	
74ALS	50MHz 以下	
74S	80MHz 以下	
74AS	100MHz 以下	
ECL	100～1000MHz	

表 2-34 CMOS 驱动能力

驱动源＼接收端		LS-TTL	S-TTL
4000B 系列	4011B	1	0
TC40H 系列	TC40H000	2	0
74HC 系列	74HC00	10	2
LS-TTL	74LS00	20	4

表 2-35 各类数字集成电路的直流输出能力

类型	型号例	输出高电平驱动同类器件 FO_H（静态）	输出低电平驱动同类器件 FO_L（静态）
CMOS（四 NAND）	4011B	很大	＞1000
	TC40H000	很大	＞1000
	74HC00	很大	＞1000
TTL（四 NAND）	74LS00	20	20
	74S00	20	10
	74ALS00	20	80
	74F00	50	33
	74AS00	100	40
ECL（四 NOR）	10102	＞100	＞100
	100102	＞100	＞100

表 2-36 TTL 数字集成电路互连驱动输入端数

驱动源＼接收端	STD-TTL	H-TTL	L-TTL	S-TTL	LS-TTL	AS-TTL	F-TTL	ALS-TTL
标准 TTL（STD-TTL）	10	8	88	8	44	8	26	40
高速型（H-TTL）	12	10	111	10	55	10	33	50
低功耗型（L-TTL）	2	1	20	1	10	1	6	9
肖特基型（S-TTL）	12	10	111	10	55	10	33	50
低功耗肖特基（LS-TTL）	5	4	44	4	22	4	13	20
高速肖特基（AS-TTL）	12	10	111	10	55	10	33	50
高速肖特基（F-TTL）	12	10	111	10	55	10	33	50
高速低功耗肖特基（ALS-TTL）	5	4	44	4	22	4	13	20

2.3.3 555 集成定时器

555 是一种模拟、数字混合式单定时器集成电路。由于使用灵敏、方便，因而在波形的产生与变换、控制等许多方面都有广泛应用。

556 是双定时器电路，片内封装有两个独立的 555 电路。7555 和 7556 都是采用 CMOS 工艺的定时器。555 的典型、主要的性能参数如表 2-37 所示，7555 的典型、主要的性能参数如表 2-38 所示。

表 2-37　555 的典型、主要的性能参数

参数名称	符号/单位	测试条件	参　数
电源电压	V_{CC}/V		5～16
电源电流	I_{CC}/mA	V_{CC}=15V，$R_L=\infty$	10
阈值电压	U_{TH}/V	V_{CC}=15V	10
阈值电流	I_{TH}/μA	V_{CC}=15V	0.1
触发电压	U_{TR}/V	V_{CC}=15V	5
触发电流	I_{TR}/μA	V_{CC}=15V	0.5
控制电压	U_{CO}/V	V_{CC}=15V	10
输出低电平	U_{OL}/V	V_{CC}=15V，I_L=−50mA	1
输出高电平	U_{OH}/V	V_{CC}=15V，I_L=50mA	13.3
复位电压	U_R/V	V_{CC}=15V	≤0.4
复位电流	I_R/mA	V_{CC}=15V	≥0.5
最大输出电流	I_{omax}/mA	V_{CC}=15V	≤200
最高振荡频率	f_{max}/kHz	V_{CC}=15V	≤300
输出上升时间	t_r/ns	V_{CC}=15V	≤150
时间误差	Δt/%	V_{CC}=15V	≤5
时间误差温度漂移	$\frac{\Delta f}{f}/\Delta T$/（%/℃）	V_{CC}=15V	0.05
时间误差电压漂移	$\frac{\Delta f}{f}/\Delta V_{CC}$/（%/V）	V_{CC}=5～15V	0.05

表 2-38　7555 的典型、主要的性能参数

参数名称	符号/单位	测试条件	参　数
电源电压	V_{DD}/V	−40℃≤T_A≤+85℃	3～18
电源电流	I_{DD}/μA	V_{DD}=3V	60
		V_{DD}=18V	120
时间误差	初始精度/%	R_1、R_2 为 1kΩ～100kΩ	≤5
	温漂/（10^{-6}/℃）	C=0.1μF	50
	随电压漂移/（%V）	5V≤V_{DD}≤15V	1.0
阈值电压	U_{TH}/V	5V≤V_{DD}≤15V	2/3V_{DD}
触发电压	U_{TR}/V	5V≤V_{DD}≤15V	1/3V_{DD}
触发电流	I_{TR}/pA	V_{DD}=15V	50
复位电流	I_R/pA	V_{DD}=15V	100
复位电压	U_R/V	5V≤V_{DD}≤15V	0.7
控制电压	U_{CO}/V	5V≤V_{DD}≤15V	2/3V_{DD}
输出低电平	U_{OL}/V	V_{DD}=15V，I_{OL}=−3.2mA	0.1
输出高电平	U_{OH}/V	V_{DD}=15V，I_{OH}=1mA	14.8
输出上升时间	t_r/ns	R_L=10MΩ，C_L=10pF	40
输出下降时间	t_f/ns	R_L=10MΩ，C_L=10pF	40
最高振荡频率	f_{max}/kHz	无稳态振荡	≤500

555 定时器的引脚排列图如图 2-22 所示，其原理框图如图 2-23 所示，其功能表如表 2-39所示。

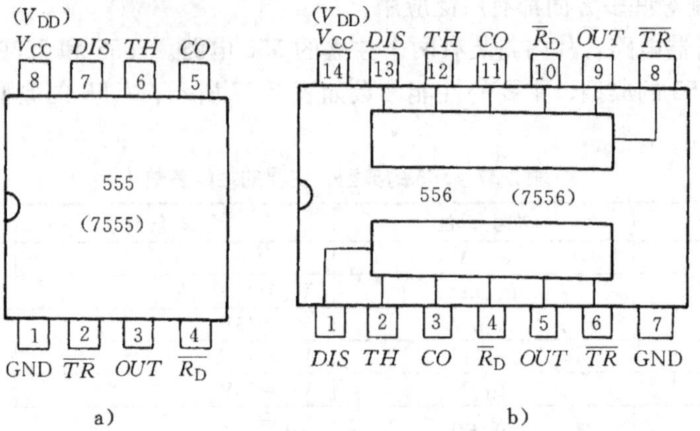

图 2-22　555 定时器的引脚排列图

引脚说明：

TH—阈值输入端　　*DIS*—放电端

$\overline{TR}$—触发输入端　　V_{DD}—电源

CO—控制电压　　$\overline{R}_D$—清零端

OUT—输出端

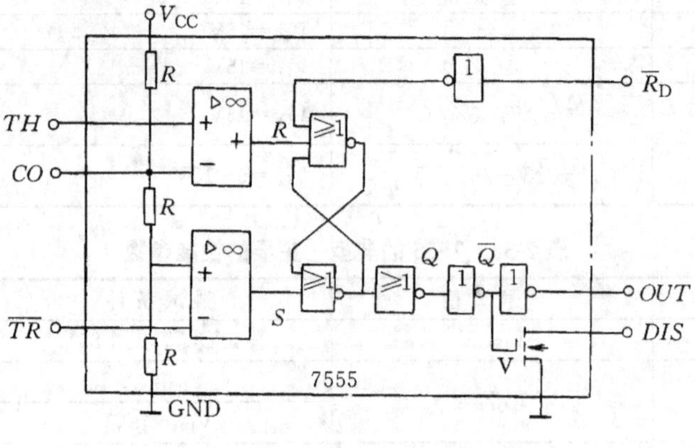

图 2-23　555 定时器原理框图

表 2-39　555 定时器功能表

$\overline{R}_D$	TH	$\overline{TR}$	OUT	V
1	$>\frac{2}{3}V_{CC}$	$>\frac{1}{3}V_{CC}$	0	导通
1	$<\frac{2}{3}V_{CC}$	$>\frac{1}{3}V_{CC}$	原态	原态
1	×	$<\frac{1}{3}V_{CC}$	1	截止
0	×	×	0	导　通

2.3.4　数/模转换器、模/数转换器

数/模（D/A）、模/数（A/D）转换器大多在工业系统与计算机采集系统中使用。也在激光唱机、视盘机、数字电视中大量使用 D/A、A/D 器件。

(1) DAC7520　8/10 位 D/A 转换器

DAC7520 是一种不含寄存器、基准电压源和运算放大器、采用 CMOS 工艺的 10 位二进制数字-模拟通用接口，数字输入电平与 TTL、DTL 及 CMOS 兼容。电源电压可从 +5V 到 +15V。其电路外引线排列如图 2-24b 所示，其电路结构如图 2-24a 所示。目前已有低功耗改良型 7533 及 8 位产品 7523。DAC7520 的主要电参数如表 2-40 所示。

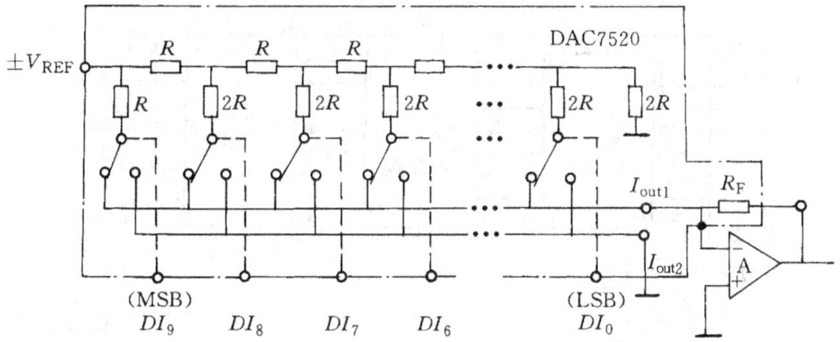

a)

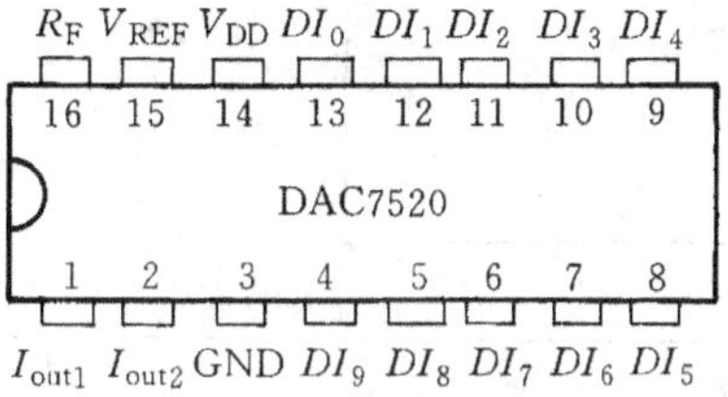

b)

图 2-24　DAC7520 的电路结构和外引线排列图

a) 电路结构　b) 外引线排列

引出端符号说明：

DI_0～DI_9—数字输入端　　V_{DD}—正电源

GND—地　　V_{REF}—基准电压

I_{out1}，I_{out2}—电流输出端　　LSB—最低有效位（二进制）

R_F—反馈电阻端　　MSB—最高有效位（二进制）

表 2-40　DAC7520 的主要电参数

参数名称	单　位	参数值			
		7520A	7520J	7520K	7520L
分辨率	位	10	10	10	10
非线性误差	满度值（%）	≤0.4（7 位）	≤0.2（8 位）	≤0.1（9 位）	≤0.05（10 位）
建立时间	ns	≤500	≤500	≤500	≤500
满度温度系数	10^{-6}/℃	≤40	≤40	≤40	≤40
数字输入高电平	V	≥3.4	≥3.4	≥3.4	≥3.4
功耗（包括 R-2R 网络）	mW	≤50	≤50	≤50	≤50
电源电压范围	V	+5～+15	+5～+15	+5～+15	+5～+15
基准电压范围	V	−10～+10	−10～+10	−10～+10	−5～+5

注：工作电压范围：5～15V。

基准电压基准：$|V_{REF}| \leqslant V_{DD}$。

（2）DAC0832　8 位 D/A 转换器

DAC0832 是 CMOS 型 8 位数字-模拟转换器，用倒 T 形电阻网络转换是电流输出型，需外加运算放大器。数据输入可以直通数字输入、双缓冲输入或单缓冲输入三种工作方式。可与微处理器直接接口，电源电压可从＋5V 到＋15V。其电路结构如图 2-25a 所示，外引线排列如图 2-25b 所示。DAC0832 的电参数如表 2-41 所示。

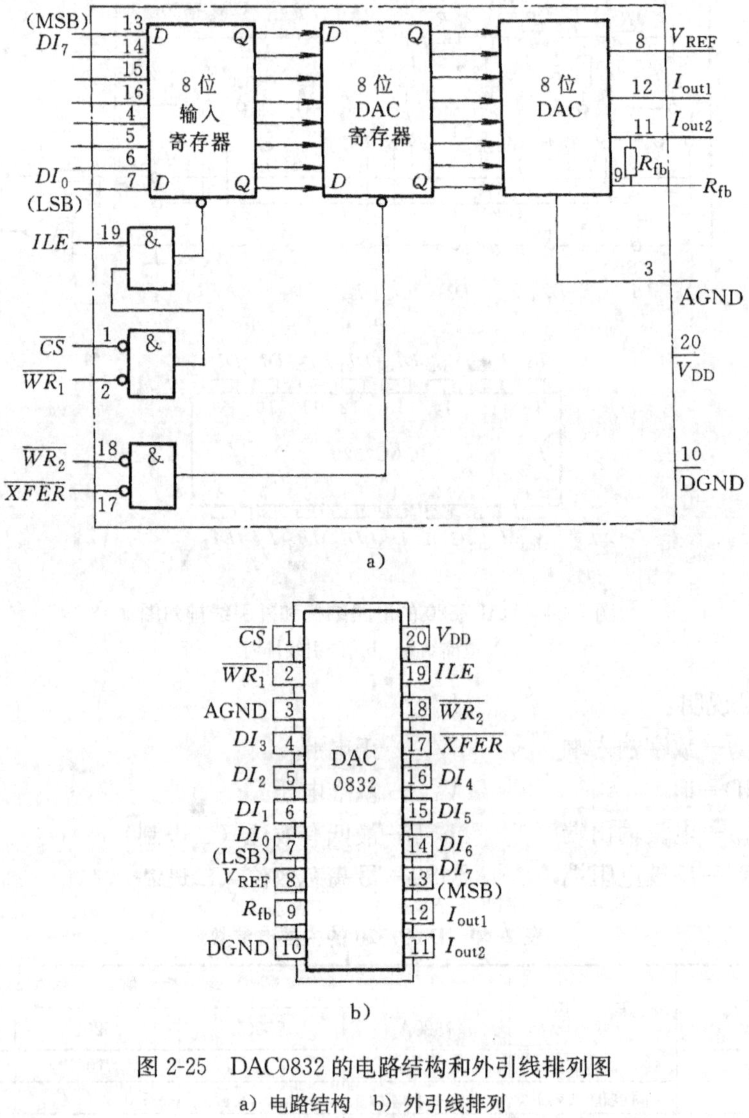

图 2-25　DAC0832 的电路结构和外引线排列图

a）电路结构　b）外引线排列

引出端符号说明：

ILE—字节控制端	I_{out1}，I_{out2}—电流输出端
$\overline{CS}$—片选端	R_{fb}—反馈电阻端
$DI_0 \sim DI_7$—数字量输入端	V_{DD}—正电源端
AGND—模拟电路地	V_{REF}—基准电压
DGND—数字电路地	$\overline{WR_1}$、$\overline{WR_2}$—写脉冲输入端

$\overline{XFER}$—传送控制端　　MSB—最高有效位（二进制）

LSB—最低有效位（二进制）

表 2-41　DAC0832 电参数

参数名称	符号/单位	最小	典型	最大	参数名称	符号/单位	最小	典型	最大
线性误差	E_L/%FSR			0.2	数字输入电压	U_{IL}/V			0.8
增益误差	E_G/%FSR		0.2	1.0	数字输入电流	I_{IH}/μA		−50	−200
电源电流	I_{DD}/mA		1.2	2.0		I_{IL}/μA		0.1	10
数字输入电压	U_{IH}/V	2.0			建立时间	t_s/μs		1	

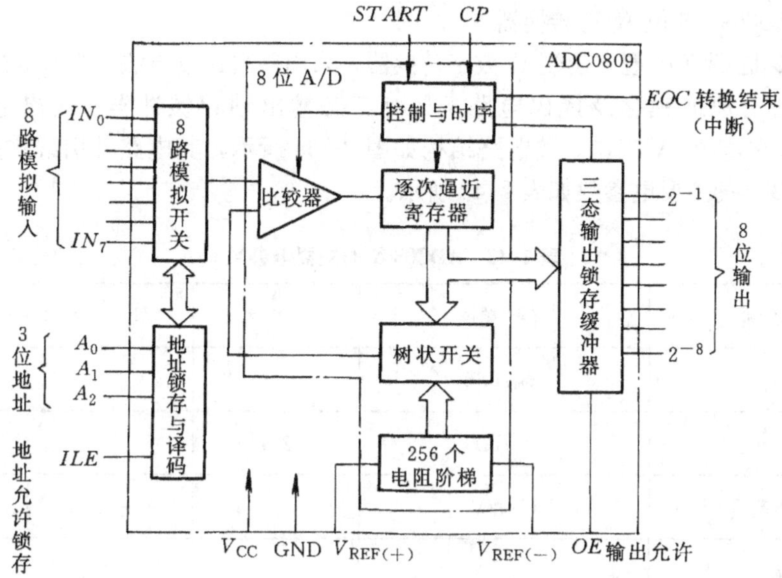

a）

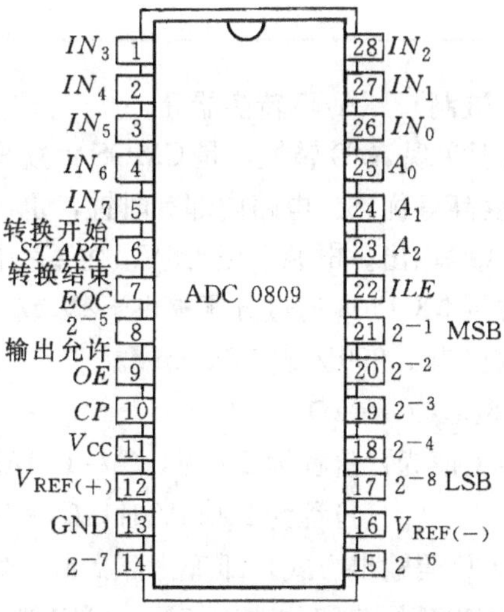

b）

图 2-26　ADC0809 的电路结构和外引线排列图

a）电路结构　b）外引线排列图

引出端符号说明：

A_0～A_2—锁存器地址输入端
ILE—锁存器地址控制端
2^{-1}～2^{-8}—二进制数据输出端
CP—时针脉冲输入端
OE—输出允许端
EOC—转换结束控制端
GND—地
IN_0～IN_7—模拟信号输入端
LSB—最低有效位（二进制）
MSB—最高有效位（二进制）
START—起始端
V_{CC}—正电源
$V_{REF(+)}$—基准电压正端
$V_{REF(-)}$—基准电压负端

（3）ADC0809　8位A/D转换器

ADC0809是CMOS型8位模拟-数字转换器，采用逐次比较方法，内含8通道多路开关以及相应的通道地址锁存及译码电路。具有三态输出锁存缓冲器，输出电平与TTL、CMOS兼容。单电源5V工作。其电路结构如图2-26a所示，其电路外引线排列如图2-26b所示。ADC0809的主要电参数如表2-42所示。

表2-42　ADC0809的主要电参数

参数名称	符号/单位	典　型	最　大	最　小
不可调误差	E_{tot}/LSB		1	
输入电阻	R_i/kΩ	2.5		1.0
模拟输入电压范围	U_{ICR}/V		V_{CC}+0.1	−0.1
三态输出电流	I_O/μA		3	
转换时间	t_c/μs	100	110	90

（4）MC14433　3½（十进制）　A/D转换器

MC14433采用双积分原理实现A/D转换，是CMOS大规模集成电路，具有功耗低、输入阻抗高，外接元件少，精度高等优点。电路内部有时钟，也可使用外时钟输入，时钟频率范围20～400kHz，有BCD代码输出。电源电压±5V。主要特性如下：

1）基准电压须外接。常用MC1403通过分压提供+2V或+200mV基准电压。

2）被测模拟电压输入量程为1.999V或199.9mV。

3）外接振荡电阻R_C典型值为470kΩ。

4）外接积分阻容元件典型值为：量程为2V时，C_1=0.1μF，R_1=470kΩ

量程为200mV时，C_1=0.1μF，R_1=27kΩ

5）采用字位动态扫描BCD码输出方式，即千、百、十、个各位BCD码轮流在Q_0～Q_3端输出，同时在DS_1～DS_4端出现同步字位选通信号，可实现LED动态扫描显示。

6）A/D转换速率为4～10次/s。

其电路结构如图2-27a所示，其外引线排列如图2-27b所示。

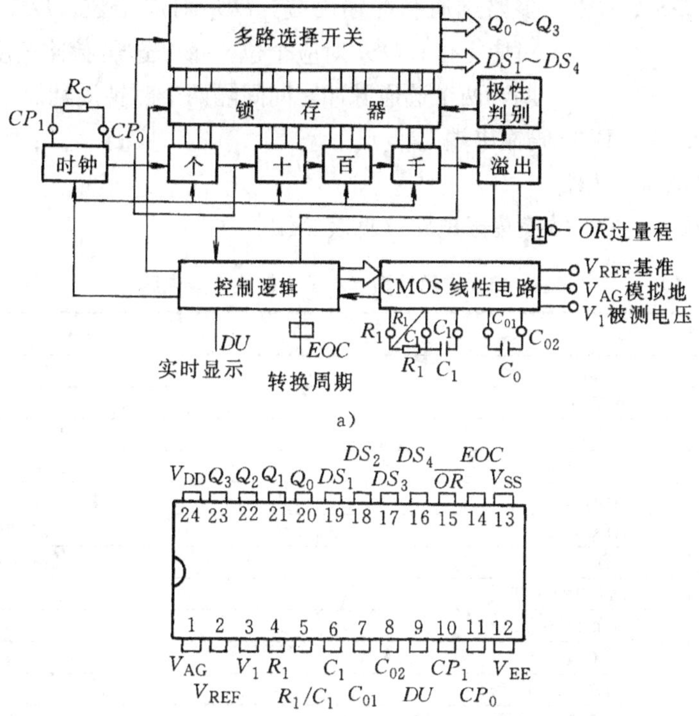

图 2-27 MC14433 的电路结构和外引线图

a）电路结构 b）外引线排列图

注：图 2-27a 中的 R_1、C_1、R_C、C_0 为外接元件。

引出端符号说明：

V_{AG}—被测电压 V_I 和基准电压 V_{REF} 的地电位

V_{REF}—外接基准电压（2V 或 200mV）输入端

V_I—被测电压输入端

R_1、R_1/C_1、C_1—外接积分阻容元件端、外接元件

典型值：$C_1=0.1\mu F$(聚脂薄膜电容)；$R_1=470k\Omega$(2V 量程)，$R_1=27k\Omega$(200mV 量程)

C_{01}、C_{02}—外接失调补偿电容端。典型值：$C_0=0.1\mu F$

DU—实时显示控制端，*DU* 端输入一正脉冲，输出端就输出 A/D 转换结果。若和本电路的 EOC 端连接，则每次 A/D 转换结果均输出。

CP_1、CP_0—时钟振荡器外接电阻端，外接电阻 R_C 为 300kΩ 时，振荡频率为 66kHz。其中 CP_0 为时钟信号输出端，CP_I 为时钟信号输入端，使用外部时钟信号时由此输入。

V_{EE}—电路的电源最负端，$V_{AG}-V_{EE}\geqslant 2.8V$

V_{SS}—除 CP_0 外所有输出端的低电平基准，$V_{DD}-V_{SS}\geqslant 5V$

EOC—转换周期结果标志输出，每一 A/D 转换周期结束，*EOC* 输出一个正脉冲，宽度为时钟周期的二分之一。

$\overline{OR}$—过量程标志输出。当 $|V_I|>V_{REF}$ 时，$\overline{OR}$输出为低电平。

DS_4、DS_3、DS_2、DS_1—多路选通脉冲输出端，DS_1 对应千位，DS_2 对应百位，DS_3 对应十位，DS_4 对应个位。每个选通脉冲宽度为 18 个时钟周期，两个选通脉冲之间间隔两个时钟周期。

Q_0、Q_1、Q_2、Q_3—BCD 码输出端

V_{DD}—正电源电压输入端

（5）常用模数（A/D）转换集成电路（见表 2-43）

表 2-43 常用模数（A/D）转换集成电路

性能	型号	
一般用途	AD570	8 位
廉价	AD571	10 位
高速高精度	AD572	12 位 25μs
	ADC1131	14 位 12μs
	ADC1130	14 位 25μs
	ADC84-12	ADC-85-12
	ADC85C-12	ADC60-12
	MAS12/10/8 位	2/1.5/1μs
高分辨率	ADC1130 14 位	
	ADC1131	
	AD7550 13 位	
低功耗	AD7570 10 位	
	AD7550 13 位	
	AD7574 8 位	
与微机兼容	AD7550	
	AD7574	
	AD7571	
	AD574	
混合式	AD578	
廉价与微机兼容	ADC0808/0809/0816	
视频专用	CA3300D CA3306D CA3318CE	
	MATV-0820 MATV-0816	
超高速	HAS0802	
	MAH-1001-5	

（6）常用数模（D/A）转换集成电路（见表 2-44）

表 2-44 常用数模（D/A）转换集成电路

性能	型号	
一般用途	AD7523	8 位
	AD7533	10 位
廉价	AD559	8 位
	AD1408	8 位
国家半导体系列	DAC 0800	
	DAC 0802	
	DAC 0832	
	DAC 1208 12 位	
	DAC 1210 微机兼容 12 位	
	DAC 1220 二进制倍乘	

（续）

性　能	型　号
国家半导体系列	DAC　1222
	DAC　1230 微机兼容双缓冲
	DAC　1231
高速多路	ADPAC　80
高速	AD565　12 位　200ns
高速	AD566　12 位　200ns
高精度	AD562　12 位　1.5μs
	AD563　12 位　1.5μs
高速	DAC1108　12 位/10 位/8 位　150/50/25μs
	HDS　12 位/10 位/8 位　50/25/25μs
高分辨率	DAC1136（16 位）　DAC1138（18 位）
低功耗	AD7524（8 位）　AD754（12 位）　AD7546（16 位）　AD752（12 位）
带数字寄存器	AD7524　AD7542　AD7522

2.3.5　达林顿电流驱动器

（1）MC1411/1412/1413/1416 七 NPN 达林顿晶体管阵列

达林顿电流驱动器具有体积小，参数一致和高可靠性等特点，特别适用于高电压、强电流的外围驱动器，可直接驱动灯、继电器等、内部的续流二极管保证了与电感性负载连接的安全。图 2-28 是 MC1411 系列内部结构，图 2-29 是 MC1411 系列的外引线排列图。MC14×× 系列特性如表 2-45 所示，MC1411/1412/1413/1416 的主要电参数如表 2-46 所示。

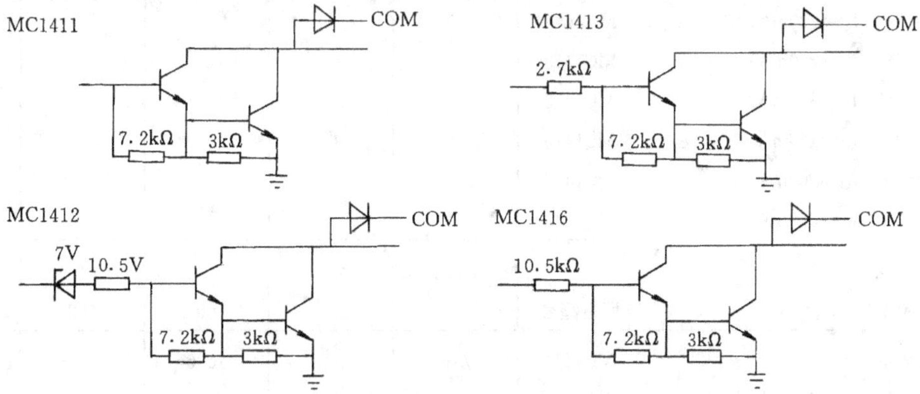

图 2-28　MC1411 系列内部结构

表 2-45　MC14××系列特性

型　号	特　性		
	输入适用性	V_{XEmax}/I_{cmax}	T_A
MC1411P	通用（TTL、CMOS、PMOS）	50V/500mA	0～+85℃
MC1412P	14～25V　PMOS	50V/500mA	0～+85℃
MC1413P	5V　TTL、CMOS	50V/500mA	0～+85℃
MC1416P	6～15V CMOS、PMOS	50V/500mA	0～+85℃

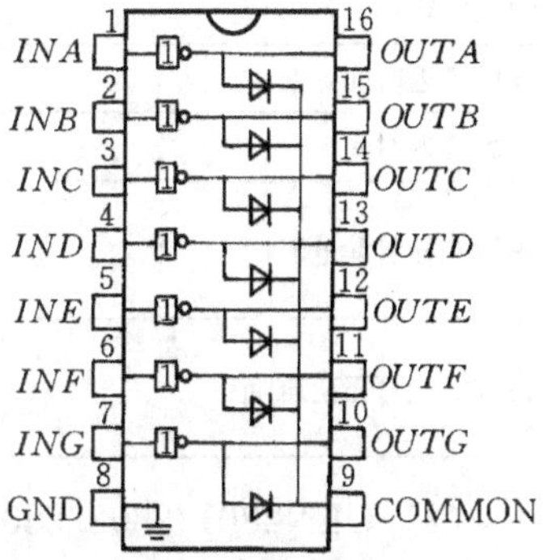

图 2-29　MC1411 系列外引线排列图

表 2-46　MC1411/1412/1413/1416 的主要电参数

特　　性		符　　号	单　　位	最小值	典型值	最大值
输出漏电流		I_{CEX}	μA			
（V_o=50V，T_A=70℃）	所有型号					100
（V_o=50V，T_A=50℃）	所有型号					50
（V_o=50V，T_A=70℃，V_1=6V）	MC1412					500
（V=50V，T_A=70℃，V_1=1V）	MC1412					500
集电极-发射极饱和压降		V_{CES}	V			
（I_C=350mA，I_B=500μA）	所有型号				1.1	1.6
（I_C=200mA，I_B=250μA）	所有型号				0.95	1.3
（I_C=100mA，I_B=250μA）	所有型号				0.85	1.1
输入电流-通态		$I_{I(on)}$	mA			
（V_1=17V）	MC1412				0.85	1.3
（V_1=3.85V）	MC1413				0.93	1.35
（V_1=5.0V）	MC1416				0.35	0.5
（V_1=12V）	MC1416				1.0	1.45
输入电压-通态		$V_{1(on)}$	V			
（V_{CE}=2V，I_C=300mA）	MC1412					1.3
（V_{CE}=2V，I_C=200mA）	MC1413					2.4
（V_{CE}=2V，I_C=250mA）	MC1413					2.7
（V_{CE}=2V，I_C=300mA）	MC1413					3.0
（V_{CE}=2V，I_C=125mA）	MC1416					5.0
（V_{CE}=2V，I_C=200mA）	MC1416					6.0
（V_{CE}=2V，I_C=350mA）	MC1416					8.0
输入电流-断态		$I_{1(off)}$	μA			
（I_C=500μA，T_A=70℃）	所有型号			50	100	
直流电流增益 （V_{CE}=2V，I_C=350mA）	MC1411	h_{FE}		1000		
输入电容		C_1	pF		15	30
开启延迟时间		t_{on}	μs		0.25	1.0
关断延迟时间		t_{off}	μs		0.25	1.0
钳位二极管漏电流	T_A=25℃ T_A=75℃	I_k	μA			50 100
钳位二极管正向压降	（I_F=250mA）	V_F	V		1.5	2.0

（2）ULN2801/2802/2803/2804 八 NPN 达林顿晶体管阵列

图 2-30 是其内部电路。图 2-31 是其外引线图，它的电特性和 MC1411 系列类似，其中 ULN2804 与 MC1416 相当。

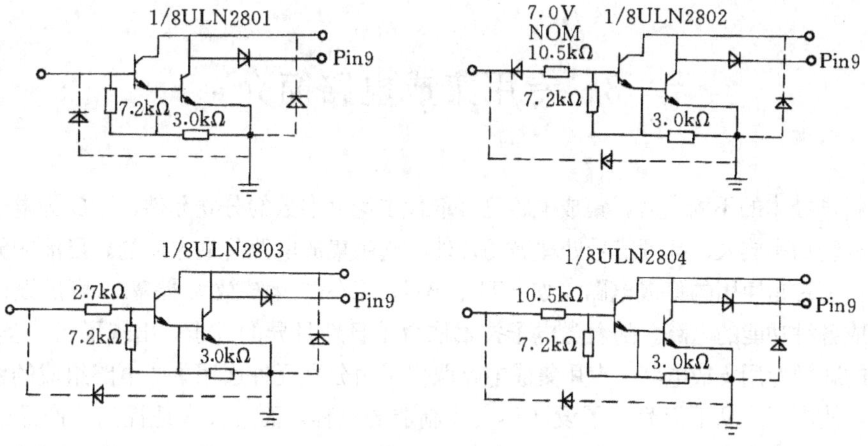

图 2-30　ULN2800 系列内部电路

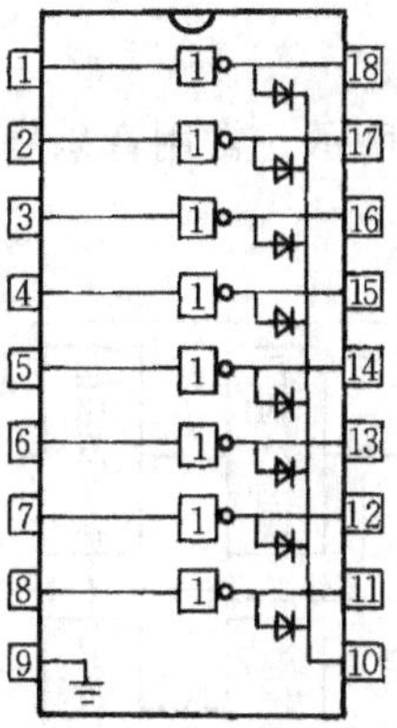

图 2-31　ULN2800
系列外引线图

3 专用集成电路简介

随着科学技术的不断发展，集成电路已经取代了绝大多数的分立元件，已成为电子器件的主流，除了有些功率放大、高频信号处理等场合外，选用集成电路是最方便的。目前的集成电路产品有两种：一种是通用的集成电路（如 TTL、A/D、D/A、运算放大器等），可供设计者像积木一样组配成各种功能的电路。随着微电子技术取得了日新月异的进步，出现了另一类使用方便、性能卓越的新颖专用集成电路。专用集成电路取代了由分立元件通用集成电路组成的繁琐复杂的电子线路，使电子产品不但简化了设计和安装制造的过程，而且极大地提高了产品的工作可靠性，降低了产品的成本。由于专用集成有着不可替代的优越性，因此它的应用领域不断拓宽。专用集成电路品种繁多。这里仅简单介绍一些常用的专用集成电路的特性，供参考。

3.1 音乐集成电路

音乐集成电路的结构图如图 3-1 所示。常用音乐集成电路的特点、封装形式及应用电路如表 3-1 所示。

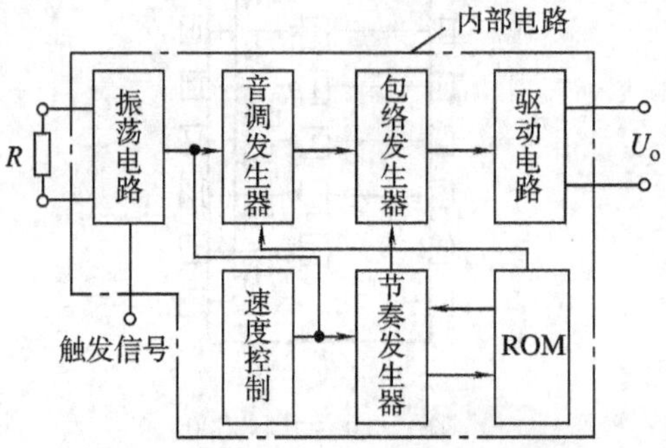

图 3-1 音乐集成电路的结构框图

表 3-1 常用音乐集成电路的特点、封装形式及应用电路

型号	特　点	封装形式及应用电路
HY-100系列	具有驱动能力大及输出端运用灵活的特点，⑤引脚可直接驱动扬声器。当用正脉冲触发②引脚时，可自动演奏长约20s的乐曲。常用于门铃电路	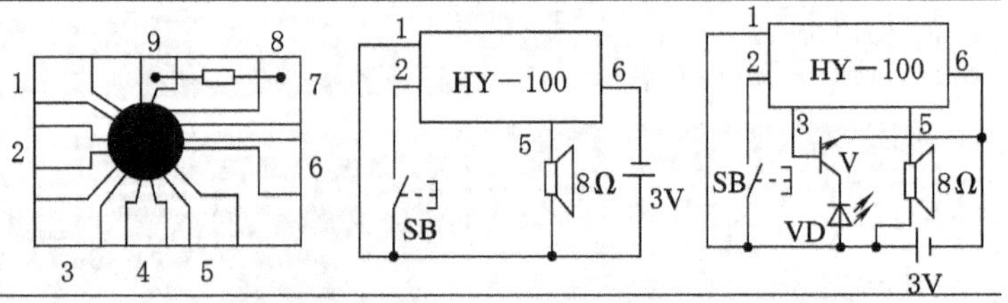
HY-1	当触发端受正脉冲触发后会立即输出单首音乐信号，乐曲结束时工作自动停止。当触发端与触发电平相连时，电路将反复鸣奏，直到脱离触发电平为止	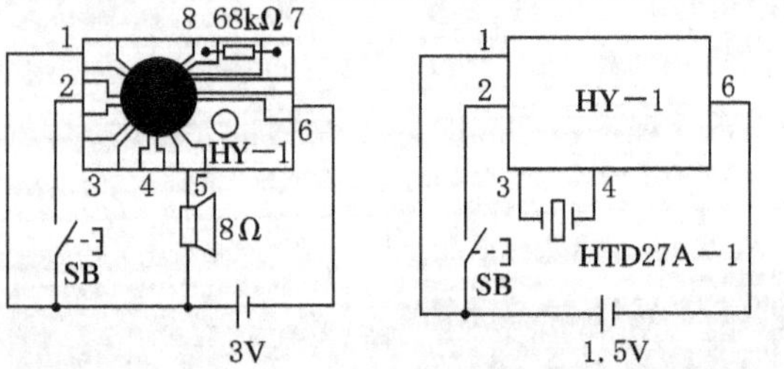

（续）

<table>
<tr><th>型号</th><th>特　点</th><th>封装形式及应用电路</th></tr>
<tr><td>HY-2</td><td>集成电路内存三首乐曲，每触发一次，输出的音乐信号便改变一次。当触发端与触发电平相连时，电路将反复鸣奏内存的三首乐曲，直到脱离触发电平为止</td><td>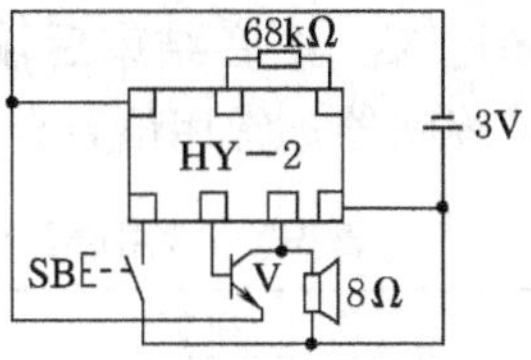</td></tr>
<tr><td>HY-3</td><td>HY-3 型音乐集成电路可存储 8～12 首乐曲，其触发方式同 HY-2。</td><td>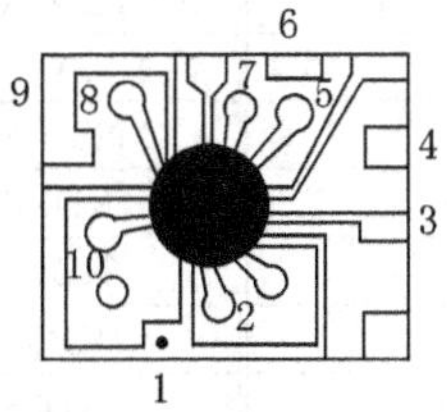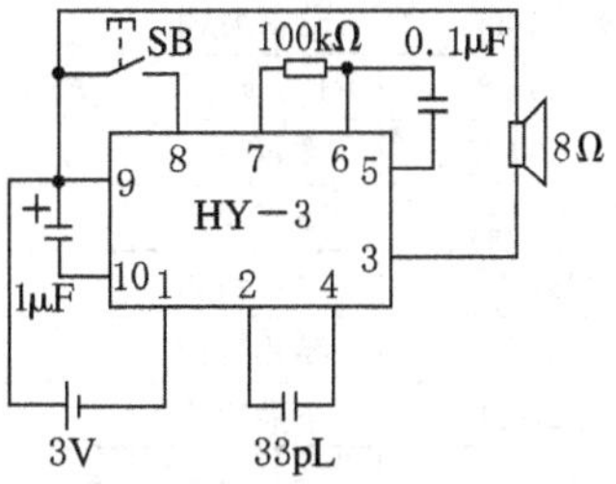</td></tr>
<tr><td>CIC2580 系列</td><td>单乐曲发生器，不能直接驱动扬声器工作
<table><tr><th>型号</th><th>曲名</th></tr><tr><td>2580</td><td>铃儿响叮当</td></tr><tr><td>2581</td><td>铃儿响叮当＋桑德卡拉斯进城＋圣诞快乐</td></tr><tr><td>2582</td><td>寂静的夜晚</td></tr><tr><td>2583</td><td>铃儿响叮当＋…</td></tr><tr><td>2584</td><td>小鼓手</td></tr><tr><td>2585
⋮</td><td>圣诞树</td></tr></table></td><td>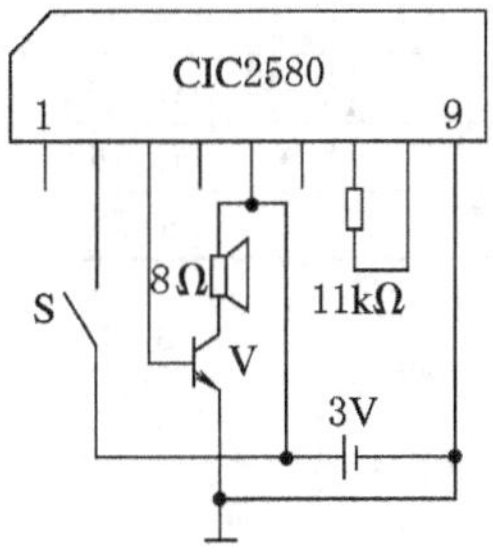a）S闭合反复回放乐曲电路
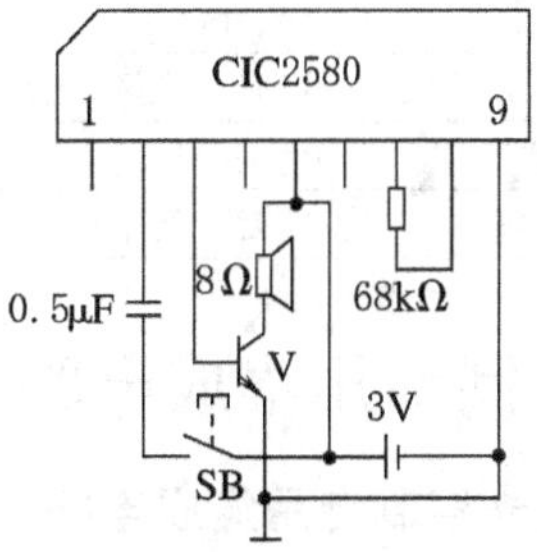b）每按动一次SB，可回放一次乐曲电路</td></tr>
<tr><td>CW9561</td><td>a）电路：当 S_2 置于 A、B、C 位置时，电路可分别发出报警声、汽笛声和警车声；当 S_1 闭合时，不论 S_2 置于任何位置，它都会发出机枪声
b）电路：当 S_2 置于各挡时，它会分别发出警笛声、机枪声、救护车声及消防车声</td><td>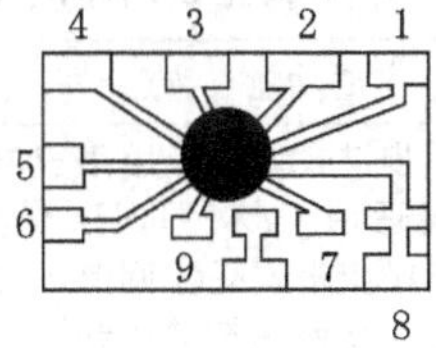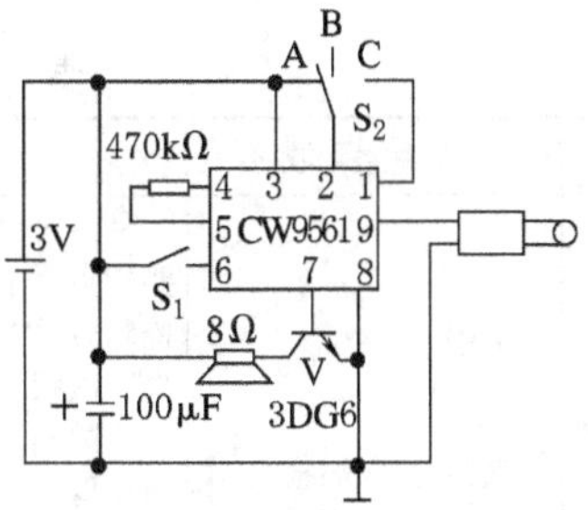a）
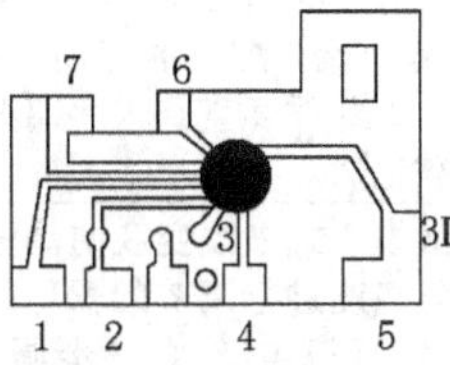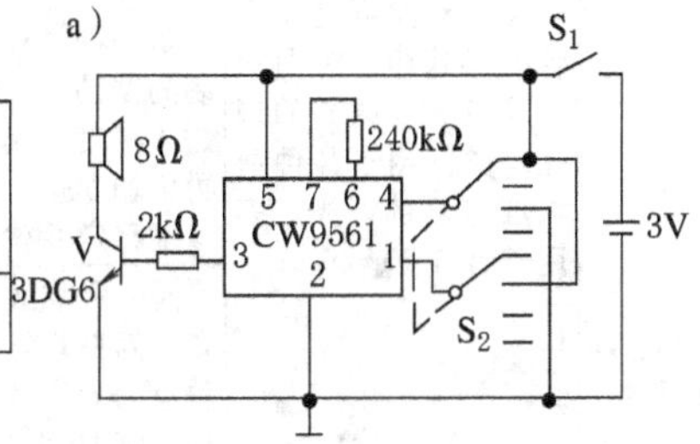b）</td></tr>
</table>

3.2 语音集成电路

MSS0283语音合成集成电路每触发一次，便可重复输出单一语音信号8次，每一次触发加静音的时间不超过6s，语音结束后输出一个停止信号，可用来控制其他电路工作。它可直接驱动扬声器或蜂鸣器。常用语音合成集成电路型号及语音内容如表3-2所示。

表3-2 常用语音合成集成电路型号及语音内容

型号	语音内容	型号	语音内容
MSS0283-06	鞭炮声	MSSA003-01	中文正点报时
MSS0283-25	恭喜发财	MSSA003-02	摇篮曲
MSS0283-98	I Love You（英语）	MSSW001-07	普通话北京报时
MSS0283-137	狗叫声	MSSW001-12	普通话现在时刻报时
MSS0283-141	新年快乐	MSSW001-13	英语现在时刻报时
MSS0287-17	生日快乐	KD153	叮咚
MSS0287-18	婴儿笑声	KD482H	汉语报时
MSS0287-24	小猫叫声	KD5603	欢迎光临
MSS0287-30	圣诞快乐	KD5604	谢谢光临
MSS0302-76	电话铃响	CI5603	欢迎光临
MSS1002-11	生日快乐歌	CI5604	谢谢光临
CI5605	喵、喵	HFC5212	嘟嘟，请注意！
XD-353	叮咚，您好，请开门！	HFC5219	有电危险，请勿靠近！
HFC5203	请关门！	HL-169A	请让路，谢谢！
HFC5209	嘀嘟，倒车！	SR8803A	不好了，小偷偷东西，快抓小偷呀！

3.3 控制专用集成电路

3.3.1 灯光控制专用集成电路

1. 调光专用集成电路

常用调光专用集成电路如表3-3所示。

表3-3 常用调光专用集成电路

型号	应用领域	主要功能与特点	电路
BA2101	适用于靠触摸方式来改变双向可控晶闸管的导通角，对白炽灯进行亮度调节的调光电路。用于各种白炽灯灯具的调光，多用于台灯及壁灯	是一种触摸步进式调光专用集成电路，主要特点是：可适用于50～60Hz交流市电；控制方式为三段步进式亮度调节，每触摸一次感应板，灯的亮度便按“弱光、中光，强光、关断、弱光、…”步进顺序循环供选择；功耗低，外围电路简单	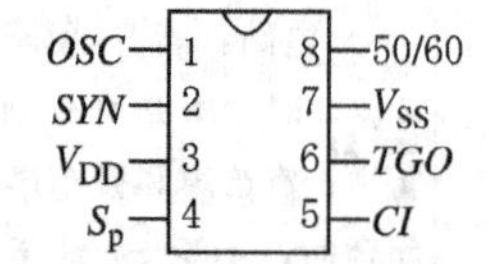
BA5030		是一种靠触摸对灯光亮度进行连续调节控制的器件，当触摸时间大于330ms时，电路进入亮度调节功能，灯光的亮度由强变弱，再由弱变强，如此循环直到人手离开，其亮度被稳定并被记忆	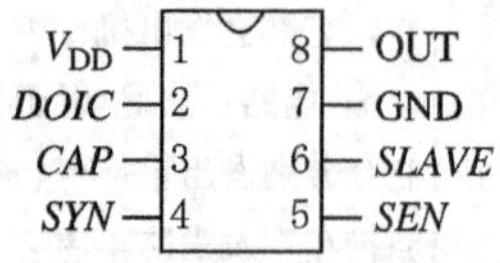
HT7704		是一种靠触摸方式来改变双向晶闸管导通角，对白炽灯亮度进行调节的器件。它有三种型号，其中HT7704A为三步调光模式，HT7704B为4步调光模式，HT7704C为开关工作模式	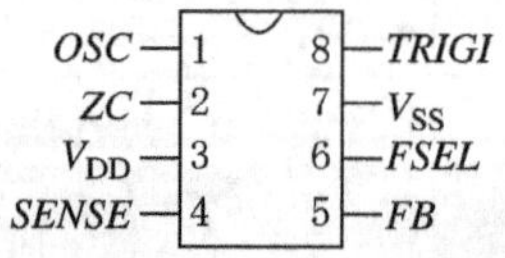

（续）

型　号	应用领域	主要功能与特点	电　路
HT7706	适用白炽灯的多功能调光	是一种键控式调光专用集成电路，它对灯具有多种控制功能：可无级调光；可分段调光；可延时关灯，亦可循环亮灭。这些功能均可由外电路的 4 个控制开关进行选择	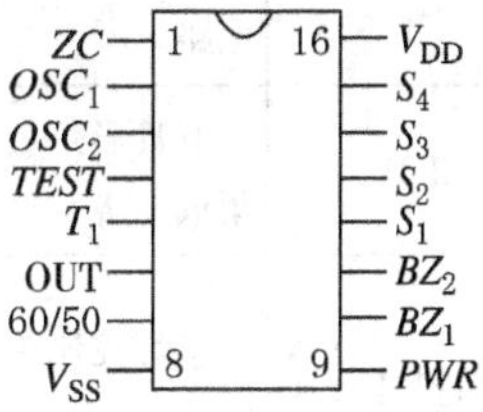

2. 闪光专用集成电路

常用闪光专用集成电路如表 3-4 所示。

表 3-4　常用闪光专用集成电路

型　号	应用领域	主要功能与特点	封装形式
SM170	可应用于电子门铃、电子玩具及电子仪表报警中	是一种具有低频输出的闪光讯响专用集成电路。其工作电压低为 2～6.5V，输出电流为 30mA，输出低频为 2～5Hz，音频为 1.5～3.5kHz。由它构成的闪光电路及讯响电路极为简单	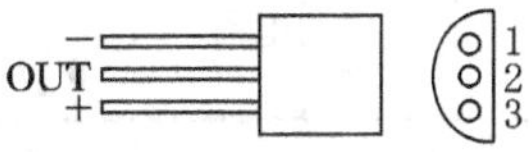
LM3909	适用于应急灯、应急开关及定位信标上使用	是一种单灯/LED 闪光驱动集成电路。其电源电压范围宽，可取，1.5V、3V、6V、85～200V，闪光频率可变为 1Hz、1.1Hz 及 2.6Hz，消耗电流也很小，为 0.32～12mA	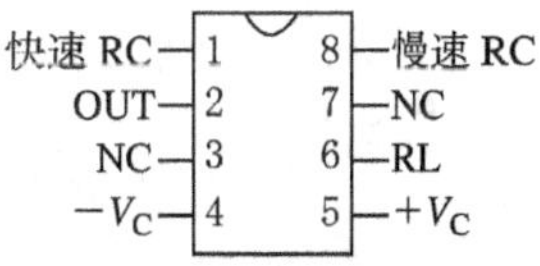
LZ2024	用于汽车转向灯的闪光及检测	是一种汽车转向灯控制专用集成电路，可直接驱动闪光继电器，控制汽车转向灯和监视灯同时闪光。在正常情况下，闪光频率为 1Hz，当转向灯损坏时，则通过电压检测，使闪光频率增加一倍	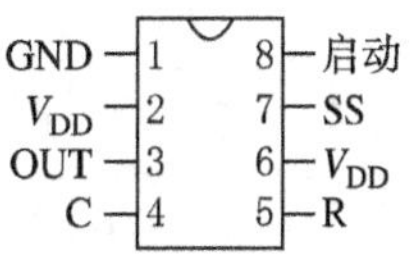

3. 彩灯控制专用集成电路

常用彩灯控制专用集成电路如表 3-5 所示。

表 3-5　常用彩灯控制专用集成电路

型　号	名　称	主要功能与特点
5G169	节日彩灯专用集成电路	具有 4 路驱动输出，可驱动 4 路彩灯循环点亮，且亮度能产生缓变，有很强的闪烁效果
ML81	节日彩灯控制专用集成电路	它有 8 个键控制端，可选择 8 种彩灯闪亮方式，也可采用自动方式，此时彩灯可自动循环变换闪光花样。它内部设有振荡电路，外接电路简单
HJ94015	彩灯控制专用集成电路	是专为圣诞树而设计开发的彩灯控制专用集成电路，它内存 16 首电子乐曲，有跑马、波浪、全亮等花样，并能使灯串随电子乐曲的节奏闪烁，乐曲音量和灯光闪烁速度可以调节。工作模式，乐曲音量及灯闪速变用按键进行选择
S9801	彩灯控制专用集成电路	是一种多功能彩灯控制专用集成电路。它具有 16 种闪光花样选择；工作电压范围宽，为 2～7V；可进行光控；可驱动 4 路灯串工作；外电路元件少，特别适合要求彩灯复杂多变以营造快乐气氛的场合
SE9201	彩灯控制专用集成电路	是一种多功能程控闪光彩灯专用集成电路。该电路具有花样新颖美观、功能多、电压低、功耗小等特点，可广泛用于各种闪光电子玩具、圣诞树、彩车、节日彩灯，商业广告及灯光装饰
SE9518	彩灯控制专用集成电路	是一种大规模彩灯控制专用集成电路。它有 8 种基本花样，经编程端编程可得到 27 种不同的灯控组合。它可以广泛用于广告的灯光装饰，节日彩灯装潢，舞厅、酒吧的灯光装饰。它还特别适合用作霓虹灯的花样控制器

3.3.2　声控专用集成电路

声控电路由声音传感器、音频放大器、控制电路、驱动执行等构成。SK-3 声控集成电路的输出有三种状态：输出电流、停、拉入电流、停。在每接收一次声控信号改变一次输出状态。SK-3 的引脚排列如图 3-2 所示。

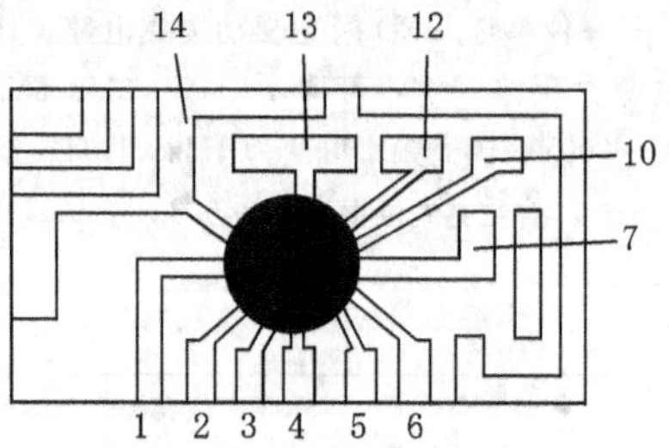

图 3-2　SK-3 的引脚排列

1、2—接内部一级放大器
3—输入端
4、5—外接选频电容
6—输出端
7—电源负端
10—输出端
12、13—接内部一级放大器
14—电源正极

3.3.3 红外遥控专用集成电路

一体化单通道红外接收器内部由红外信号检测，经放大转换成电脉冲，驱动执行等电路组成。常用红外接收头的主要特性参数如表 3-6 所示。

表 3-6 常用红外接收头的主要特性参数

<table>
<tr><th rowspan="2">型　号</th><th rowspan="2">外形图
（单位：mm）</th><th rowspan="2">载波频率/kHz</th><th rowspan="2">峰值波长/μm</th><th rowspan="2">遥控距离/m</th><th rowspan="2">工作电流/mA</th><th colspan="2">输出电平/V</th><th rowspan="2">高低电平输出脉宽/μs</th><th rowspan="2">受控角/(°)</th></tr>
<tr><th>高</th><th>低</th></tr>
<tr><td>PIC-12043S/T</td><td>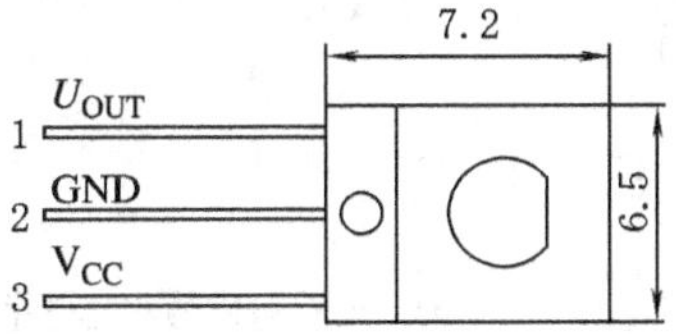
</td><td>37.9</td><td>940</td><td>≥8.0</td><td>≤5.0</td><td>≥4.2</td><td>≤0.5</td><td>400～800</td><td>±45</td></tr>
<tr><td>NJH4IH/V</td><td>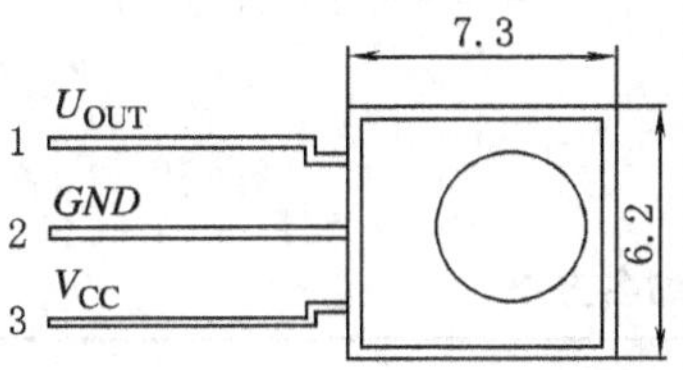
</td><td>32.75
36.0
36.7
38.0
40.0
56.8</td><td>940</td><td>≥8.0</td><td>≤3.0</td><td>≥4.2</td><td>≤0.5</td><td>400～800</td><td>±30
±14</td></tr>
<tr><td>RPM-600CBR</td><td>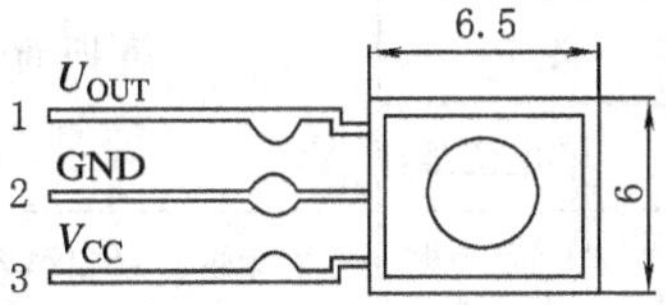
</td><td>30.0
32.7
36.7
38.0
40</td><td>940</td><td>8.0～15</td><td>≤3.0</td><td>≥4.0</td><td>≤0.5</td><td>400～800</td><td>±33
±14</td></tr>
<tr><td>TFMSF/5.0</td><td>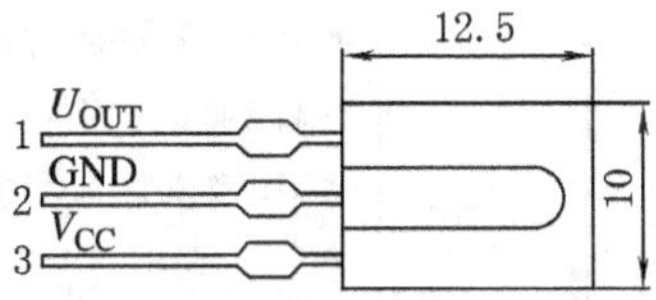
</td><td>30.0
33.0
36.0
38.0
40.0
56.0</td><td>950</td><td>35</td><td>≤5.0</td><td>5.0</td><td>0.3</td><td>600±160</td><td>±55</td></tr>
</table>

4 电子元件

4.1 电阻器

4.1.1 电阻器的型号和标识法

电阻器型号组成的意义及代号（GB 2470—1981）

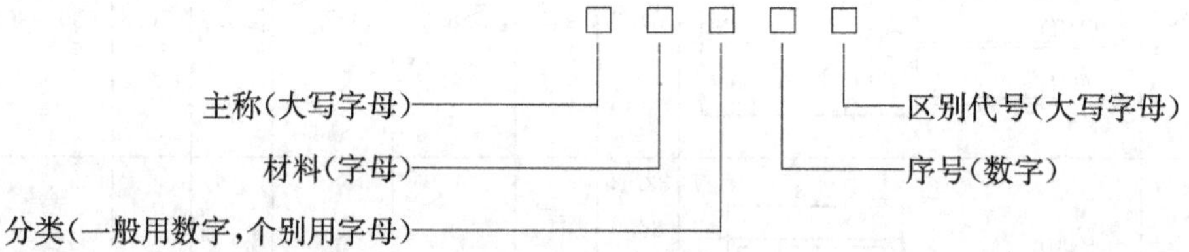

电阻器的型号命名方法如表 4-1 所示。

表 4-1 电阻器的型号命名方法

第一部分：主称		第二部分：材料		第三部分：特征分类			第四部分
符号	意义	符号	意义	符号	意义：电阻器	意义：电位器	
R	电阻器	T	碳膜	1	普通	普通	对主称、材料特征相同，仅尺寸、性能指标略有差别，但基本上不影响互换的产品给同一序号。若尺寸、性能指标的差别已明显影响互换时，则在序号后面用大写字母作为区别代号予以区别
W	电位器	H	合成膜	2	普通	普通	
		S	有机实芯	3	超高频	—	
		N	无机实芯	4	高阻	—	
		J	金属膜	5	高温	—	
		Y	氧化膜	6	—	—	
		C	沉积膜	7	精密	精密	
		I	玻璃釉膜	8	高压	特种函数	
		P	硼碳膜	9	特殊	特殊	
		U	硅碳膜	G	高功率	—	
		X	线绕	T	可调	—	
		M	压敏	W	—	微调	
		G	光敏	D	—	多圈	
				B	温度补偿用	—	
				C	温度测量用	—	
		R	热敏	P	旁热式	—	
				W	稳压式	—	
				Z	正温度系数	—	

4.1.2 电阻器的结构和特点

电阻器的结构、特点和选用如表 4-2 所示。

表 4-2 电阻器的结构、特点和选用

名称	结构	特点	选用场合
RT 型 碳膜电阻器	是用碳氢化合物在高温真空下热分解，使其在陶瓷骨架上沉积一层碳膜，而形成碳膜电阻。通过控制厚度和刻槽来控制阻值。表面一般涂有橙色或绿色保护漆	稳定性较好，有一不太大的负温度系数，受电压和频率影响小，价廉，体积较大 阻值范围：1Ω～10MΩ 额定功率：0.125、0.25、0.5、1、2、5W	一般场合电路
RJ 型 金属膜电阻器	用真空蒸发法或烧渗法在陶瓷骨架上被覆一层金属膜（一般为镍铬合金），表面涂有蓝色或红色保护漆	耐热性能、噪声指标、温度系数和工作电压范围都比碳膜电阻好，体积小（同样额定功率下约为碳膜电阻器的一半），精度可达±0.5%～±0.05%，可用于高频 阻值范围：1Ω～1000MΩ 额定功率：0.125、0.25、0.5、1、2、10、25W	高稳定性电路、高频电路、高增益电路、高精密电路
RX 型 线绕电阻器	用康铜、锰铜或镍铬合金丝绕在陶瓷骨架上而制成的一种电阻器，表面涂有保护漆或玻璃釉	噪声小，电流噪声和非线性小，温度系数小于 10^{-6}/℃，稳定性好，精度可达±0.01%，耐热性好，工作温度可达 300℃，功率大 缺点：高频特性差 阻值范围：0.1Ω～5MΩ 额定功率：0.125～500W	大功率电路、高增益电路、50kHz 以下工作频率
RY 型 金属氧化膜电阻器	用金属盐溶液（四氯化锡和三氯化锑）在炽热的陶瓷骨架表面水解沉积而得	与金属膜电阻器相比有较好的抗氧化性和热稳定性，功率可达到 50kW。由于膜层较厚，阻值范围小，主要用来补充金属膜电阻器低阻部分，有极好的脉冲、高频和过负荷性，力学性能好 缺点：阻值范围窄，温度系数比金属膜电阻大 阻值范围：1Ω～200kΩ 额定功率：0.125～50kW	高频电路、高增益电路、高湿、高温场合电路
RI 型 玻璃釉电阻器	由贵金属银、钯、铑、钌等的金属氧化物（氧化钯、氧化钌等）和玻璃釉粘合剂混合成浆料，涂覆在陶瓷基体上，经高温烧结而成	耐高温，阻值范围宽，温度系数小，耐湿性好，此种电阻器又称厚膜电阻器 阻值范围：5.1Ω～200MΩ 额定功率：0.05～2W 最高工作电压：15kV 功率：5～500W	高稳定性电路、高耐压电路、高湿、高温场合电路
RJTII 型 块金属膜电阻器（合金箔电阻器）	在玻璃或陶瓷片上粘结一层电阻合金箔，用光刻蚀出迂回图形作为电阻体，外加保护层而构成	电阻温度系数小，稳定性高，精度可达±0.001%，分布电感、电容小，具有良好的频率特性，时间常数小于 1ms 阻值范围：5Ω～20kΩ 额定功率：0.125～1W	脉冲电路

为便于生产和满足使用的需要，国家规定了电阻的标识方法。常用的标识方法有两种，即直标法和色标法。

1. 直标法

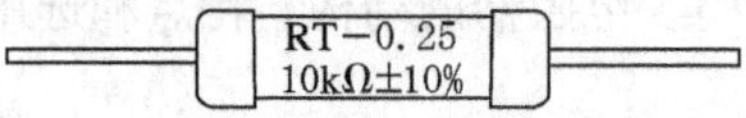

图 4-1　电阻器规格直标法实例

将电阻器的类别、标称阻值、允许偏差及额定功率等直接标注在电阻器的外表面上。图 4-1 中的电阻根据表 4-1 可知是表示标称阻 10kΩ、允许偏差为±10%、额定功率为 0.25W 的碳膜电阻器。标识电阻值单位的标识符号如表 4-3 所示。

表 4-3　标识电阻值单位的标识符号

文字符号	单位及进位数	文字符号	单位及进位数
R	Ω（10^0Ω）	G	GΩ（10^9Ω）
k	kΩ（10^3Ω）	T	TΩ（10^{12}Ω）
M	MΩ（10^6Ω）	—	—

直标法还有用数字和单位符号组合在一起表示的，文字符号前面的数字表示整数阻值，后面的数字表示小数点后面的小数阻值。用文字符号标识电阻器标称阻值实例如表 4-4 所示。

表 4-4　用文字符号标识电阻器标称阻值实例

标称阻值	文字符号标识	标称阻值	文字符号标识
0.1Ω	R10	3.3kΩ	3k3
0.33Ω	R33	10kΩ	10k
1Ω	1R0	1MΩ	1M0
10Ω	10R	3.3MΩ	3M3
33.2Ω	33R2	1GΩ	1G0
1kΩ	1k0	1TΩ	1T0

2. 色标法

用色环表示电阻器的阻值和精度，它具有标志清晰，且从各个角度都容易看清标识的优点。普通电阻器常采用四色环表示阻值，精密电阻器常采用五色环表示阻值。四（五）色环代表的意义如表 4-5 所示，色环的标识方法如图 4-2 所示。

表 4-5　四（五）色环代表的意义

色环 颜色	第一、二（一、二、三）色环有效数字	第三（四）色环应乘数（倍率）	第四（五）色环允许误差	色环 颜色	第一、二（一、二、三）色环有效数字	第三（四）色环应乘数（倍率）	第四（五）色环允许误差
黑	0	$\times10^0=1$	—	紫	7	$\times10^7=10000000$	±0.1%
棕	1	$\times10^1=10$	±1%	灰	8	$\times10^8=100000000$	—
红	2	$\times10^2=100$	±2%	白	9	$\times10^9=1000000000$	—
橙	3	$\times10^3=1000$	—	金	—	$\times10^{-1}=0.1$	±5%
黄	4	$\times10^4=10000$	—	银	—	$\times10^{-2}=0.01$	±10%
绿	5	$\times10^5=100000$	±0.5%	无色	—	—	±20%
蓝	6	$\times10^6=1000000$	±0.2%				

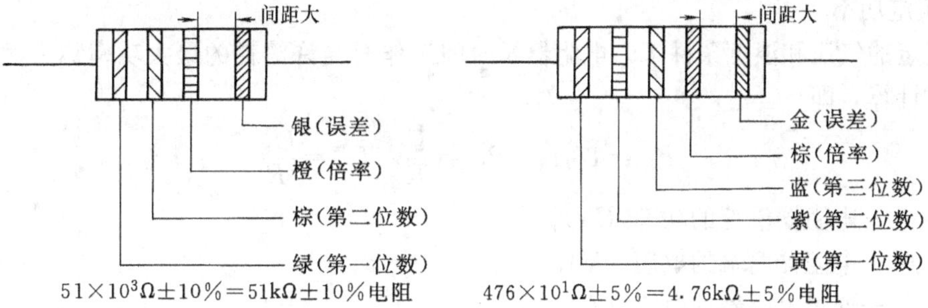

a)　　b)

图 4-2　色环的标识方法

a) 四色环电阻的识别　b) 五色环电阻的识别

4.1.3　电阻器的主要特性参数

1. 标称阻值

电阻器标称阻值系列和允许偏差（GB 2471—1981）如表 4-6 所示。

表 4-6　电阻器标称阻值系列和允许偏差（GB 2471—1981）

E24	E12	E6	E24	E12	E6
允许偏差±5%	允许偏差±10%	允许偏差±20%	允许偏差±5%	允许偏差±10%	允许偏差±20%
1.0	1.0	1.0	3.3	3.3	3.3
1.1			3.6		
1.2	1.2		3.9	3.9	
1.3			4.3		
1.5	1.5	1.5	4.7	4.7	4.7
1.6			5.1		
1.8	1.8		5.6	5.6	
2.0			6.2		
2.2	2.2	2.2	6.8	6.8	6.8
2.4			7.5		
2.7	2.7		8.2	8.2	
3.0			9.1		

2. 允许偏差

电阻器在不同精度等级下的允许偏差可用下式计算，即

$$\delta=\frac{R-R_\tau}{R_\tau}\times 100\%$$

式中　δ——允许偏差；

R——电阻器的实际阻值；

R_τ——电阻器的标称阻值。

电阻器（电位器）精度等级与允许偏差的关系如表 4-7 所示。

表 4-7　电阻器（电位器）精度等级与允许偏差的关系

精度等级	005	01 或 00	02 或 0	Ⅰ	Ⅱ	Ⅲ
允许偏差	±0.5%	±1%	±2%	±5%	±10%	±20%

3. 额定功率

在规定的气压和温度条件下，电阻器长时间工作时允许消耗的最大功率称为额定功率，可由下式计算，即

$$P_R = U_R I_R \quad P_R = \frac{I_R^2}{R} \quad P_R = \frac{U_R^2}{R}$$

式中　P_R——电阻器消耗的功率（W）；

U_R——电阻器两端的电压（V）；

I_R——通过电阻器的电流（A）；

R——电阻器的阻值（Ω）。

电阻器额定功率如表 4-8 所示，电阻器额定功率符号如图 4-3 所示。

表 4-8　电阻器额定功率

名　称	额定功率/W
线绕电阻器	0.05　0.125　0.25　0.5　1　2　4　8　10　16　25　40　50　75　100　150　250　500
非线绕电阻器	0.05　0.125　0.25　0.5　1　2　5　10　16　25　50　100

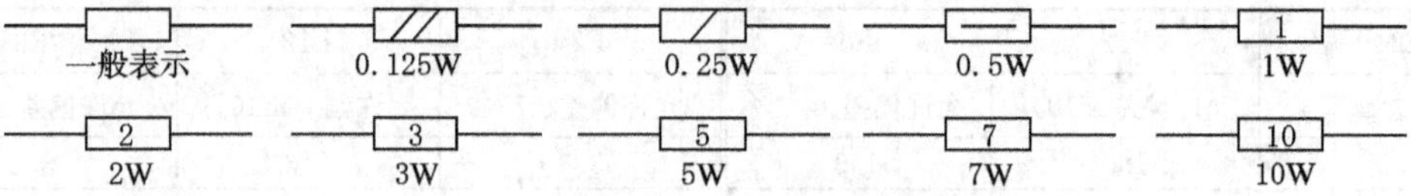

图 4-3　电阻器额定功率符号

4. 额定工作电压

电阻器的额定工作电压由下式计算，即

$$U_R = \sqrt{P_R R_R}$$

式中　U_R——额定工作电压（V）；

P_R——电阻器额定功率（W）；

R_R——电阻器标称阻值（Ω）。

5. 最高工作电压

最高工作电压是指允许加到电阻器两端的最大连续工作电压。若电阻器工作电压超过规定的最高工作电压，内部可能会产生火花，最后导致损坏或电击穿。

电阻器的最高工作电压 U_{max} 可用下式计算，即

$$U_{max} = \sqrt{P_R R_{Lj}}$$

式中　P_R——电阻器额定功率（W）；

R_{Lj}——电阻器临界值（Ω），其值与电阻器的额定功率、结构形式及几何尺寸等因素有关。

在实际使用时，当 $R<R_{Lj}$，必须使电阻器工作电压低于额定工作电压 U_R；当 $R>R_{Lj}$ 时，则必须低于最大工作电压 U_{max} 工作。

6. 绝缘电压

在正常大气压条件下，绝缘电压是指电阻器两个引出端与外壳之间的最大承受电压，一

般为最大工作电压的 1.5～2 倍。

7. 绝缘电阻

绝缘电阻是指电阻器的引端与电阻器外壳之间的直流电阻值，一般从几十兆欧至几千兆欧不等。

8. 温度系数

温度系数是指在规定的某一温度范围内，温度每变化 1℃时，电阻器阻值的相对变化量，即

$$\alpha_t = \frac{R_2 - R_1}{R_1(t_2 - t_1)}$$

式中　α_t——温度系数（1/℃）；

R_1、R_2——温度 t_1 和 t_2 时电阻器的分别阻值（Ω）；

t_1——起始温度（℃）；

t_2——参考温度（℃）。

9. 电压系数

电压系数表示电压每变化 1V 时，电阻器阻值的相对变化量，即

$$\alpha_V = \frac{R_2 - R_1}{R_1(U_2 - U_1)}$$

式中　α_V——电压系数（1/V）；

R_1、R_2——分别为在电压 U_1 和 U_2 下测得的电阻值（Ω）。

10. 噪声系数

电阻器的噪声电动势主要是由热噪声和接触噪声两部分组成。在弱信号系统中要给予考虑。通常线绕电阻、金属膜电阻器和碳膜电阻器的噪声电动势较小。

11. 高频特性

电阻器在高频信号工作中存在电感和电容的影响。此时电阻器的等效电路相当于一个纯电阻 R_0 与分布电感 L_R 串联后再与分布电容 C_R 并联，如图 4-4 所示。

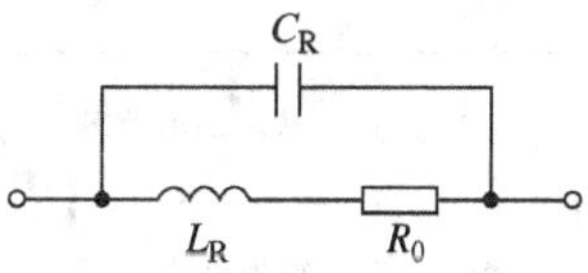

图 4-4　高频场合下电阻器的等效电路

4.2　电位器

4.2.1　电位器的阻值变化规律

电位器在旋转（或直滑）时，阻值变化规律有三种不同形式，如图 4-5 所示 X 形为直线式，阻值随旋转角度均匀变化，运用于分压、调节电流等；Z 形为指数式，阻值随旋转角度按指数关系变化，普遍用在音量调节电路中；D 形为对数式，阻值随旋转角度按对数关系变化，用于电路的特殊调节。

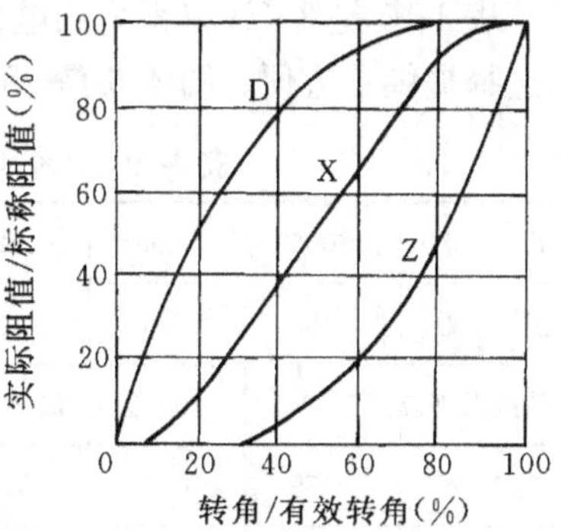

图 4-5　电位器阻值变化特性

4.2.2　常用电位器的类别

常用电位器的类别如表 4-9 所示。

表 4-9 常用电位器的类别

序 号	电位器名称	标称阻值范围	特 点
1	线绕电位器	100Ω～100kΩ	1. 有较好的温度稳定性，噪声很小 2. 耐热性能好，有较大的功率 3. 精度高，但分辨率低，价格贵 4. 接触电阻小，温度系数小
2	碳膜电位器	470Ω～4.7MΩ	1. 分辨率高，价格便宜 2. 功率不太大，一般小于 2W
3	金属膜电位器	10Ω～100kΩ	1. 分辨率高，耐热性好 2. 分布电容电感小，可用于高频电路中 3. 耐磨性差，阻值范围窄，接触电阻大
4	玻璃釉电位器	47Ω～47MΩ	1. 耐温性好，它的满负荷温度可达＋85℃。耐潮性亦好 2. 分布电容和电感很小，寿命较其他电位器长 3. 缺点是接触电阻变化大，电噪声大
5	多圈电位器		电压分辨力和行程分辨力高，价格贵
6	多圈微调电位器		1. 用蜗轮蜗杆转动，价格贵 2. 体积小 3. 电压分辨力高
7	双连或多连电位器		两个或多个电位器用同一个旋转轴，可节省零件
8	带开关的电位器	4.7～560kΩ	开关可做成单刀单掷、双刀双掷、单刀双掷等型式，也可做成推拉或旋转开关，既节省元件，又美化面板
9	锁紧电位器		可用紧锁方式使电位器的阻值处于固定状态，对于需经常搬移的电子仪器特别适用
10	半可调电位器		1. 可节省面板位置 2. 结构简单，价格便宜，机械寿命短
11	直滑式电位器		1. 电阻值为长条性，工艺简单 2. 可美化仪器面板

4.2.3 3×××系列电位器特性

表 4-10 是 3×××系列的电位器特性，其外形各异，调节螺钉的指向也不同，为设计者的选择提供了方便。图 4-6 是 3296 多圈电位器的外形。

表 4-10 3×××系列电位器特性

品 名	3006	3296	3323	3386	3309	3266
圈 数	15	15	1	1	1	12
阻值范围/MΩ	5～10	10～5	20～2.2	2.5～5	100～2	10～1
功率/W	0.75	0.5	0.5	0.5	0.5	0.05
调节方式	侧 调	顶、侧调	顶、侧调	顶、侧调	顶、侧调	顶、侧调
误差（%）	±10	±10	±20	±10	±25	±10

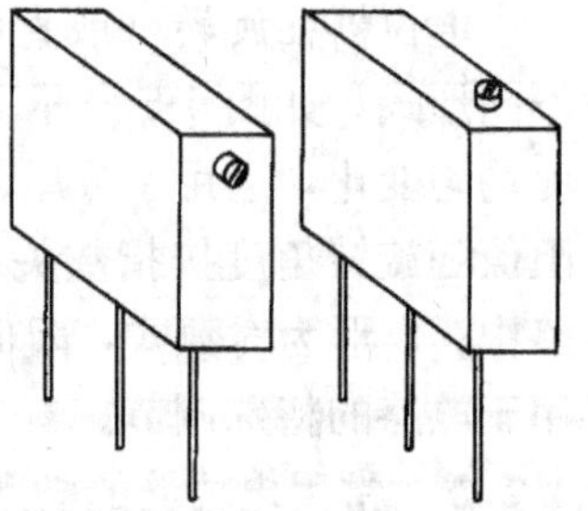

图 4-6 3296 多圈电位器的外形

4.3 电容器

4.3.1 电容器的型号和标识法

电容器型号组成部分的意义及代号（GB 2470—1995）

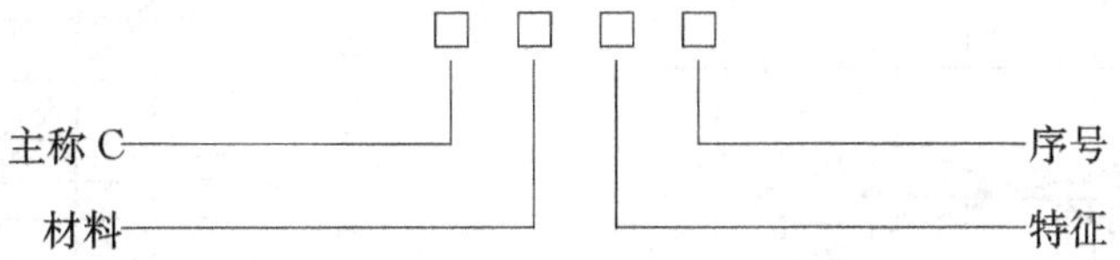

电容器的型号和标识法如表 4-11 所示。不同介质电容器的电容量随温度的变化如图 4-7 所示，不同介质电容器的绝缘电阻随温度的变化如图 4-8 所示，电容器标称电容量如表 4-12 所示。

表 4-11 电容器的型号和标识法

第一部分：主称		第二部分：材料		第三部分：特征分类					第四部分：序号（数字）
符号	意义	符号	意义	符号	意义：瓷介	意义：云母	意义：电解	意义：有机介质电容器	
C	电容器	C	1 类陶瓷介质	1	圆片	非密封	箔式	非密封	
		V	云母纸介质	2	管形	非密封	箔式	非密封	
		I	玻璃釉介质	3	叠片	密封	浇结粉、非固体	密封	
		O	玻璃膜介质	4	多层（独石）	独石	烧结粉、固体	密封	对材料特征相同，仅尺寸、性能指标略有差别，但基本上不影响互换的产品给同一序号。若尺寸、性能指标的差别已明显影响互换时，则在序号后面用大写字母作为区别代号予以区别
		Z	纸介质	5	穿心	—	—	穿心	
		J	金属化纸介质	6	支柱式	—	交流	交流	
		B①	非极性有机薄膜介质	7	交流	标准	无极性	片式	
		L②	高功率极性有机薄膜介质	8	高压	高压	—	高压	
		Q	漆膜介质	9	—	—	特殊	特殊	
		S	3 类陶瓷介质	G					
		H	复合介质						
		D	铝电解						
		A	钽电解						
		N	铌电解						
		G	合金电解						
		T	2 类陶瓷介质						
		E	其他材料电解						
		Y	云母介质						

① 在 B 后加一个字母来表示除聚苯乙烯外，用其他非极性有机薄膜材料的电容。例：聚丙烯用“BB”、聚四氟乙烯用“BF”表示。

② 在 L 后加一个字母来表示除涤纶外，用其他极性有机薄膜材料的电容。例：“LS”表示聚碳酸酯。

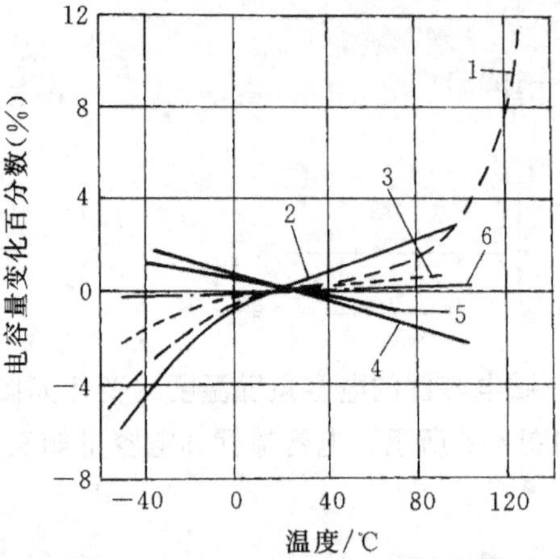

图 4-7　不同介质电容器的电容量随温度的变化
1—聚酯　2—油浸纸介质　3—聚碳酸酯
4—聚丙烯　5—聚苯乙烯　6—云母

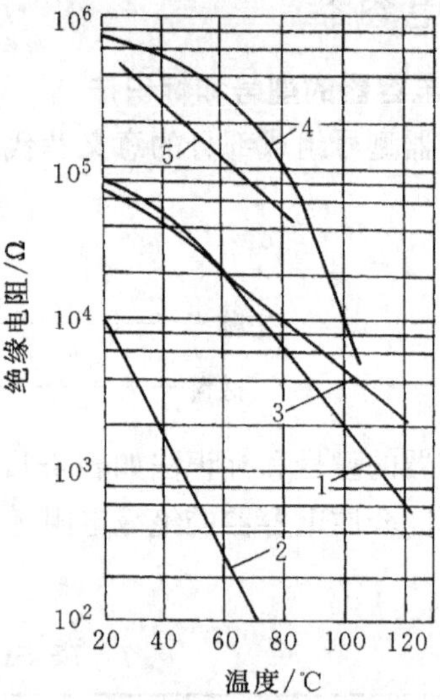

图 4-8　不同介质电容器的绝缘电阻随温度的变化
1—聚酯　2—油浸纸介质　3—聚碳酸酯
4—聚丙烯　5—聚苯乙烯

表 4-12　电容器标称电容量

E24	E12	E6	E24	E12	E6
1.0	1.0	1.0	3.3	3.3	3.3
1.1			3.6		
1.2	1.2		3.9	3.9	
1.3			4.3		
1.5	1.5	1.5	4.7	4.7	4.7
1.6			5.1		
1.8	1.8		5.6	5.6	
2.0			6.2		
2.2	2.2	2.2	6.8	6.8	6.8
2.4			7.5		
2.7	2.7		8.2	8.2	
3.0			9.1		

注：用表中数值再乘以 10^n 来表示电容器标称电容量，n 为正或负整数。10pF 以下电容量系列为 1，2，…，10pF。

电容量单位之间的换算关系是：1F（法拉）$=10^6\mu$F（微法）$=10^{12}$pF（皮法）。

4.3.2 电容器的结构和特点

常用电容器的名称、结构和特点如表 4-13 所示。

表 4-13 常用电容器名称、结构和特点

名　称	结　构	特　点
CJ 型 金属化纸介电容器	在介质（电容器纸）上被覆的约 0.01μm 厚的金属膜作为两电极，卷绕成芯子，装入外壳内加以密封	体积小，容量大，特点是受高电压击穿后能自愈，但容量稳定性、损耗、绝缘电阻均比瓷介、聚苯等电容器差，适用于对频率和稳定性要求不高的场合，且价廉 容量范围：6800pF～30μF 允许偏差：±5%、±10%、±20% 工作电压：63～1600V
CB 型 聚苯乙烯薄膜电容器	介质为聚苯乙烯薄膜，电极有金属箔式的和金属膜式的两种，由于聚苯乙烯膜吸湿性很小，卷好的芯子采用自身聚合的方法，可以做成非密封的结构，如 CB10 和 CB14 型等	具有优良的电性能，介质损耗小，绝缘电阻大，电容稳定性好，精度可做到±0.1%，介质吸收系数小，吸水性小，可与高频瓷介电容器相比，适用高频电路中，成本低，温度系数小，但耐热性差 容量范围：10pF～2μF 允许误差：±5%、±10%、±20% 工作电压：63V～30kV
CBB 型 聚丙烯电容器	介质为非极性的聚丙烯薄膜，如果采用特殊的卷绕工艺，可以生产无感（无电感效应）的聚丙烯电容器	在有机介质材料中，聚丙烯的电气性能最好。特别是没有吸附效应，在一些 A/D 转换、信号处理、运算放大器中作积分、微分等电路中的电容 容量范围：1000pF～1μF 允许误差：±5% 工作电压：63～1600V
CY 型 云母电容器	介质为云母片，电极有金属箔式的和金属膜式的，目前大多采用在云母介质上被覆一层银电极，芯子结构是装叠而成的，外壳有陶瓷外壳，金属外壳，常用的是塑料外壳	是一种高稳定、高可靠、高精密的电容器，损耗小，绝缘电阻很高。温度、频率特性稳定，不易老化，固有电感小。是性能优良的高频电容器之一，广泛用于对稳定性和可靠性要求较高的场合及高频高压设备。其缺点是价格较贵，容量不高。近年来已逐渐被陶瓷和有机薄膜电容代替 容量范围：10～51000pF 允许偏差：±2%、±5%、±10% 精密度：高的可达±0.01% 工作电压：100V～7kV
CC 型 瓷介电容器	瓷介电容器用高介电常数的电容器陶瓷作为介质，电极是在陶瓷上覆银制成的，焊上引出线，涂以保护漆，即成为陶瓷电容器；陶瓷电容器的结构简单，价廉、体积小 CC 型陶瓷电容器用的介质材料是Ⅰ型电容器陶瓷，它的 ε_r① 一般小于 100	体积小、耐热性好，并能耐酸、碱、盐类的侵蚀，损耗小，绝缘电阻高、稳定性高、其缺点是容量不大，常用于要求低损耗和容量稳定的高频电路中，或作温度补偿之用 容量范围：1～3600pF 允许误差：±2%、±5%、±10%、±20% 工作电压：63～500V 高压型电压：1～30kV 容量范围：1～6800pF 允许误差：±5%、±10%、±20%

（续）

名　称	结　构	特　点
CT 型 瓷介电容器	CT 型陶瓷电容器介质材料是Ⅱ型电容器陶瓷 ε_r 一般大于1000	因介质是用的Ⅱ型瓷料，$\varepsilon_r > 1000$，故体积比 CC 型更小，容量比 CC 型大，但绝缘电阻低，损耗大，稳定性差，一般只适用于低频电路作旁路、隔直流或电源滤波或对损耗和稳定性要求不高的场合，这种电容器不宜用在脉冲电路中 容量范围：330～0.47μF 允许误差：±20%、${}^{+20}_{-80}\%$、${}^{+不规定}_{-20}\%$ 工作电压：63V～1kV
CD 型 铝电解电容器	电解电容器两电极是用不同材料制成的，用铝箔作正极，电解质作负极，介质 Al_2O_3 膜是在正极铝箔表面上生成的，芯子为卷绕形结构，装入铝或塑料外壳内，为防止负极电解质的干涸，外壳引线部位一般用优质橡皮圈或环氧树脂加以密封	单位体积电容量特别大，单位容量价格最低；由于介质 Al_2O_3 和电解质交界处具有单向导电性，所以电解电容器是有极性的，使用时必须注意电极的正负标记，反接时漏电增大，击穿电压大幅度下降。其缺点是容量误差大，损耗大，漏电流大，时间稳定性差，容量损耗的温度频率特性也很差，它适用于直流或脉动电路中作整流、滤波和音频旁路。目前已有无极性电解电容 容量范围：0.33～10000μF 允许误差：${}^{+100}_{-10}\%$、${}^{+50}_{-20}\%$ 工作电压：6.3～450V
CA 型 钽电解电容器	有固体钽和液体钽电解电容器两种。固体钽电解电容器正极是用钽粉压成块。烧结成多孔形，介质是在其表面上生成的一层 Ta_2O_5 膜，负极是在 Ta_2O_5 介质上被覆的一层 MnO_2。液体钽电解的负极为液体电解质	与铝电解电容器相比较，损耗小，漏电流小，绝缘电阻大，性能稳定，可靠性高，寿命长，体积小，容量大，并可做成超小型元件，但价格贵，耐压低，也有极性，通常只在要求较高的场合下才用 容量范围：0.1～1000μF 允许误差：±20%、${}^{+50}_{-20}\%$、${}^{+50}_{-10}\%$ 工作电压：6.3～125V

① 介电常数，衡量物质在施加单位电压时，单位体积内能够储存的静电能量。

电容器的色标如表 4-14 所示。

表 4-14　电容器的色标

颜　色	有效数字	乘　数	允许偏差/%	工作电压/V
银色	—	10^{-2}	±10	—
金色	—	10^{-1}	±5	—
黑色	0	10^{0}	—	4
棕色	1	10^{1}	±1	6.3
红色	2	10^{2}	±2	10
橙色	3	10^{3}	—	16
黄色	4	10^{4}	—	25
绿色	5	10^{5}	±0.5	32
蓝色	6	10^{6}	±0.25	40
紫色	7	10^{7}	±0.1	50
灰色	8	10^{8}	—	63
白色	9	10^{9}	$\begin{cases}+50\\-20\end{cases}$	—
无色	—	—	±20	—

色环电容的识别如图 4-9 所示。

瓷介电容器的标称容量常用三位数字表示，单位为 pF。前二位代表有效数值，第三位为倍乘率，表示有效数字后面零的个数，标有小数点以 R 表示。数字后面所跟字母分别表示允许误差及额定电压。图 4-10 是瓷介电容器的常用标记。一般国产电解电容的规格如表 4-15 所示。不同电解电容的标识如表 4-16 所示，CA 型固体电解质钽电容器外形如图 4-11 所示。

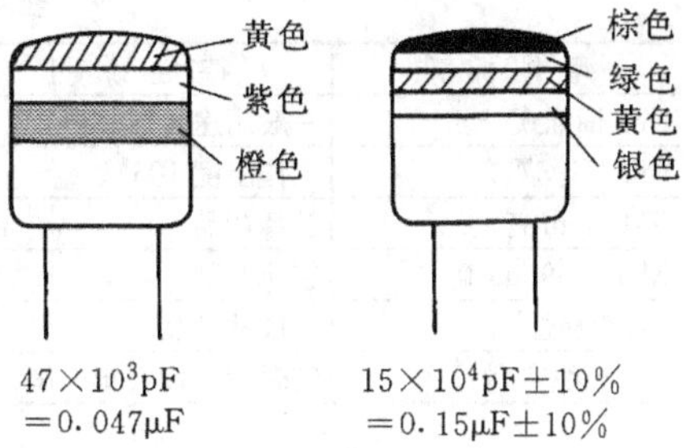

图 4-9　色环电容的识别

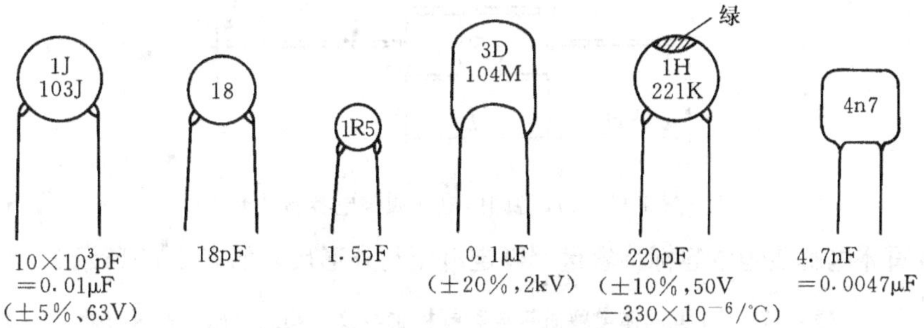

图 4-10　瓷介电容器常用标记

表 4-15　一般国产电解电容的规格

U/V $D\times H$/mm $C/\mu F$	6.3	10	16	25	35	50	63	100	160
0.22～0.68	5×11	5×11	5×11	5×11	5×11	5×11	5×11	5×11	5×11
1～1.5	5×11	5×11	5×11	5×11	5×11	5×11	5×11	5×11	6×11
2.2	5×11	5×11	5×11	5×11	5×11	5×11	5×11	5×11	8×12
3.3，4.7	5×11	5×11	5×11	5×11	5×11	5×11	5×11	5×11	10×12
6.8	5×11	5×11	5×11	5×11	5×11	5×11	5×11	6×11	10×16
10	5×11	5×11	5×11	5×11	5×11	5×11	6×11	8×12	10×16
15	5×11	5×11	5×11	5×11	6×11	6×11	8×12	8×12	12×20
22	5×11	5×11	5×11	5×11	6×11	6×11	8×12	10×12	12×20
33	5×11	5×11	5×11	6×11	6×11	8×12	8×12	10×16	12×25
47	5×11	5×11	6×11	6×11	8×12	8×12	10×12	10×20	16×25
68	5×11	6×11	8×12	8×12	10×12	10×16	10×16	10×20	10×25
100	6×11	6×11	8×12	8×12	10×12	10×16	10×20	10×20	10×30
150	8×12	8×12	10×12	10×12	10×12	12×20	12×20	12×20	22×40
220	8×12	8×12	10×12	10×16	10×20	12×20	12×20	12×25	22×41
330	10×12	10×12	10×16	10×20	12×20	12×20	12×25	16×30	
470	10×12	10×16	10×20	12×20	12×25	16×25	16×25	16×35	
680	10×16	10×20	12×20	12×20	12×25	16×25	16×30	18×36	
1000	10×20	12×20	12×25	16×25	16×25	16×30	18×35		
1500	12×25	16×25	16×25	16×30	16×35	18×35	22×40		
2200	12×25	16×25	16×25	16×30	18×35	22×40			
3300	16×25	16×30	16×35	18×35	22×40				
4700	16×35	16×35	16×35	22×40					
6800	16×36	18×35	18×35						
10000	18×35	22×40	22×40						

表 4-16 不同电解电容的标识

型号标准	特性说明	外皮颜色	型号标准	特性说明	外皮颜色
MG 标准式	一般用途	黑 色	KK 低漏电型	定时用，用于小信号场合	黄 色
MT（105℃）	工作温度 105℃	橙 色	BIC 耐高频波纹电流	电视机 S 校正专用	深蓝色
SM 7mm 高	超薄产品	蓝 色	BPA 音频专用	可改善音质	海蓝色
MG-9、9mm 高	超薄产品	黑 色	HF 低阻抗产品	用于开关电源	灰 色
PB 双极性	无极性产品	浅蓝色	HV 高耐压型	用于高压电路	青蓝色
EV 高稳定型	定时用，代替钽电解	浅紫色			

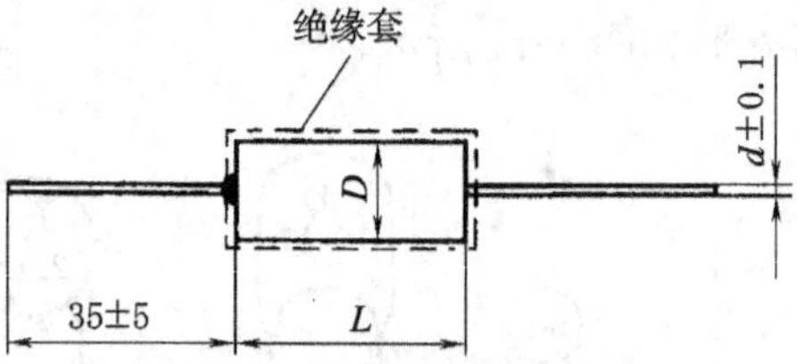

图 4-11 CA 型固体电解质钽电容器外形

CA 型固体电解质钽电容标称容量、额定电压与外形尺寸如表 4-17 所示。

表 4-17 CA 型固体电解质钽电容器标称容量、额定电压与外形尺寸

额定电压 U_R/V			6.3	10	16	25	32	40	63
降额电压/V			4	6.3	10	16	20	25	40
外形尺寸/mm			标称容量 C_R/μF						
外壳编号	D×L	d							
1	3.2×8	0.5	1.0 1.5	0.68 1.0	0.33 0.47	0.33 0.47	0.22 0.33	0.22 0.33	0.22 0.33
			2.2 3.3	1.5 2.2	0.68 1.0	0.68 1.0	0.47 0.68	0.47 0.68	0.47
			4.7 6.8	3.3 4.7	1.5 2.2	1.5 2.2	1.0 1.5	1.0	—
			10	6.8	3.3 4.7	—	—	—	—
2	5×12	0.6	15 22	10 15	6.8 10	3.3 4.7	2.2 3.3	1.5 2.2	0.68 1.0
			33 47	22 33	15 22	6.8 10	4.7 6.8	3.3 4.7	1.5 2.2
			68	47	33	15	10	68	3.3
3	6×14	0.6	100	68 100	47 68	22 33	15	10 15	4.7
4	8×14	0.8	150 220	150	100	47 68	22 33	22 33	6.8 10
5	8×22	0.8	330 470	220 330	150 220	100	47 68	47	15 22
6	10×22	0.8	680 1000	470 680	330 470	150 200	100 150	68 100	33 47

4.3.3 电容器的主要特性参数

1. 标称容量与允许偏差

标称电容量系列与允许偏差如表 4-18 所示。

表 4-18 标称电容量系列与允许偏差

允许偏差				
标称电容量 $C_R \geqslant 10pF$		标称电容量 $C_R < 10pF$		标称电容量系列
数值	代号	数值	代号	
$^{100}_{0}\%$	H			E6
$^{+80}_{-20}\%$	Z			
$^{+50}_{-20}\%$	S			
±20%	M	±2pF	G	
±10%	K	±1pF	F	E12
±5%	J	±0.5pF	D	
±2%	G	±0.25pF	C	E24
±1%	F	±0.1pF	B	

2. 额定电压

电容器的额定电压是指电容器在规定的温度范围内，能够连续可靠工作的最高直流电压或交流电压的有效值。电容器的额定电压系列如表 4-19 所示。

表 4-19 电容器的额定电压系列 （单位：V）

1.6	4	6.3	10	16
25	(32)	40	(50)	63
100	(125)	160	250	(300)
400	(450)	500	630	1000
1600	2000	2500	3000	4000
5000	6300	8000	10000	15000
20000	25000	30000	35000	40000
45000	50000	60000	80000	100000

注：表中带括号的仅为电解电容器所用。

3. 温度系数

由温度变化引起的电容器容量变化，常用温度系数来表示这种变化的程度，即

$$\alpha_C = (C_2 - C_1)/[C_1(t_2 - t_1) \times 10^6]$$

式中 C_1——室温 t_1 下测得的电容量；

C_2——正负参考温度 t_2 下测得的电容量。

常用瓷介电容器温度系数允许误差如表 4-20 所示。

表 4-20　常用瓷介电容器温度系数允许误差　（单位：10^{-6}/℃）

文字代号	颜　色	标称静电容量温度系数	文字代号	颜　色	标称静电容量温度系数
A	金	+100	U	紫	−750
B	灰	+30	V		−1000
C	黑	0	W		−1500
H	棕	−30	X		−2200
L	红	−80	Y		−3300
P	橙	−150	Z		−4700
R	黄	−220	SL		+350～−1000
S	绿	−330	YN		−800～−5800
T	蓝	−470			

4. 抗电强度

电容器引出端与金属外壳之间所能承受的最大电压，又称绝缘耐压。以下几项指标常用来表明电容器的抗电强度。

（1）击穿电压　电容器由正常漏电的稳定状态到被击穿破坏的电压。

（2）试验电压　在短时间内（5～60s）电容器能承受的最大直流试验电压，通常为额定电压的 1.5～3 倍。

5. 绝缘电阻

加在电容器上的直流电压与所生产的漏电流的比值就是电容器的绝缘电阻，即

$$R_i = U/I_\mu$$

式中　R_i——绝缘电阻（MΩ）；

　　U——加在电容器上的直流电压（V）；

　　I_μ——漏电流（μA）。

6. 漏电流

在电容器两端加上直流电压时，一般电解电容器的漏电流较大，且随着温度和电压的升高而增加，其他电容器的漏电流很小。常用电解电容器的允许漏电流如表 4-21 所示。

表 4-21　常用电解电容器的允许漏电流

电容量/μF 允许漏电流/μA 耐压/V	10	20	30	50	100	200	500
6.3	—	—	—	—	—	200～400	400～600
15	—	—	—	—	200～500	400～600	—
25	—	—	200～600	200～800	300～800	—	—
50	—	200～500	200～600	—	500～1000	—	—
150	—	—	—	600～1000	—	—	—
300	—	550～900	700～1200	—	—	—	—
450	500～750	700～1200	1000～1500	—	—	—	—

7. 频率特性

电容器电容量等参数会随工作频率的变化而改变。一般情况下，电容器在高频下工作时，随着工作频率升高，电容量将会减小，而损耗将增大，还会影响电容器的分布参数。一些电容器的最高使用频率如表 4-22 所示。

表 4-22 一些电容器的最高使用频率

电容器类型	等效电感/$10^{-3}\mu H$	极限工作频率/MHz
小型云母电容器	4～6	150～250
中型云母电容器	15～25	75～100
小型圆片式瓷介电容器	3～10	150～200
中型圆片式瓷介电容器	20～30	50～70
小型管式瓷介电容器	—	150～200
中型管式瓷介电容器	—	50～70
片式瓷介电容器	2～4	200～300
高频片式瓷介电容器	1～1.5	2000～3000
小型纸介电容器	6～11	50～80
中型纸介电容器	30～60	5～8
大型纸介电容器	50～100	1～1.5

8. 电容器工作环境温度

电容器的工作温度过高，会使电容器加速老化；而温度过低，对于电解电容来说，会降低电容量。各类电容器的工作环境温度如表 4-23 所示。

表 4-23 各类电容器的工作环境温度

电容器类别	下限工作温度/℃	上限工作温度/℃
铝电解电容器（密封式）	−25～−50	+70～+100
钽电解电容器（烧结）	−55	+85
固体钽电解电容器（密封式）	−55	+85
液体钽电解电容器（密封式）	−55	+100
云母电容器	−55	+70
纸介电容器	−55	+70～+75
瓷介电容器	−55	+85～+100
聚苯乙烯电容器	−10	+55
聚苯乙烯电容器（片压塑封）	−55	+70
聚苯乙烯玻璃釉电容器（独石）	−40	+70
聚丙烯电容器（包封）	−55	+85
涤纶电容器	−55	+100
金属化涤纶电容器（密封）	−55	+85
玻璃膜电容器（独石）	−55	+125

9. 电容器工作环境湿度

一般电容器使用的环境相对湿度不大于 80%，若湿度太高，会使漏电阻减小，耐压降低。

4.4 电感器

4.4.1 电感器的型号和标识法

电感器的型号一般由下列 4 部分组成：

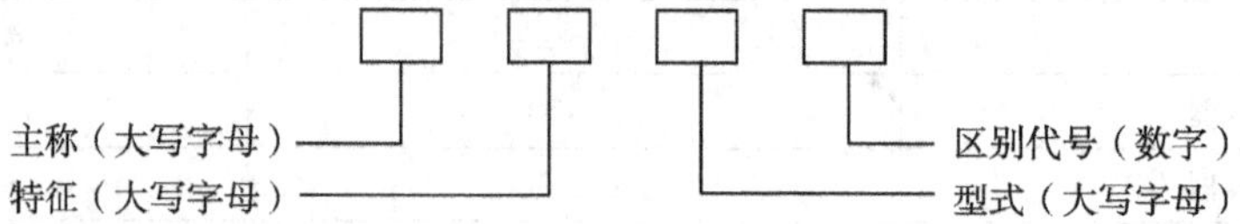

主称：L 表示电感线圈，L_Z 表示扼流圈

特征：G 表示高频

型式：X 表示小型

区别代号：用数字表示

电感器的标识法：

1. 直标法

在电感线圈的外壳上直接用文字标出电感线圈的电感量、允许偏差和最大直流工作电流等主要参数。小型固定电感线圈的工作电流与标识字母如表 4-24 所示。

表 4-24 小型固定电感线圈的工作电流与标识字母

标识字母	A	B	C	D	E
最大工作电流/mA	50	150	300	700	1600

2. 色标法

电感器的外壳上涂有不同颜色的色环所对应的数字与电阻器色环标识法相同（见图 4-12）。所标识的电感量单位为 μH。

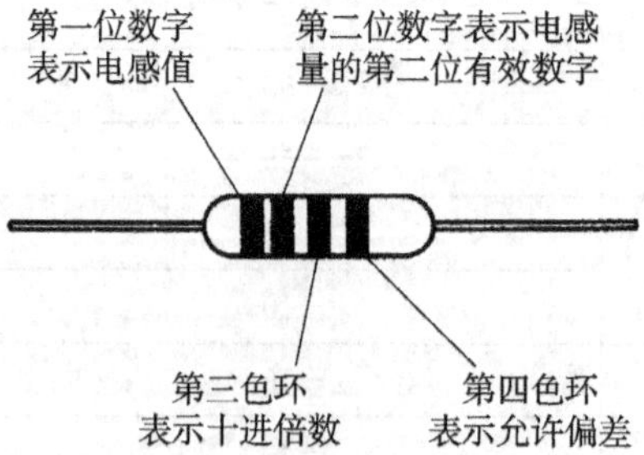

图 4-12 电感线圈的色环标识法

4.4.2 电感器的外形和电路符号

一些电感器的外形和电路符号如图 4-13 所示。

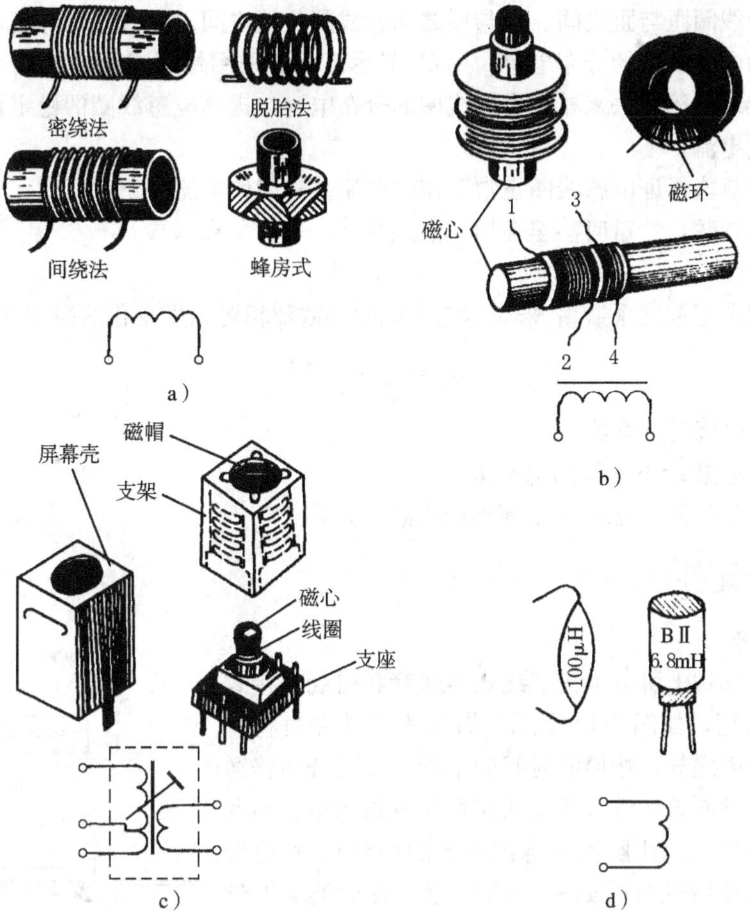

图 4-13　一些电感器的外形和电路符号

a）空心线圈绕法　b）磁心线圈　c）带屏蔽的手调电感器　d）固定电感器

4.4.3　电感器的主要特性参数

（1）电感量及允许偏差

电感器的电感量 L 的大小，主要取决于线圈的匝数、磁心大小、磁心导磁率、结构及绕制方法。固定电感器的标称电感量与允许偏差，可参与 E 系列电阻器的规定。

（2）品质因素 Q

品质因数 Q 表明电感线圈损耗的大小，其 Q 值越大，线圈的损耗越小。Q 值可用下式计算，即

$$Q=\frac{2\pi fL}{R}=\frac{\omega L}{R}$$

式中　ω——工作频率，$\omega=2\pi f$；

L——线圈电感量；

R——线圈的总损耗电阻。

(3) 分布电容

电感器中线圈匝与匝之间、层与层之间、线圈与地之间以及线圈与屏蔽盒之间所具有的电容，统称为电感线圈的分布电容，用 C_0 表示。一般采用蜂房式绕法或减小线圈骨架的直径，用细导线绕制等方法来减小电感线圈的分布电容，提高电感线圈的稳定性。

(4) 额定电流

额定电流是能保证电感线圈正常工作的电流。当工作电流大于此值时，电感线圈因发热而改变其电感参数，严重时甚至会损坏电感线圈。

(5) 稳定性

稳定性用电感温度系数 α_L 来表示电感线圈参数随相对温度变化的稳定性，用下式计算：

$$\alpha_L = \frac{L_2 - L_1}{L_1(t_2 - t_1)}$$

式中 α_L——电感温度系数；

L_1——室温 t_1 下测得的电感量；

L_2——正负参考温度 t_2 下测得的电感量。

4.5 保护元件

4.5.1 熔丝管

熔丝管在结构上可分为无引线式熔丝管和引线焊接式熔丝管两种类型，如图 4-14 所示。熔丝管按外壳材料有玻璃外壳和瓷壳之分，按熔断时间的不同，又可分为普通熔丝管、快速熔断熔丝管（适用快速切断电路的场合）及延时熔断熔丝管（适用瞬间时电流较大的场合）。普通玻璃熔丝管的主要特性参数如表 4-25 所示，普通玻璃熔丝管熔断特性如表 4-26 所示，一些速断型玻璃熔丝管的主要特性参数如表 4-27 所示，延时型玻璃熔丝管的主要特性参数如表 4-28 所示。

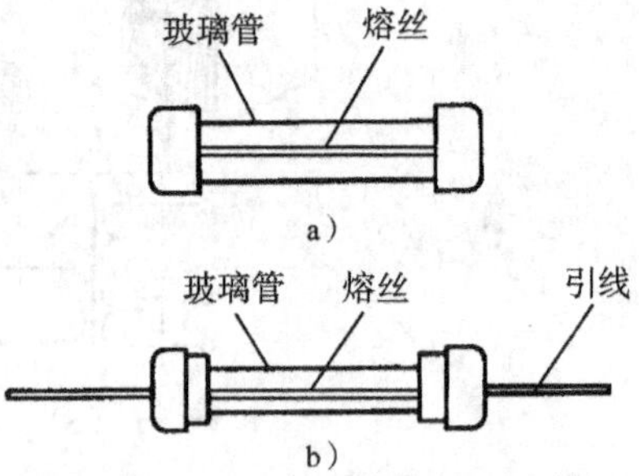

图 4-14 熔丝管的结构形式
a) 无引线式 b) 引线焊接式

表 4-25 普通玻璃熔丝管的主要特性参数

额定电流/A	额定电压/V	最大电压降/mV	额定电流/A	额定电压/V	最大电压降/mV
100	125，250	3500	1	125，250	200
125		2000	1.2		200
160		2000	1.6		190
200		1700	2		170
250		1400	2.5		170
315		1300	3.15		150
500		1000	4		130
630		650	5		130
800		240	6.3		130

表 4-26　普通玻璃熔丝管熔断特性

额定电流百分比（%）		熔断时间	
		32～100mA	>125mA
210	最慢	2min	2min
275	最快	200ms	600ms
	最慢	10s	10s
400	最快	40ms	150ms
	最慢	3s	3s
1000	最快	10ms	20ms
	最慢	300ms	300ms

表 4-27　一些速断型玻璃熔丝管的主要特性参数

型　号	额定电流（额定电压 $^{125}_{250}$V）	熔断特性	
		额定电流百分比（%）	熔断时间
HC110	100mA～15A	210	≤60s
HC111		275	≤1s
HC112		400	≤100ms
HC113		1000	≤20ms
HC114	100mA～15A	110	≤4h
		135	≤1h
HC115		200	≤5s
HC119	0.1mA～20A	210	≤30min
HC120		275	10ms～2s
HC121		400	3～300ms
HC122		1000	≤20ms
HC123	0.1mA～30A	210	≤20s
HC124		275	20ms～1.5s
HC125		400	1～400ms
HC126		1000	5～80ms
HC127	0.1mA～30A	210	≤30min
HC128		275	10ms～2s
		400	3～300ms
HB129		1000	≤20ms

表 4-28　延时型玻璃熔丝管的主要特性参数

型　号	额定电流	额定电压/V	熔断特性	
			额定电流的百分比（%）	熔断时间
HC130 HC131 HC132 HC133 HC134 HC135 HC136 HC137	0.1mA～20A	125，250	130 160 200 110 135 200	≥4h ≤1h ≤120s ≥4h ≤1h ≤120s

4.5.2　可恢复熔丝

可恢复熔丝由高分子聚合物及导电材料等制成，适用于需要过电流和过热保护，又可自动恢复的场合。

正常工作时，可恢复熔丝呈现低阻状态，流经元件产生的热量小，当有过电流通过时，可恢复熔丝温度迅速上升，使本身阻值在极短时间内上升到原阻值的 10^6 倍以上，只有很小电流流过，如同开关切断电路，起到保护电路的作用。当过电流排除后，元件恢复到正常的低阻状态。60R 系列自恢复熔丝的外形如图 4-15 所示。60R 系列自恢复熔丝的主要特性参数如表 4-29 所示。

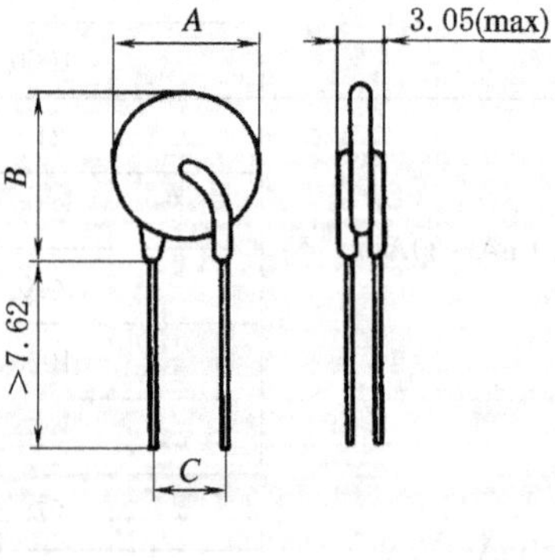

图 4-15　60R 系列自恢复熔丝的外形

表 4-29　60R 系列自恢复熔丝的主要特性参数

型号		最大电压/V	保持电流/A	触发电流/A	断开功率/W	断路后最大电阻/Ω	外形尺寸/mm		
							A（max）	*B*（max）	*C*
60R	01	DC 60	0.1	0.2	0.38	7.5	7.37	12.7	5.08
	02		0.17	0.34	0.48	8	7.37	12.7	5.08
	03		0.2	0.4	0.41	4.4	7.37	12.19	5.08
	04		0.25	0.5	0.45	3	7.37	12.7	5.08
	05		0.3	0.6	0.49	2.1	7.37	12.95	5.08
	06		0.4	0.8	0.56	1.29	7.62	13.46	5.08
	07		0.5	1	0.77	1.17	7.62	13.72	5.08
	08		0.65	1.3	0.88	0.72	9.65	14.48	5.08
	09		0.75	1.5	0.92	0.6	10.46	15.24	5.08
	10		0.9	1.8	0.99	0.47	11.68	15.75	5.08
	11		1.1	2.2	1.5	0.38	12.95	18.03	5.08
	12		1.35	2.7	1.7	0.3	14.48	19.56	5.08
	13		1.6	3.2	1.9	0.22	16.26	21.34	5.08
	14		1.85	3.7	2.1	0.19	17.78	22.86	5.08
	15		2.3	5	2.5	0.13	21.34	26.42	10.16
	16		3	6	2.8	0.1	24.89	29.97	10.16
	17		3.75	7.5	3.2	0.08	28.45	33.53	10.16

4.5.3　熔断电阻器

熔断电阻器在额定功率下具有电阻器的功能；当与电路串联的熔断电阻器出现过载超过其额定功率时，会像熔丝一样熔断，来保护电路。

按工作方式的不同，熔断电阻器可分为不可复合和可复式两种。熔断电阻器的符号如图 4-16 所示。RF11 型熔断电阻器的主要特性参数如表 4-30 所示。

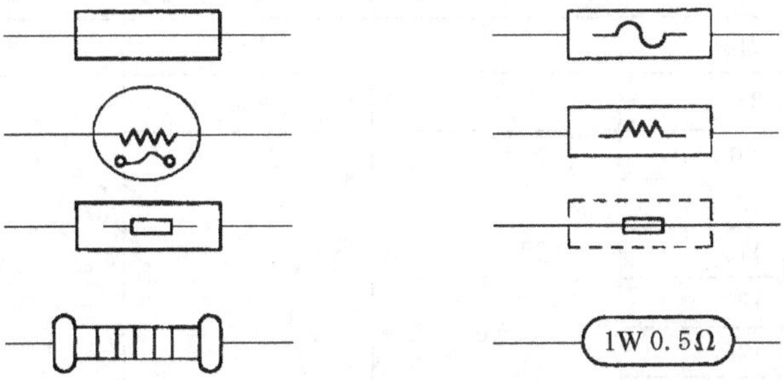

图 4-16　熔断电阻器的符号

表 4-30　RF11 型熔断电阻器的主要特性参数

<table>
<tr><th>功率/W</th><th>阻值范围/Ω</th><th>允许偏差</th><th>额定电压/V</th><th>绝缘电压/V</th><th>温度系数/
(×10⁻⁶/℃)</th><th>环境温度/℃</th></tr>
<tr><td>0.5</td><td>0.33～1500</td><td rowspan="4">±5%，±10%</td><td rowspan="2">200</td><td rowspan="4">1000</td><td rowspan="4">±350</td><td rowspan="4">−25～+125</td></tr>
<tr><td>1</td><td rowspan="2">0.33～1000</td></tr>
<tr><td>2</td><td rowspan="2">300</td></tr>
<tr><td>3</td><td>0.33～3300</td></tr>
</table>

4.5.4　温度熔丝

温度熔丝又称热熔断器。通常安装在易发热电器中，一旦电器发生故障温度超过异常温度时，温度熔丝会自动熔断，切断电源，避免电器产生严重损坏造成火灾事故。一些温度熔丝的基本参数如表 4-31 所示。

表 4-31　一些温度熔丝的基本参数

<table>
<tr><th>型　号</th><th>额定温度/℃</th><th>熔断精度/℃</th><th>保持温度/℃</th><th>极限温度/℃</th><th>额定电流/A</th></tr>
<tr><td>WR106</td><td>106</td><td rowspan="8">±3</td><td>75</td><td>114</td><td rowspan="2">0.5，1，2</td></tr>
<tr><td>WR116</td><td>116</td><td>80</td><td>124</td></tr>
<tr><td>WR126</td><td>126</td><td>85</td><td>134</td><td rowspan="5">0.5，1，2，3</td></tr>
<tr><td>WR130</td><td>130</td><td>90</td><td>138</td></tr>
<tr><td>WR136</td><td>136</td><td>95</td><td>144</td></tr>
<tr><td>WR145</td><td>145</td><td>100</td><td>153</td></tr>
<tr><td>WR152</td><td>152</td><td>110</td><td>160</td></tr>
<tr><td>WR170</td><td>170</td><td>120</td><td>178</td><td>1，2，3</td></tr>
<tr><td>RY105</td><td>105</td><td rowspan="8">±3</td><td>85</td><td>115</td><td rowspan="8">2～10</td></tr>
<tr><td>RY115</td><td>115</td><td>95</td><td>125</td></tr>
<tr><td>RY125</td><td>125</td><td>105</td><td>135</td></tr>
<tr><td>RY130</td><td>130</td><td>110</td><td>140</td></tr>
<tr><td>RY145</td><td>145</td><td>124</td><td>154</td></tr>
<tr><td>RY150</td><td>150</td><td>135</td><td>165</td></tr>
<tr><td>RY165</td><td>165</td><td>145</td><td>175</td></tr>
<tr><td>RY190</td><td>190</td><td>170</td><td>200</td></tr>
<tr><td>RY210</td><td>210</td><td rowspan="2">±5</td><td>190</td><td>220</td><td rowspan="2">10～30</td></tr>
<tr><td>RY250</td><td>250</td><td>230</td><td>260</td></tr>
<tr><td>BW90</td><td>90</td><td rowspan="8">±6</td><td rowspan="8">—</td><td rowspan="8">—</td><td rowspan="8">5～10</td></tr>
<tr><td>BW100</td><td>100</td></tr>
<tr><td>BW110</td><td>110</td></tr>
<tr><td>BW120</td><td>120</td></tr>
<tr><td>BW125</td><td>125</td></tr>
<tr><td>BW130</td><td>130</td></tr>
<tr><td>BW140</td><td>140</td></tr>
<tr><td>BW150</td><td>150</td></tr>
</table>

4.6 石英晶体谐振器

4.6.1 石英晶体谐振器型号命名方法

石英晶体谐振器的型号由 3 部分组成：

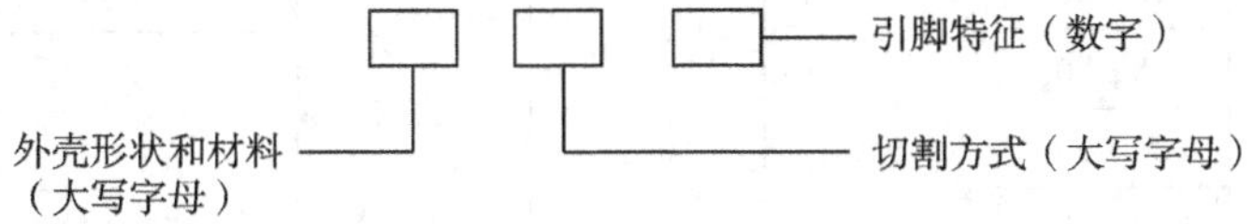

晶体谐振器型号组成及意义如表 4-32 所示。

表 4-32 晶体谐振器型号组成及意义

第一部分	A		B		C		J		K		R		S	
	矩形玻璃壳		圆形玻璃壳		平板陶瓷壳		矩形金属壳		圆形塑料壳		矩形塑料壳		圆形塑料壳	
第二部分	A	B	C	D	E	F	G	H	M	N	U	X	Y	
	AT 切割方式	BT 切割方式	CT 切割方式	DT 切割方式	ET 切割方式	FT 切割方式	GT 切割方式	HT 切割方式	MT 切割方式	NT 切割方式	音叉弯曲振动型切割	X 切割方式（伸缩振动）	Y 切割方式	
第三部分	偶 数						奇 数							
	软脚谐振器						硬脚谐振器							

4.6.2 石英晶体谐振器的主要特性参数

（1）标称频率 谐振中心频率。

（2）调整频差 基准温度时的工作频率相对于标称频率的最大偏离值。

（3）温度频差 在整个工作温度范围内，相对于基准温度时工作频率的允许偏离值。

（4）基准温度 测量参数时指定的环境温度。对于恒温型石英晶体谐振器，一般为工作温度范围的中心点，对于非恒温型石英晶体谐振器，为 25℃±2℃。

（5）负载电容 与石英谐振器一起决定负载谐振频率时的有效外界电容。

（6）负载谐振电阻 石英谐振器与指定外部电容在负载谐振时的电阻。

（7）激励电平 石英谐振器工作时消耗的有效功率。

（8）老化率 指随时间的增加，石英晶体老化变化而产生的误差，单位为 10^{-6}/年。

（9）温度范围 工作状态环境温度允许变化的范围。

一些常用石英晶体谐振器的主要特性参数如表 4-33 所示。

表 4-33　一些常用石英晶体谐振器的主要特性参数

名　称	型　号	频率范围/kHz	负载电容/pF	激励电平/mW	总频差/（$\times10^{-6}$）	25℃±2℃ 调整频差/（$\times10^{-6}$）	25℃±2℃ 负载谐振电阻/kΩ	工作温度范围/℃
低频金属盒石英晶体谐振器	JW1	8～15	100	0.1	±200	—	⩽90	−40～+70
		15～20					⩽80	
	JN5	16～20				±50	⩽100	−25～+55
		20～25					⩽80	
		25～35					⩽60	
		35～85					⩽40	
	JN3	80～110			±150		⩽10	
	JX1	75～150	300	2	±200	—	—	−40～+70
		75～150						
	JX5	75～150				±50		−25～+55
		75～150						
	JD1	150～200			±150	—		−40～+70
	JD3	130～150	30	2	150	—	⩽5	−40～+70
	JD5	200～400					—	
	JD7					±50		−25～+55
	JD9	500～600			±200	—		−40～+70
	JD11		∞					
	JD15		30			±50		−25～+55
	JC1	400～500				—		−40～+70
	JC3		∞					
	JC5		30					−25～+55
高频金属盒石英晶体谐振器	JA1	600～850	30	6	±150	—	—	−40～+70
	JA5	850～1000		4	±50			−55～+85
	JA5	1000～25000		2				
	JA5B	850～1000		4	±75			
	JA5B	1000～25000		2				
	JA37A	850～25000		4	±50			
	JA37B	850～25000		4	±75			
	JA39A	100～125MHz	∞	1	±50			
	JA39B	100～125MHz			±75			

4.7　敏感元件

4.7.1　热敏电阻器

热敏电阻有正、负两种温度系数，常供温度补偿、温度检测、控制、过热保护、无触点开关等之用。部分普通用热敏电阻器的参数如表 4-34 所示。

表 4-34 部分普通用热敏电阻器的参数

电阻器代号	电阻温度特性代号	标称阻值范围/Ω	温度系数范围/(10^{-2}/℃)	额定功率/W	时间常数/s	最高工作温度/℃
MZ11A		50～10×10^3	2～8	0.5	≤50	100
MF11	E	10～100	－(2.23～2.72)	0.25	≤30	85
	F	110～4.7×10^3	－(2.72～3.34)			
	G	(5.1～15)×10^3	－(3.34～4.09)			
MF12-1	I	(1～430)×10^3	－(4.76～5.83)	0.25	≤10	125
	J	(470～1000)×10^3	－(5.68～6.94)			
MF12-2	I	(1～100)×10^3	－(4.76～5.83)	0.5	≤20	125
	J	(110～1000)×10^3	－(5.68～6.94)			
MF12-3	H	56～510	(－3.95～4.84)	1.0	≤60	125
	I	560～5600	－(4.76～5.83)			

4.7.2 压敏电阻器

氧化锌压敏电阻器的电阻值随电压的增加而急剧下降，具有限压型伏安特性。图 4-17 是一种氧化锌电阻器的典型伏安特性。从曲线可以看出，当实际电压超过压敏电阻额定电压时，流过它的电流很大，大量的电流由电阻分流，起到过电压保护作用。它广泛应用于吸收各种电子及电气电路中感应、雷电等过电压。MYH3 系列通用压敏电阻参数如表 4-35 所示。

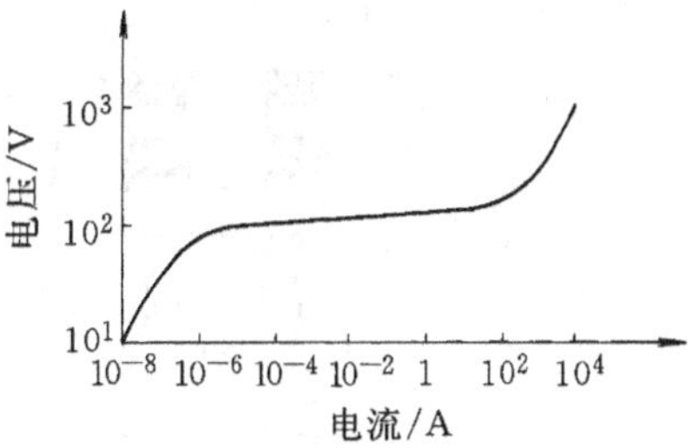

图 4-17 压敏电阻的伏安特性

表 4-35 MYH3 系列通用压敏电阻参数

型号	标称压敏电压/V	最大连续工作电压/V		额定功率/W	额定电流限制电压		浪涌耐量/A(二次，8×20μs)	电容量/pF(f=1kHz)
		交流	直流		V	A		
MYH3-05D18	18(15～21)	10	14	0.01	40	1	40	3300
MYH3-20D18				0.20	35	20	800	50000
MYH3-05D56	56(50～62)	33	45	0.01	125	1	40	1000
MYH3-07D56				0.02	110	2	100	1700
MYH3-10D56				0.05	110	5	200	4000
MYH3-14D56				0.10	110	10	400	9000
MYH3-20D56				0.20	110	20	800	16000
MYH3-05D100	100(90～110)	58	82	0.1	180	5	200	200
MYH3-20D100				1.0	155	100	3500	4700
MYH3-05D430	430(387～473)	245	345	0.1	755	5	200	45
MYH3-20D430				1.0	720	100	3500	1100
MYH3-14D1800	1800(1620～1980)	1025	1450	0.6	2900	50	2000	55
MYH3-21D1800				1.0		100	3500	250

4.7.3 光敏电阻器

MG42 型密封硫化镉光敏电阻器的主要参数如表 4-36 所示。

表 4-36　MG42 型密封硫化镉光敏电阻器的主要参数

型　　号	最高工作电压 U_{RM}/V	亮　阻 R_L/kΩ	暗　阻 R_D/kΩ	试验电压 U_R/V	额定功率 P/W
MG42-5A	20	≤2	≥100	2	5
MG42-5B	20	≤5	≥500	2	5
MG42-5D	20	≤10	≥1000	5	5
MG42-10A	50	≤50	≥10000	10	10
MG42-10B	50	≤100	≥20000	10	10

4.8　光断续器

光断续器又称为光电开关。它有一个发光元件和一个受光元件，使用时可以将光信号变为电信号输出，常用来检测物体的光传感器件。光断续器可分为两类：透过型和反光型，如图 4-18、图 4-19 所示。透过型光断续器主要特性参数如表 4-37 所示。

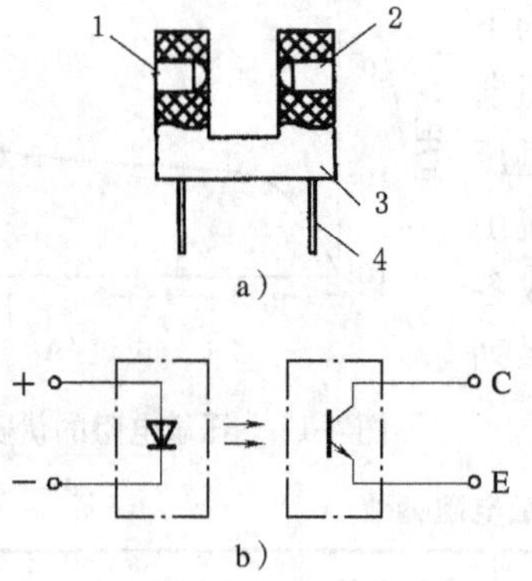

图 4-18　透过型光断续器结构及电路

a）外形　b）电路

1—近红外线发光二极管　2—光敏晶体管

3—支架　4—管脚

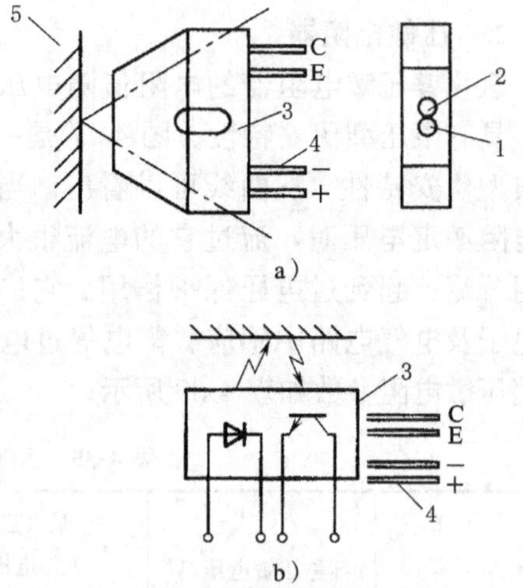

图 4-19　反光型光断续器外形及电路

a）外形　b）电路

1—红外发光二极管　2—光敏晶体管

3—外壳　4—管脚　5—物体

表 4-37　透过型光断续器主要特性参数

型　　号	输入特性				输出特性			响应时间	
	I_{FM} /mA	U_F /V	U_R /V	I_R /μA	I_D /μA	$U_{BR(CEO)}$ /V	光电流 I_L /mA	t_r /μs	t_f /μs
GK-310A	50	≤1.5	>5	<50	≤0.1	≥20	0.5～1	≤3	≤4
GK-310B							1～2		
GK-320A							0.5～1		
GK-320B							1～2		

4.9　驻极体传声器

当声波引起驻极体膜片振动时，膜片蒸镀金属膜与金属极板间形成的电容的电场发生相应变化，产生的音频电信号经场效应晶体管输出。驻极体电容传声器主要参数如表 4-38 所示，三端式驻极体传声器的连接方式如图 4-20 所示，二端式驻极体传声器的连接方式如图 4-21 所示。

表 4-38　驻极体电容传声器主要参数

型　号	输出阻抗/Ω	频率响应/Hz	灵敏度/dB	指　向　性	外形尺寸/mm
6027	<1000	40～15000	−55～−60	全指向	φ6×2.7
6050					φ6×5
9745P					φ9.7×4.5（插针式）
9748					φ9.7×4.8
9748P					φ9.7×4.8（插针式）
9767P					φ9.7×6.7（插针式）
9752		70～14000		单指向	φ9.7×5.2

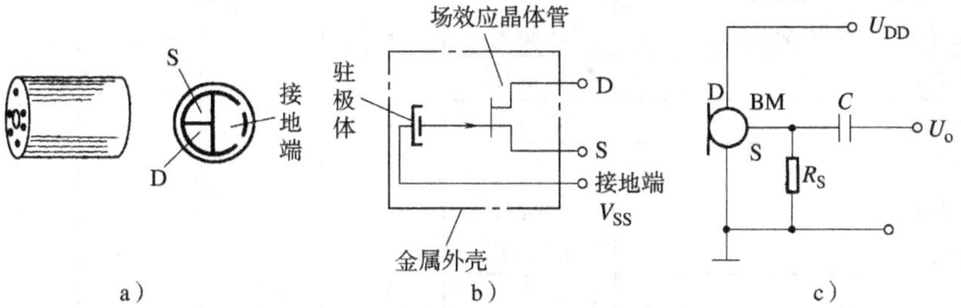

图 4-20　三端式驻极体传声器的连接方式

a）外形与三个引出端　b）三端式驻极体传声器　c）连接电路

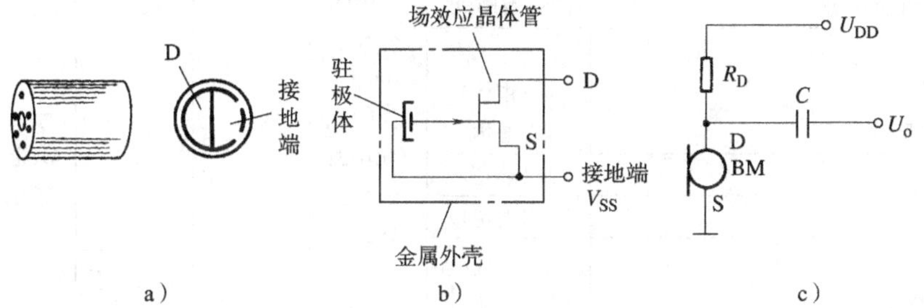

图 4-21　二端式驻极体传声器的连接方式

a）外形与两个引出端　b）二端式驻极体传声器　c）连接电路

4.10　继电器

电磁继电器是一种利用电磁力来切换触点的开关型器件，其结构和符号如图 4-22 所示。

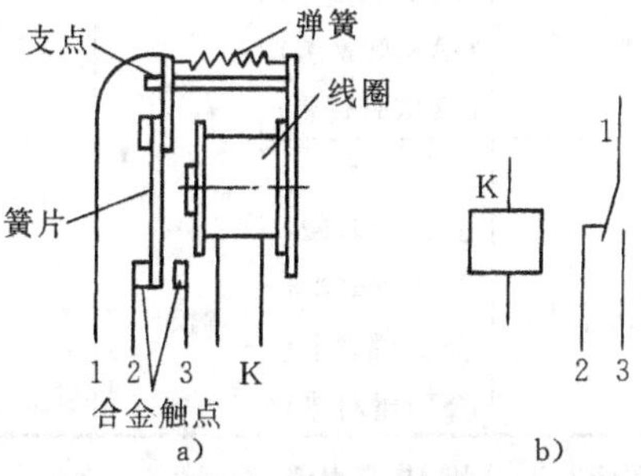

图 4-22　电磁继电器结构和符号

a）结构示意图　b）继电器符号

1—动触点　2—常闭触点　3—常开触点

4.10.1　电子设备用继电器的型号和标识法

电子设备用继电器的型号命名组成如表 4-39 所示。

表 4-39　电子设备用继电器的型号命名组成

分类号	继电器名称	第一部分 主　称	第二部分 外形符号	第三部分 短划线	第四部分 序　号	第五部分 防护特征	第六部分 改型序号
1	直流电磁继电器		W （微型，不大于10mm） C （超小型 不大于25mm） X （小型，不大于50mm）	—		M(密封) F(封闭)	A （首改型 Ⅱ型） B （Ⅲ型） ⋮
	切换微负载（直流≤5W，交流≤15VA）	JW（继微）					
	切换弱负载（直流≤5W，交流≤120VA）	JR（继弱）					
	切换中负载（直流≤150W，交流≤500VA）	JZ（继中）					
	切换大负载（直流>150W，交流>500VA）	JQ（继强）					
2	交流电磁继电器	JL（继流）					
3	磁保护继电器	JM（继脉）					
4	固体继电器						
	混合式固体继电器	（见注）					
	全固体继电器	JG（继固）					
5	高频继电器						
	高频继电器（>10kHz）	JP（继频）					
	同轴射频继电器（>100MHz）	JPT（继频同）					
	真空高压射频继电器	JPK（继频空）					
6	热敏继电器						
	温度继电器	JU（继温）					
	电热式继电器	JE（继热）					
7	光电继电器	JF（继光）					
8	特种继电器	JT（继特）					
9	极化继电器						
	二位置（双稳态）	JH（继化）			序号后加 F		
	偏倚式				序号后加 Y		
	三位置（居中极化）				序号后加 S		
10	舌簧继电器						
	干式舌簧继电器	JAG（继簧干）					
	水银湿式舌簧继电器	JAS（继簧湿）					
	剩磁舌簧继电器	JAT（继簧剩）					
	干簧管	GAG（管簧干）					
	湿簧管	GAS（管簧湿）					
	剩簧管	GAT（管簧剩）					
11	时间继电器						
	电磁式	JSC（继时磁）					
	电子式	JSB（继时半）					
	混合式	JSB（继时半）					
	电热式	JSE（继时热）					

4.10.2　常用电磁式继电器的型号、规格及主要参数

常用电磁式继电器的型号、规格及主要参数如表 4-40 所示，电磁式继电器附表如表 4-41 所示，一些微型弱功率密封直流电磁继电器主要参数如表 4-42 所示。

表 4-40　常用电磁式继电器的型号、规格及主要参数

名　称	型　号	电源	额定电压/V 或 额定电流/mA	吸合电压 /V	吸合电流 /mA	消耗功率 /W	触点型式①	触点负载 /V·A	吸合时间 /ms	绝缘电阻 /MΩ	抗电强度 /V	寿命 /万次
小型通用电磁继电器	JQ-3	直流或交流	电压(DC):6,12,24,48,60,110,220 电压(AC):6,12,24,48,60,110,220,380	DC:75% AC:85%		DC:≤3	2Z、3Z		—	1000	1000	10
	JQX-10F						2Z			100	1000	10
	JTX 型					AC:≤5VA	2Z、3Z			100	1500	10
小　型 中　间 继电器	DZ-100	直流	电压(DC):6,12,24,48,60,110 电流(吸合):9,10,11,12,13,15,17,22,24,26,28,30,40,56	DC:70% AC:75%		≤1	6H、6D、4Z	DC:100V、1A	5~10	500	500	500
	JRXB-1					≤0.5	4Z	DC:25V、0.3A	5~10	1000	500	50
	JRX-13F-1					≤1	2Z、4Z	DC:48V、0.25A	5~10	100	500	100
	PR401					0.4~1	2Z、4Z	DC:48V、0.25A DC:60V、0.1A	5~10	1000	500	500
小　型 电　磁 继电器	JRX-4	直流	见表 4-41			≤1.2	1H1D、2H、2D	DC:28V、1.0A	6~12	100	400	10
	JRX-11					≤1.3	2H1D、2H、1Z、2Z	DC:12V、0.5A	6~12	500	500	10
	JRX-13F					≤0.4	2Z	DCC:48V、0.25A	6~12	100	500	100
	IWX-1					≤0.2	1Z	DC:5V、0.7A	6~12	100	400	10
电磁式 中　间 继电器	DZ-50	直流或交流	电压(DC):6,12,24(30),43,80,110,220 电压(AC):6,12,24,36,48,110,127,220,380	DC:70%	—	DC:≤2.5 AC:≤6.5	2H、2D、2Z 4H、4D、4Z	DC:250V、1A AC:250V、2.5A	30	1000	2000	100
	DZ-60					DC:≤2.5 AC:≤5				1000	2000	100
	JY-16					DC:≤3 AC:≤5	2H、2D、2Z 4H、4D、2H2D 2H2Z、2D2Z	DC:220V、1A AC:220V、3A	35	1000	1500	10
	JY-16A			DC:85%		DC:≤3 AC:≤5				1000	1500	10
	522					DC:≤4 AC:≤5	3Z	AC:380V、10A	—	100	2000	10
小　型 灵　敏 继电器	JQX-4	直流	电压(DC):12		20	DC:≤0.5	2Z	AC:220V、10A	20	500	1000	10
	JQX-4F	直流	见表 4-41			DC:≤0.5	4H、1Z2H、2Z	AC:220V、3A	20	500	1000	10
	JR-4					DC:≤0.2	1Z	AC:220V、1A	20	200	1500	10
	121 型					DC:≤0.2	1Z	AC:220V、1A	20	200	1500	10
中功率 继电器	JZ-4	直流或交流	电压(DC):110 (AC):220	<30 <50		DC:≤10	2Z	AC:220V、1A	20	100	1500	1
	JZX-2F		电压(DC):6,12,24,48,60,110,220 电压(AC):6,22,24,36,110,120,220	DC:75% AC:85%		DC:≤3 AC:≤4	2H、2Z、2D 4H、4Z、4D	DC:32V、3A AC:220V、1A	—	500	1000	10
小型大功率继电器	JQX-20F-C	直流	12V 等		80			AC:120/240V 20A(NO) AC:120/240V 10A(NC)				

① D、H、Z 表示触点形式。D:常开、H:常闭、Z:一开一闭。例:2Z 表示继电器带有 2 组一开一闭触点。

表 4-41 电磁式继电器附表

型　号	规格代号	额定电压/V	吸合电压/V	吸合电流/mA
JRX-4	SRM 4.523.000	—	—	26
	SRM 4.523.001	—	22	—
	SRM 4.523.003	—	—	25
	SRM 4.523.004	—	—	24
	SRM 4.523.008	—	10	—
	SRM 4.523.010	—	—	24
	SRM 4.523.013	—	—	25
	SRM 4.523.018	—	18	—
	SRM 4.523.019	—	—	60
	SRM 4.523.034	—	10	—
	SRM 4.523.020	—	—	24
	SRM 4.523.022	—	18	—
JRX-11	SRM 4.500.024	18	—	45
	SRM 4.500.025	18	—	6
	SRM 4.500.026	18	—	9
	SRM 4.500.027	12	—	45
JRX-13F	SRM 4.523.035	48	—	6
	SRM 4.523.036	18	—	13
	SRM 4.523.037	12	—	20
	SRM 4.523.038	24	—	9.5
JWX-1	LDR 4.523.051	—	—	3
	LDR 4.523.052	—	—	5
	LDR 4.523.053	—	—	8
JQX-4F	SRM 4.500.092	6	—	40
	SRM 4.500.093	12	—	20
	SRM 4.500.094	24	—	10
	SRM 4.500.095	48	—	5
JR-4 121 型	SRM 4.500.000	18	—	9
	SRM 4.500.001	24	—	7.2
	SRM 4.500.002	24	—	6
	SRM 4.500.003	36	—	4.8
	SRM 4.500.004	48	—	4
	SRM 4.500.005	60	—	3
	SRM 4.500.006	36	—	7.2

表 4-42　一些微型弱功率密封直流电磁继电器主要特性参数

参数项目＼型号	JRW-130M	JRW-210/211M
额定工作电压（DC）/V	5，6，9，12，18，26.5	5，6，9，12，18，26.5
动作电压（25℃下，DC）/V	2.8，3.5，5.3，7，10.5，14.2	3.2，3.8，5.6，7.5，10.8，16
释放电压（25℃下，DC）/V	0.23，0.28，0.39，0.43，0.91，1.37	0.22，0.28，0.54，0.63，0.91，1.32
线圈电阻/Ω	125（±10%），225（±10%），630（±10%），1025（±15%），2300（±15%），4000（±15%）	50（±10%），98（±10%），220（±10%），390（±10%），880（±10%），1560（±15%）
线圈功耗/W	≤0.2	≤0.5
触点形式	1Z	2Z
触点负载	1A，DC 28V	1A，DC 28V
触点接触电阻/mΩ	≤100	≤100
动作时间/ms	≤4	≤2
释放时间/ms	≤2.5	210 型，≤1.5；211 型，≤4
触点回跳/ms	≤2.5	≤1.5
绝缘电阻/MΩ	≥1000	≥1000
介质耐压	500V/50Hz	300V/50Hz
寿命（次）	1×10^5	1×10^5
密封性/（Pa·cm³/s）	1×10^{-3}	1×10^{-2}
质量/g	≤2.84	≤2.5
外形及电路（见右图）	①	②

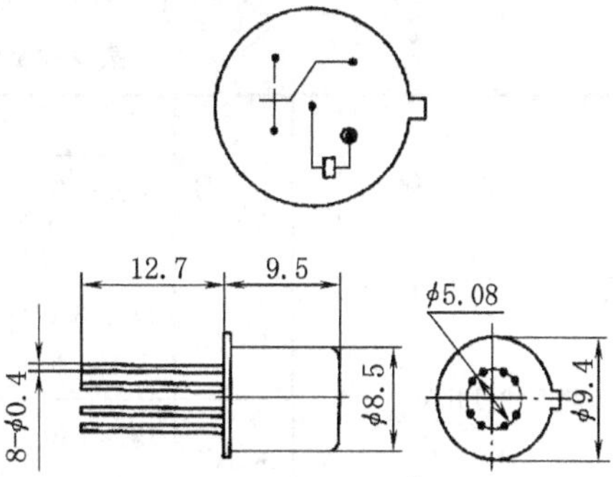

JRW−130M型

①

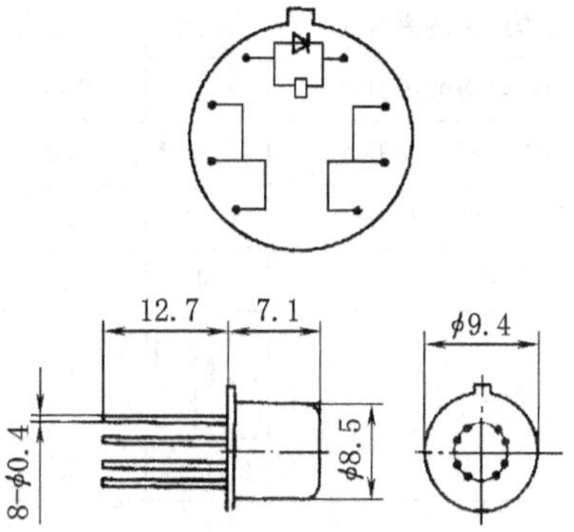

JRW−210/211M型

②

4.11　开关

4.11.1　开关的型号和标识法

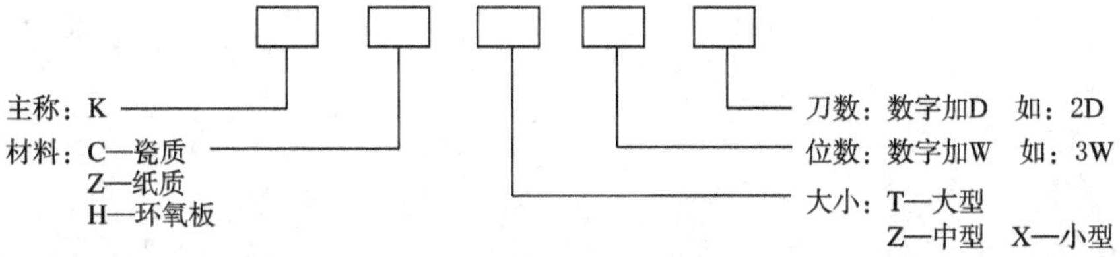

4.11.2 常用开关的主要技术参数

常用开关的主要技术参数如表 4-43 所示。

表 4-43 常用开关的主要技术参数

产品名称	型号	技术参数							
		工作电压/V	额定电流/A	接触电阻/Ω		绝缘电阻/MΩ	耐压/V	换向力或换向力矩	寿命/次
				正常	寿命后				
椭圆形波段开关	KB2C	DC：310 AC：220	0.3	≤0.01	≤0.03	≥1000	1000	10～40N·cm	10000
	KB3Z	DC：310 AC：220	0.3	≤0.01	≤0.03	≥100	1000	10～40N·cm	10000
椭圆形波段开关	KB5C	≤150 或 50	0.1 或 0.3	≤0.01	≤0.03	≥100	500	5～25N·cm	10000
	KB5Z	≤150 或 50	0.1 或 0.3	≤0.01	≤0.03	≥100	500	5～25N·cm	10000
中型瓷质波段开关	KCZ	220	0.3	≤0.01	≤0.03	≥1000	1000	15～50N·cm	10000
中型胶纸板波段开关	KZZ	220	0.3	≤0.01	≤0.03	≥100	1000	7～60N·cm	10000
小型胶纸板波段开关	KZX	220	0.05	≤0.01	≤0.03	≥100	500	5～25N·cm	10000
小型胶纸板波段开关	KZX-1	220	0.05	≤0.01	≤0.03	≥100	500	5～25N·cm	10000
小型瓷质波段开关	KCX	220	0.05	≤0.01	≤0.03	≥1000	500	5～25N·cm	10000
扳动开关	KBD5	220	0.05	≤0.02	≤0.03	≥100	500	3～25N·cm	10000
录放开关	KLF 2.0 KLF 2.5	30	0.1	≤0.02	≤0.03	≥100	150	3～5N	10000
	KHSH	30	0.05	≤0.02	≤0.03	≥100	150	≤5N	10000
滑动式杠杆开关	KHG25	DC30	0.2	≤0.02	≤0.03	≥100	500	≤8N	1000
直键开关	KZJ1A1	250	2	≤0.02	—	≥10000	1000	≤20N	10000
拨动开关	KB-1	30	0.1	≤0.02	≤0.03	≥100	150	5～20N	10000
	KB-2	30	0.1	≤0.02	≤0.03	≥100	150	2.5～15N	10000
	KBB	30	0.05	≤0.02	≤0.03	≥100	150	≤15N·cm	10000
按钮	AN4	50	0.1	≤0.02	≤0.03	≥500	200	4～15N	5000

5 片状元器件

表面贴装技术（SMT）已在小型电子设备、微型计算机、家用电器等方面获得广泛的应用。这类片状微型电子元件（SMC）、表面安装器件（SMD）包括电阻、电容、接线、电感、二极管、三极管、晶闸管、电位器、开关、滤波器、集成电路等。由于这类无引线片状元器件体积很小，因而无法将型号印制在表面，一般只能用简单的代号（数字、英文字母）来标注。贴片元件因没有引脚，元件的两端电极是金属材料（一般镀银），元件表面涂有绝缘层。它们的结构如图 5-1 所示。它们的安装与普通器件不同，安装在表面安装印制电路板（SMB）的铜箔一面，粘在线路板上，两端再焊锡，如图 5-2 所示。

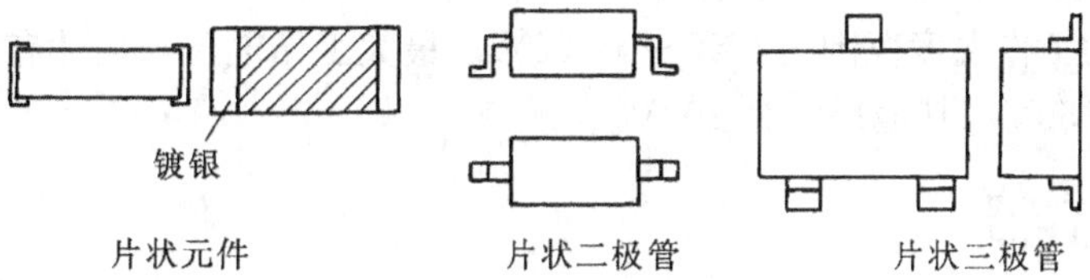

图 5-1　片状元器件的结构

5.1 片状电阻器

常用片状电阻有 5 种参数，即尺寸、阻值、允差、温度系数及包装。

（1）尺寸系列　贴片式电阻系列一般有 7 种尺寸，用两种尺寸代码来表示。4 位数字的前两位与后两位分别表示电阻的长与宽，EIA（美国电子工业协会）代码以英寸为单位。另一种是米制代码，其单位为毫米。表 5-1 列出这 7 种电阻尺寸的代码和功率额定值。

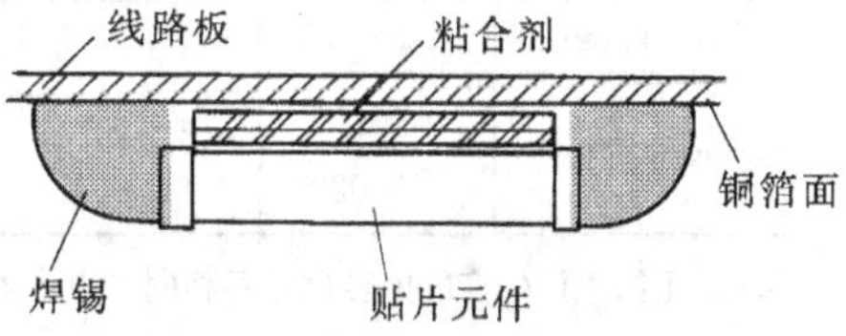

图 5-2　贴片元件的焊接结构图

（2）阻值系列　表 5-2 是最常用的 E-24（电阻值的允差为±5%）。贴片式电阻表面上用三位数字来表示阻值。其中第一位、第二位为有效数，第三位数字表示后接零的数目。有小数点时用“R”来表示，并占一位有效数。标称电阻代号如表5-3所示。

表 5-1　贴片式电阻尺寸代码与额定功率

EIA 代码	0402	0603	0805	1206	1210	2010	2512
米制代码	(1005)	(1608)	(2012)	(3216)	(3225)	(5025)	(6432)
实际尺寸/mm	1.0×0.5	1.55×0.8	2.0×1.25	3.1×1.55	3.2×2.6	5.0×2.5	6.3×3.15
功率额定值/W	1/16	1/16	1/10	1/8	1/4	1/2	1

表 5-2　E-24 标称电阻阻值基数

100	110	120	130	150	160	180	200
220	240	270	330	360	390	430	470
510	560	620	680	750	820	910	

表 5-3　标称电阻代号

代　号	R22	2R2	220	221	222	223	224	225
标称电阻/Ω	0.22	2.2	22	220	22×10^2	22×10^3	22×10^4	22×10^5

（3）允差　贴片式碳膜电阻的允差有 4 级，即 F 级，±1%；G 级，±2%；J 级，±5%；K 级，±10%。

（4）温度系数　贴片式电阻的温度系数有 2 级，即 W 级，$\pm200\times10^{-6}$/℃；X 级，$\pm100\times10^{-6}$/℃。

（5）包装　主要有散装及带状卷装两种。

贴片式电阻的工作温度范围为－55～＋125℃。最大工作电压与尺寸有关：0402 及 0603 为 50V，0805 为 150V，其他尺寸为 200V。

5.2　片状电容器

常用片状电容有 7 种参数，即类型、尺寸、温度系数、容量、允差、耐压及包装。贴片式电容的介质和类型较多，这里仅介绍 6 种参数。

（1）尺寸　不同介质的电容尺寸不同。表 5-4 列出了多层贴片式电容尺寸代码。

表 5-4　贴片式电容尺寸代码

EIA 代码	0402	0603	0805	1206	1210	1812	2220
米制代码	1005	1608	2012	3216	3225	4532	5650
实际尺寸/mm	1.0×0.5	1.6×0.8	2.0×1.25	3.2×1.6	3.2×2.5	4.5×3.2	5.6×5.0
实际尺寸/英寸	0.039×0.020	0.063×0.031	0.079×0.049	0.126×0.063	0.126×0.098	0.177×0.126	0.220×0.197

注：不同工厂生产的电容尺寸不相同。电容器还有圆柱状（陶瓷介质），其尺寸代码与片状相同，如代码是 0805，其实际尺寸是长度 2.0mm、直径 1.25mm 的圆柱形电容。

（2）电容温度系数　电容温度系数分为Ⅰ级及Ⅱ级，如表 5-5、表 5-6 所示。

表 5-5　电容的温度系数（Ⅰ级）

温度系数符号	COG（NPO）	CH	PH(P2H)	RH(R2H)	SH(S2H)	TH(T2H)	UJ（U2J）	SL
温度系数/（10^{-6}/℃）	0±30	0±60	－150±60	－220±60	－330±60	－470±60	－750±120	＋350～－1000
温度范围/℃	－55～＋125	－25～＋85	－25～＋85	－25～＋85	－25～＋85	－25～＋85	－25～＋85	20～85

表 5-6　电容的温度系数（Ⅱ级）

温度系数符号	X8R	X7R	X7S	Z5U	Y5V
电容变化量（%）	±15	±15	±22	＋22，－56	＋22，－82
温度范围/℃	－55～＋150	－55～＋125	－55～＋125	10～85	－30～＋85

(3) 电容量及其代码　电容量的范围因所用介质不同而各异，如独石电容的范围为 0.5pF～4.7μF，多层陶瓷电容的范围为 0.5pF～47μF，其代码如表 5-7 所示。

表 5-7　电容容量代码

代　码	0R5	R75	010	100	101	103
电容量/pF	0.5	0.75	1	10	100	10000

(4) 允差　表 5-8 是多层陶瓷片状电容器的允差。

表 5-8　多层陶瓷片状电容器的允差

符　号	C	D	F	J	K	M	Z
允　差	±0.25pF	±0.5pF	±1pF	±5%	±10%	±20%	+8%，−20%
应用容量范围	10pF 或更小			超过 10pF			

(5) 耐压　不同介质的电容器，其耐压各异。耐压的等级与引线式电容相同，如 10V、16V、25V、50V 等（它也有代码，但各厂不统一）。

(6) 包装　与贴片式电阻一样，有散装及带状卷装两种。

5.3　片状电感器

小功率绕线型片状电感器是由线圈、骨架等组成（见图 5-3）。骨架一般采用陶瓷或铁氧体材料制作，绕制线圈两端与电极相连。片状电感器的尺寸代码及相应的外形尺寸如表5-9所示。CW 系列陶瓷体绕线型片状高频电感器的主要特性参数如表 5-10 所示。

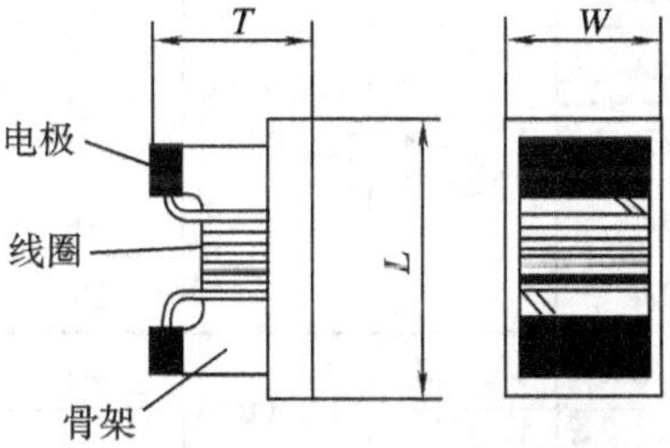

图 5-3　小功率绕线型片状电感器结构

表 5-9　片状电感器的尺寸代码及相应的外形尺寸

尺寸代码	对应片状电容器的尺寸代码	外形尺寸/mm			适用片状电感器结构
		L	W	T	
1608	0603	1.6	0.8	0.8～1.0	线绕片状
2012	0805	2.0	1.25	0.9～1.2	线绕片状，模压带屏蔽片状
2520	1008	2.5	2.0	1.8～2	线绕片状，模压带屏蔽片状
3216	1206	3.2	1.6	1.1～1.8	线绕片状，工字磁芯片状
3225	1210	3.2	2.5	2.0～2.3	模压带屏蔽片状，工字磁芯片状
4532	1812	4.5	3.2	2.6～3.2	模压带屏蔽片状，工字磁芯片状

表 5-10　CW 系列陶瓷体绕线型片状高频电感器的主要特性参数

型　号	电感量		允许偏差等级	Q值		最大直流电阻/Ω	自谐振频率（min）/MHz	最大直流电流/mA
	MHz	nH		MHz	min			
0603CW1R8KST	250	1.8	K、M	250	10	0.045	6000	700
0603CW3R9KST		3.9			20	0.08		
0603CW6R8KST		6.8			25	0.11	5800	
0603CW100KST		10	J、K、M		30	0.13	4800	
0603CW120KST		12	G、J、K、M			0.13	4000	
0603CW150JST		15				0.17		
0603CW180JST		18				0.17	3200	
0603CW220JST		22			35	0.19	3000	600
0603CW390JST		39				0.25	2200	
0603CW470JST	200	47				0.28	2100	
0603CW560JST		56				0.31	2000	
0603CW680JST		68				0.34	1850	
0603CW720JST	150	72				0.49	1700	400
0603CW101JST		100				0.71	1500	
0603CW111JST		110				0.75	1400	300
0603CW121JST		120				0.79	1350	
0603CW151JST		150		150	28	0.92	1200	280
0603CW181JST	100	180		100	25	1.25	1100	240
0603CW221JST		220	J、K、M			1.50	1000	200
0603CW271JST		270				1.80	860	170
0603CW331JST		330			24	2.00	600	150
0603CW391JST		390			23	2.10	480	120
0805CW2R2MGT	250	2.20	K、M	1500	40	0.10	6000	600
0805CW3R3MGT		3.30	J、K、M		30	0.08	6000	
0805CW6R8MGT		6.80		1000	50	0.11	5000	
0805CW8R2MGT		8.20				0.19	4800	
0805CW120MGT		12.00	G、J、K、M	500		0.15	4100	
0805CW150MGT		15.00	J、K、M			0.17	2900	
0805CW180MGT		18.00	G、J、K、M			0.20	3300	
0805CW220MGT		22.00				0.22	2600	500
0805CW270MGT		27.00			55	0.25	2500	
0805CW330MGT		33.00	F、G、J、K、M		60	0.27	2200	

5.4 片状二极管

(1) 片状二极管的结构和封装

片状二极管内部电路结构如表 5-11 所示，其常用的封装形式及外形尺寸如表 5-12 所示。

表 5-11 片状二极管内部电路结构

代号	内部电路结构	代号	内部电路结构	代号	内部电路结构	代号	内部电路结构
1	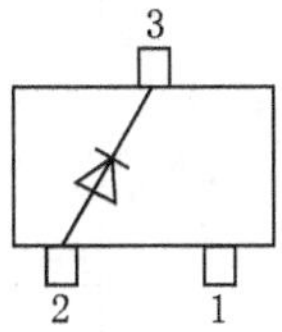	4	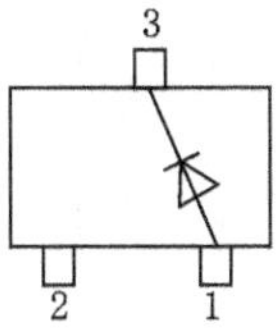	7	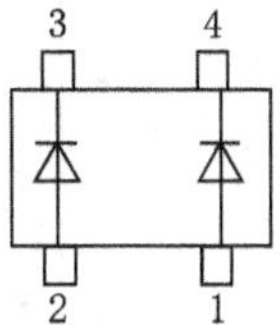	10	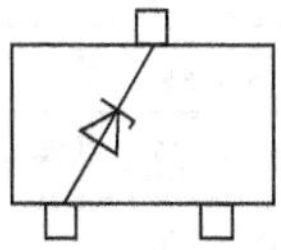 0.5W稳压二极管
2	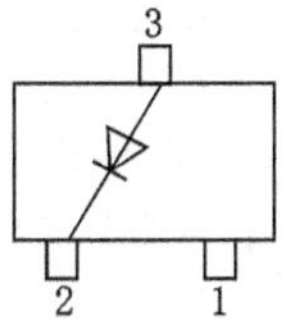	5	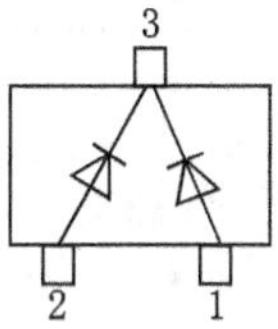	8	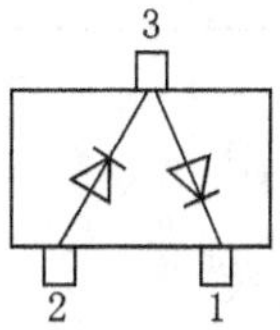	11	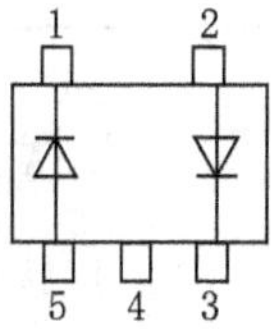
3	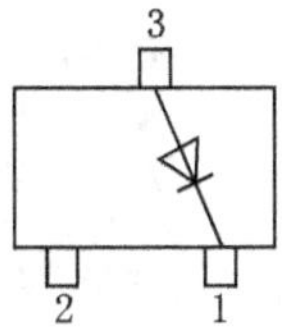	6	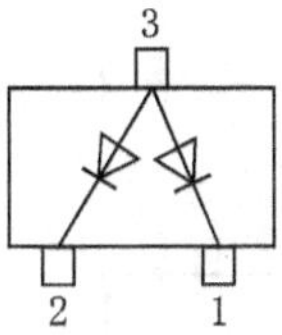	9	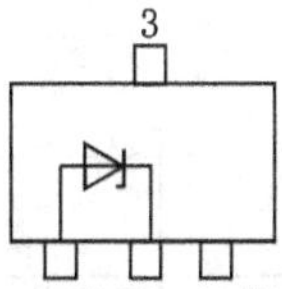 1W稳压二极管	12	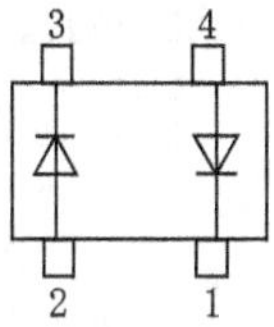

表 5-12 片状二极管常用的封装形式及外形尺寸

封装型号	外形尺寸/mm	外形图
SOT-23	2.9×1.3	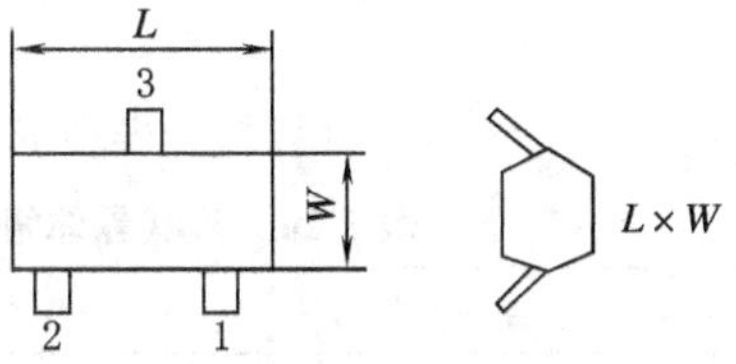
SC-59	2.9×1.6	
SC-70 (UMT)	2.0×1.25	
EM_3	1.6×0.8	
SMA/D0214AC	4.75×2.83×2.61	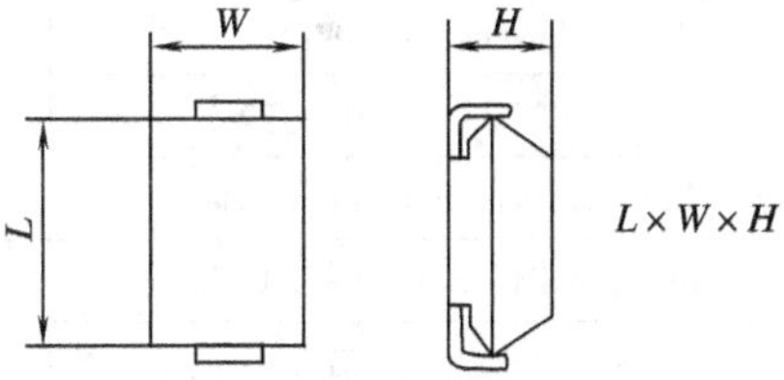
	4.25×2.58×1.99	
SMB/D0214AA	4.75×3.73×2.61	
	4.25×3.48×1.99	
SMC/D0214AB	7.11×6.22×2.62	
	6.6×5.59×2.00	
LL-34	ϕ1.5×3.4	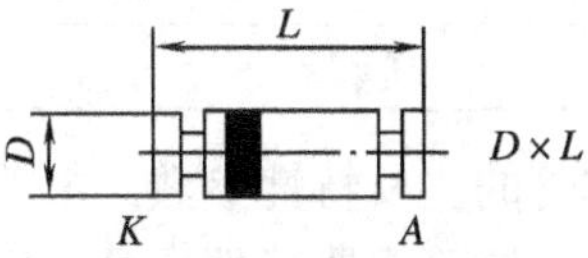
LL-41	ϕ2.8×5.0	

(2) 片状二极管的主要特性参数

一些片状整流二极管的主要特性参数如表 5-13 所示。

表 5-13　一些片状整流二极管的主要特性参数

型　号	V_{RRM}/V	I（AV，A）	I_{FSM}/A	$I_R/\mu A$	V_F/V	$t_{rr}/\mu s$	封装形式
SL4001	50	1	30	1	<1.1	4	LL41、D0214
SL4002	100						
SL4004	400						
SL4005	500						
SL4007	1000						
BY10-200	200						LL41
BYG10G	400						D0214
BA779	30	50mA	—	0.05	<1	PIN 二极管	SOT-23

5.5　片状晶体管

(1) 片状晶体管的封装

一些片状晶体管的封装形式如图 5-4a、b、c 所示。片状晶体管封装代号与外形尺寸如表 5-14 所示。

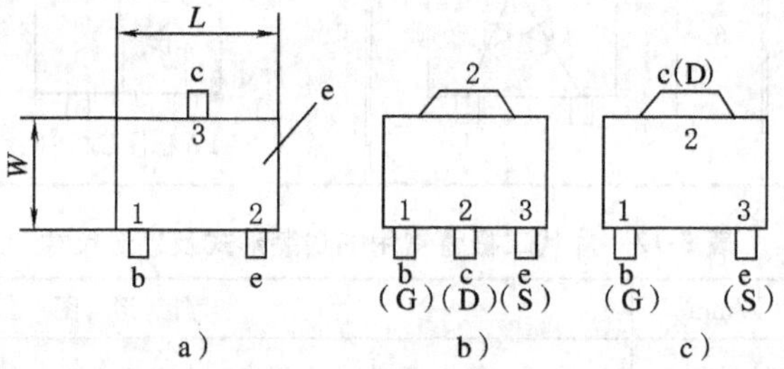

图 5-4　一些片状晶体管的封装形式

表 5-14　片状晶体管封装代号与外形尺寸

引 脚 数	封 装 代 号	封装形式	外形尺寸 $L\times W\times\delta$（mm）
3	EM3（0603 型）	见图 5-4a	1.6×0.8×0.7
	UMT、SC-70		2×1.25×0.9
	SST、SOT-23（欧洲、美国）		2.9×1.3×0.95
	SMT、SC-59、SOT-23（日本）		2.9×1.6×1.1
	MPT、MP4、SOT-89、SC-62	见图 5-4b	4.5×2.5×1.5
	SOT-223、TO-261AA		6.5×3.5×1.5
	CPT、F5、SC-63、D-PAK、TO-252AA	见图 5-4c	6.5×6×2.3
	D^2PAK		12.5×10.4×3.5

(2) 片状晶体管的主要特性参数

一般用途片状晶体管主要特性参数（SOT-23 式封装）如表 5-15 所示。

表 5-15　一般用途片状晶体管主要特性参数（SOT-23 式封装）

<table>
<tr><th>型　号</th><th>U_{CBO}/V</th><th>U_{CEO}/V</th><th>I_C/mA</th><th>h_{FE}
(min/max)</th><th>U_{CES}
(max) /V</th><th>f_t/MHz</th><th>P_D/mW</th><th>极性</th></tr>
<tr><td>BC846A</td><td rowspan="3">80</td><td rowspan="2">65</td><td rowspan="3">100</td><td>110/220</td><td rowspan="8">0.25</td><td rowspan="3">300</td><td rowspan="15">330</td><td rowspan="15">NPN</td></tr>
<tr><td>BC846B</td><td>200/450</td></tr>
<tr><td>BCV71</td><td rowspan="2">60</td><td>110/220</td></tr>
<tr><td>FMMT2484</td><td rowspan="5">50</td><td>50</td><td>100/500</td><td>200</td></tr>
<tr><td>BC850B</td><td rowspan="7">4.5</td><td rowspan="4">100</td><td>200/450</td><td rowspan="4">300</td></tr>
<tr><td>BC850C</td><td>420/800</td></tr>
<tr><td>BC847A</td><td>110/220</td></tr>
<tr><td>BC847B</td><td>200/450</td></tr>
<tr><td>BCX70G</td><td rowspan="3">45</td><td rowspan="3">200</td><td>120/220</td><td rowspan="3">0.35</td><td rowspan="3">250</td></tr>
<tr><td>BCX70H</td><td>180/310</td></tr>
<tr><td>BCX70J</td><td>250/460</td></tr>
<tr><td>FMMTA20</td><td rowspan="4">30</td><td rowspan="4">30</td><td rowspan="4">100</td><td>40/400</td><td rowspan="4">0.25</td><td>125</td></tr>
<tr><td>BC848A</td><td>110/220</td><td rowspan="3">300</td></tr>
<tr><td>BC848B</td><td>200/450</td></tr>
<tr><td>BC848C</td><td>420/800</td></tr>
</table>

6　用万用表检测常用电子元器件

6.1　电阻、电容、电感、电位器的检测

经常可以利用万用电表（简称万用表、三用表、复用表）检测电子元器件。由大规模集成电路组成的数字式万用表，具有测量精度高、灵敏度高、读数值方便等特点故被广泛使用，新型数字式万用表还可以直接测量电容容量、二极管通断、三极管 h_{FE}、频率、温度等功能，但指针式万用表的指针摆动过程比较直观，其摆动速度和幅度能比较客观地反映变化过程和变化趋势，适合初学者使用练习。因使用数字式万用表测元器件比较简单，这里不作介绍。指针式万用表如图 6-1 所示。

图 6-1　指针式万用表

6.1.1　电阻的检测

测量电阻精度要求不高时，可用万用表欧姆挡来测量。测量阻值步骤：

1. 万用表电阻挡调零

将选择开关置于 $R\times100$ 挡或 $R\times1\text{k}$ 挡，将两表笔短接，调整欧姆挡零位调整旋钮，使表针指向电阻刻度线右端的零位。

2. 测量电阻阻值

为了提高测量阻值的精度，应根据被测电阻标称值的大小来选择量程，测量时应使指针指示值尽可能落在全刻度起的 20%～80%弧度范围内。

用万用表表笔分别接触被测电阻两引脚进行测量。正确读出欧姆挡所指电阻的读数，再乘以倍率（$R\times100$ 挡应乘 100，$R\times1\text{k}$ 挡应乘 1000，…）后得到的就是被测电阻的阻值。

3. 测量时要注意的地方

在测试时，手不要触及表笔和电阻两端的导电部分，以免人体电阻影响测量的准确性。如果电阻在电路板上，被测电阻至少要从电路中焊开一个头，避免对测量产生的影响。电阻测量图如图 6-2 所示。

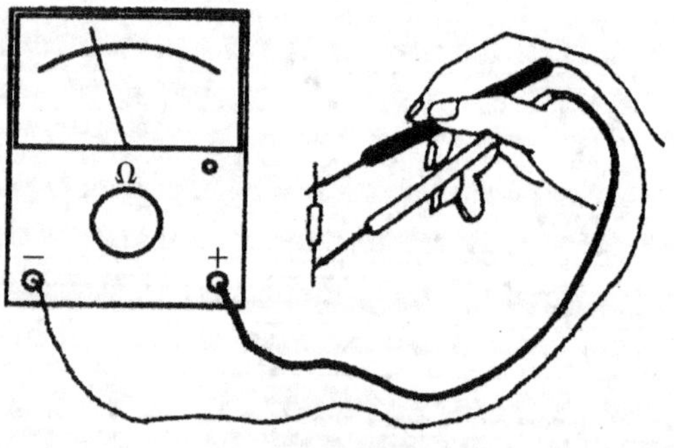

图 6-2　电阻测量图

6.1.2　电容的检测

用电阻挡测电容，如果检测电解电容时，要将黑表笔接电容正极，红表笔接负极（因指针式万用表欧姆挡内部的电池作测试电源时，

黑表笔的电位高于红表笔)。

1. 用电阻挡测量电容的挡级选择

针对不同容量的电容要选用合适的量程。一般情况下：1～47μF 容量的电容，可用 $R\times1k$ 挡测量，大于 47μF 的电容可用 $R\times100$ 挡测量。

2. 电容容量估测

在刚接触的瞬间，电容开始充电，万用表指针向右偏转较大偏度（在同一量程挡级下，摆动越大，容量越大），接着逐渐向左回摆，直至某一电阻值处，这便是电容的正向漏电阻。将表笔正负极交换后再次摆动一次，回摆后测得的反向电阻小于正向电阻。在测量中，若正向、反向均无充电现象，即表针不动，则说明容量很小或电容已失效，如果测得阻值很小或一直为零，说明电容漏电严重或已击穿损坏。电容测量图如图 6-3 所示。

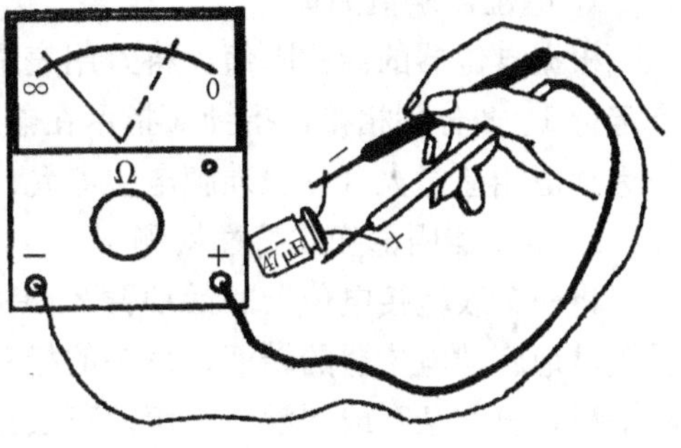

图 6-3　电容测量图

3. 电解电容器正负极性判断

对于正、负极标识不明的电解电容，可利用上述测量正反向漏电阻的方法加以判别。即两次测量中阻值大的接法是正向接法，黑表笔接的便是电容正极。

4. 小容量电容的测试

对于估测皮法级电容容量大小，要用 $R\times10k\Omega$ 挡，但只能测到 1000PF 以上的电容，只要表针稍有摆动，即可认为有电容容量。

6.1.3　电感的检测

1. 电感器直流电阻测量

用万用表的 $R\times1$ 电阻挡，测试电感两端的直流电阻值。一般高频电感的内阻在零点几到几欧姆；低频电感在几十欧至几百欧；若电感器圈数少或线径粗，直流电阻也可能为零也属正常现象。若电阻值很大成为无穷大时，表明电感器已开路损坏。

2. 检测线圈绕组与屏蔽罩之间的电阻

若需检测线圈绕组与屏蔽罩之间的电阻值时，将万用表置于 $R\times10k$ 电阻挡，两表笔分别接线圈外引线和金属屏蔽罩（或铁心），其表针应稳定不动在无穷大处（∞），说明绝缘良好。电感测量图如图 6-4 所示。

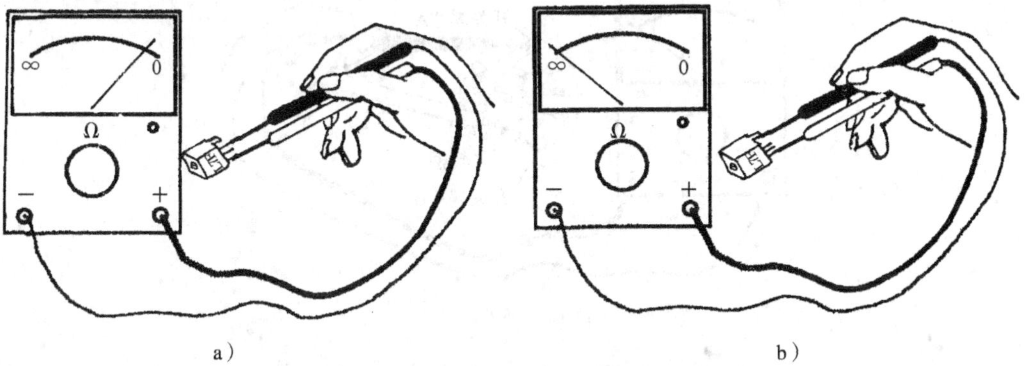

图 6-4　电感测量图

a）电感的通断及直流电阻检测　b）带有屏蔽罩的电感绝缘电阻检测

6.1.4 电位器的检测

电位器是一种阻值可变的电阻器，用万用表的电阻挡可对电位器进行阻值的变化和带开关电位器的通、断检测。

1. 电位器阻值测量

根据电位器的标称阻值，将万用表调至合适的电阻挡。将万用表的两表笔与电位器的两个定臂 1、3 分别相接，指针应指示在电位器的标称阻值附近处。若表针不动或测出的阻值与标称值相差过大（一般碳膜电位器允许误差±20%），则表明该电位器已损坏或有问题。

2. 电位器阻值变化特性检测

将一个表笔接电位器的活动臂 2（中间引出端），另一表笔接电位器的定臂 1 或 3，再用手缓慢地旋动电位器的转柄，表头的指针应平稳地从小到大或从大到小偏转，手中感觉到转动平滑，没有杂音或“沙沙”声。若表针有跳跃变动，说明电位器滑动臂与电阻体有接触不良的故障。

3. 带开关电位器开关好坏检测

将万用表置于 $R\times10$ 挡，两表笔分别接到开关焊片 A 和 B 上，左右旋动电位器旋柄，听到开关发出的“喀达”声是否短促清脆，表针应指向电阻为 0（开关闭合时）或电阻为∞（开关打开时）。

电位器测量图如图 6-5 所示。

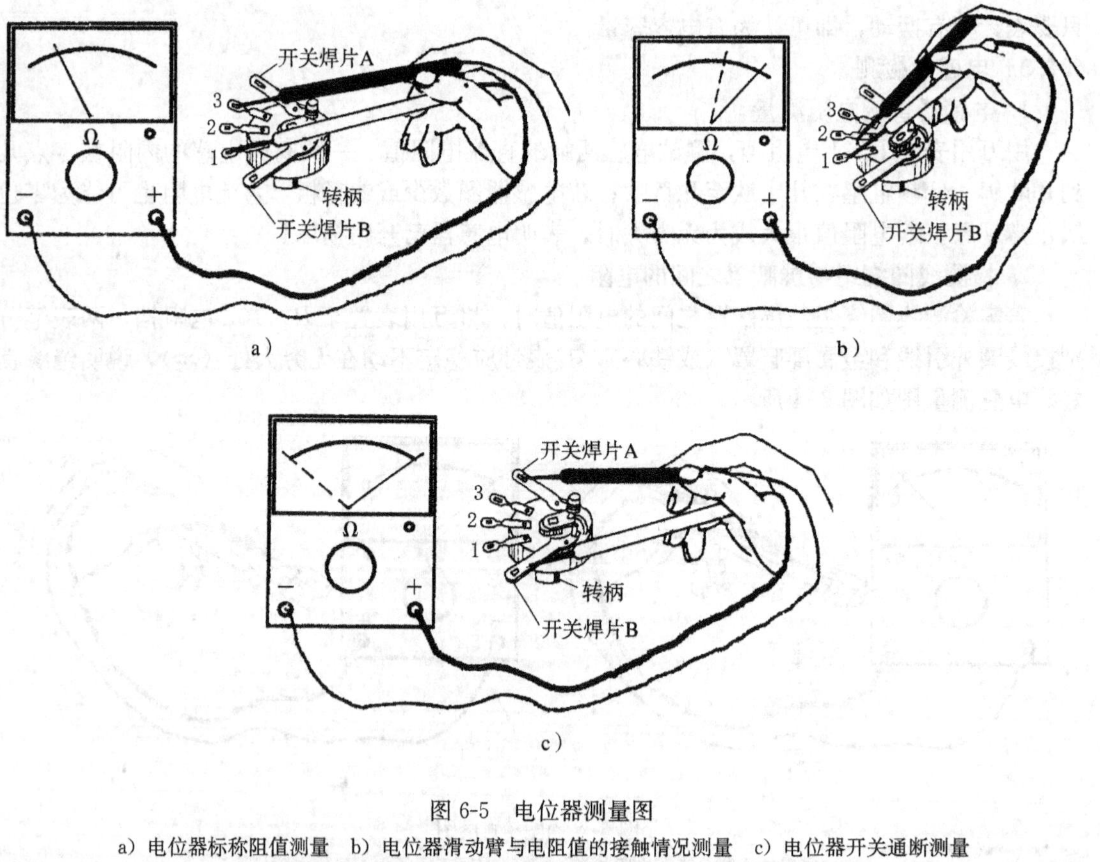

图 6-5　电位器测量图

a）电位器标称阻值测量　b）电位器滑动臂与电阻值的接触情况测量　c）电位器开关通断测量

6.2　二极管、三极管的简易检测

6.2.1　二极管的检测

1. 判断二极管的正负极

将万用表置于 $R\times1$k 挡，两表笔分别接至二极管的两端，测得内阻较小的是二极管的正向电阻，与黑表笔相接的是二极管的正极，与红表笔相接的是负极。

2. 判断二极管的单向导通特性好坏

对于锗二极管的正反向电阻分别约为几百欧和几百千欧；硅二极管的正反向电阻分别约为几千欧和几兆欧或接近无穷大。若测得的二极管正、反向电阻值都很大，则说明其内部开路；若都很小，则说明其内部有短路；若两者差别不大，则说明此二极管失去了单向导电性。

由于二极管是非线性器件，测量二极管的正反向电阻会随使用万用表不同的电阻挡而有所变化，这是正常的。若需测试二极管的伏安特性曲线，可使用晶体管特性图示仪。

6.2.2　三极管的检测

判别三极管管脚：

通常根据型号，可从手册中查到管脚的排列情况。若不知型号，可用万用表的电阻挡来判别其 e、b、c 三个极。

1. 基极判别

用 $R\times1$k 电阻挡（PNP 型晶体管用 $R\times100$ 电阻挡），不管是 NPN 管还是 PNP 管，测其 be 结和 bc 结都应呈现与二极管相同的单向导电特性。检测时可以把三极管看成两个二极管。将红表笔接某一管脚，黑表笔分别接另外两管脚，测得两个阻值。当测得的阻值均较小，红表笔所接的管脚为 PNP 型的基极 b；若两阻值都很大或一大一小，可将红表笔换接一脚再试，直到两个阻值均较小为止。检测方法同上，以黑表笔接某一管脚，在测得的阻值均较小，则黑表笔所接管脚为 NPN 型晶体三极管的基极 b。

2. 集电极、发射极的判断

对 NPN 管而言，将红表笔接到假设的 e 极，黑表笔接另一个假设的 c 极，同时用微潮的手指捏住黑表笔尖部与基极（注意不要把黑表笔与基极短接），观察表笔的偏转大小的情况；然后将黑表笔接假设的 e 极，红表笔接另一个假设的 c 极，重复上面的动作，观察到不同的表笔偏转情况，可比较出指针偏转大的情况时，黑表笔接的是 NPN 管集电极 c，另一极便是 NPN 型的发射极 e。对 PNP 型管同样可以采用以上方法检测，只不过黑表笔接到 PNP 型假设的发射极 e。

3. 电流放大系数 h_{FE}和穿透电流 I_{CEO}估测

在正确判别出集电极、发射极后，根据表针的偏转幅度，可以相对地比较出晶体三极管电流放大系数 h_{FE}的大小，偏转幅度大的，h_{FE}就会较大。

对 NPN 管而言，红表笔接集电极，黑表笔接发射极，测得集电极—发射极反向电阻，阻值越大，相对说明同型号的此管 I_{CEO}越小。

上述检测方法适用小功率晶体三极管，要精确检测小功率、大功率晶体三极管的特性参数，则要使用晶体三极管特性测试仪。

7 网上查询电子元器件资料的方法

随着计算机网络技术的发展和普及，通过互联网查询有关元器件的最新详细资料成为重要手段。

1. 选择电子专业网站查询

国内外著名公司、电子行业、网络销售等机构设立的网站都建立了元器件资料库。这些网页资料查询快捷，提供的元器件参数资料大多是 PDF 格式文件。通过网络搜索引擎如“百度”、“Yahoo”、“Google” 等查到这些电子专业网站，进入这些电子专业网站，在检索框中输入产品名称、产品型号、生产厂商等关键词进行查询，就能精确查询到产品、厂家等对应的信息，对电子电路设计、选型、比较、定购均具有指导意义。

2. 已知元器件产品型号查询

只要在网络搜索引擎的搜索栏内输入有关具体电子元器件型号进行模糊查询，再浏览搜索结果，对符合要求的信息逐一点击浏览，直至查到需求的资料为止。集成电路查询网（http：//www. datasheet5. com）是一个很好的在线查询工具。

3. 通过 Email 方式求索

通过电子邮件与厂商或销售商要求提供有关元器件资料，也是方便、快捷的方法。

参考文献

[1] 杨荫彪，等．特种半导体器件及其应用 [M]. 北京：电子工业出版社，1991.

[2] 陈有卿，等．新颖集成电路应用手册 [M]. 北京：人民邮电出版社，1997.

[3] 王洪金，等．最新电子元器件产品大全 [M]. 北京：电子工业出版社，1996.

[4] 过柏龄．美国国家半导体公司线性集成电路特性与应用手册 [M]. 上海：上海半导体器件研究所，1985.

[5] 陈清山，等．最新美国、欧洲、韩国晶体管参数及互换 [M]. 广州：世界图书出版社，1995.

[6] 赵保经，等．中国集成电路大全 [M]. 北京：国防工业出版社，1985.

[7] 钟才杰，等．实用电子元器件手册 [M]. 上海：上海科学技术出版社，1998.

[8] 康浩，等．电子元器件简明手册 [M]. 北京：地震出版社，1998.

[9] 陆坤，等．电子设计技术 [M]. 成都：电子科技大学出版社，1997.

[10] 黄继昌，等．常用电子元器件实用手册 [M]. 北京：人民邮电出版社，2009.

[11] 赵春云，等．常用电子元器件及应用电路手册 [M]. 北京：电子工业出版社，2007.

[12] 陈永甫，等．用万用表检测电子元器件 [M]. 北京：电子工业出版社，2008.